工业和信息化普通高等教育“十二五”规划教材
立项项目

线性代数

谭福锦 黎进香 主编
邓艳平 农吉夫 卢若飞 莫愿斌 副主编

人民邮电出版社
北京

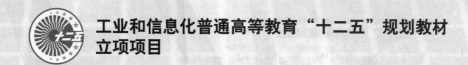

图书在版编目（CIP）数据

线性代数 / 谭福锦，黎进香主编. -- 北京 : 人民邮电出版社，2012.8（2018.1重印）
ISBN 978-7-115-28525-6

Ⅰ. ①线… Ⅱ. ①谭… ②黎… Ⅲ. ①线性代数 Ⅳ. ①0151.2

中国版本图书馆CIP数据核字(2012)第142941号

内容提要

本书共有7章，包括行列式、矩阵、矩阵的初等变换与线性方程组、n维向量与线性方程组的解的结构、矩阵的特征值与特征向量、二次型及其标准形、线性空间与线性变换。

本书在内容的总体安排上做到循序渐进，衔接自然，层次分明. 各章内容编写力求由浅入深，联系实际，简明易懂，便于老师教学和学生自学。

本书可用作本科院校理工、农、医、经、管等各专业的“线性代数”课程教材，也可以用作专科和各种高职院校的教材，对科研工作者、工程技术人员及自学者也同样适用。

线性代数

◆ 主　编　谭福锦　黎进香
副 主 编　邓艳平　农吉夫　卢若飞　莫愿斌
责任编辑　李海涛

◆ 人民邮电出版社出版发行　北京市丰台区成寿寺路11号
邮编　100164　电子邮件　315@ptpress. com. cn
网址　http://www. ptpress. com. cn
北京市艺辉印刷有限公司印刷

◆ 开本：787×1092　1/16
印张：10.5　2012年8月第1版
字数：264千字　2018年1月北京第11次印刷

ISBN 978-7-115-28525-6

定价：28.00元

读者服务热线：(010)81055256　印装质量热线：(010)81055316
反盗版热线：(010)81055315

前言

Preface

高等教育的迅猛发展和科学技术的日新月异，加之计算机的广泛应用，对基础课特别是数学课教材提出了更新、更严格的要求．数学是本科院校几乎所有专业的公共必修课，更是理工、农、医、经、管各专业学生必须掌握的基础知识，其重要程度是不言而喻的．正是考虑了这些因素，我们在总结多年数学教学经验、探索数学教学发展动向、分析比较国内外同类教材优劣的基础上，吸收各家之精华编写出这本适合于高等院校各专业学生使用的线性代数教材．

本书依据教育部制订的“线性代数课程教学基本要求”进行编写，是由多位有丰富教学经验的第一线教师集思广益和通力合作完成的．本书力求“深化概念，加强计算，联系实际，注重应用”．遵循重视基本概念、培养基本能力、力求贴近实际应用的原则，并充分考虑了线性代数课程教学课时减少的趋势．本书具有以下特色．

1. 突出数学的基本思想和基本方法．线性代数内容虽然抽象，但其中每一个基本概念都有自己的背景．本书注意对基本概念、定理和重要公式的几何背景和实际应用背景的介绍，以加深学生对它们的理解，力求使抽象的数学概念形象化．突出基本思想和基本方法的目的在于让学生在学习过程中较好地了解各部分知识的形成与内在联系，帮助学生理解基本概念和它们之间的联系与区别，会用学过的方法解决相关的问题．在教学理念上不过分强调严密论证、研究过程，而更多的是让学生体会数学的本质和数学的价值．

2. 加强基本能力培养．本书安排了较多的例题和习题，在解题方法方面有较深入的论述与指导，目的是让学生在掌握基本概念的基础上，熟悉运算过程，掌握各种解题方法和技巧，最后达到熟练的程度，提高解题能力．

3. 强调实际应用．本书对基本概念的介绍，力求从身边的实际问题出发，引入自然．例题和习题多采用一些源自客观世界，如自然科学、工程技术领域、经济管理领域和日常生活中的现实问题，希望以此来提高学生学习线性代数的兴趣和利用线性代数知识解决实际问题的意识和能力．

4. 本书在内容的总体安排上做到循序渐进，衔接自然，层次分明．各章内容编写力求由浅入深，联系实际，简明易懂，便于老师教学和学生自学．为方便读者自我检测学习效果，我们在每章的后面备有一套测试题，并在书后附有参考解答．同时为了扩大知识面，我们还在书后附录部分整理汇编了近7年来全国硕士研究生入学统一考试高等数学中有关线性代数内容的试题，供教师教学与深造者参考，这些同时也是本书区别于其他同类教材的重要特色之一．

考虑到不同专业的需求有所差别，一些章节用星号“*”标出，供相关专业选择．本书共有7章，包括行列式、矩阵、矩阵的初等变换与线性方程组、n 维向量与线性方程组的解的结构、矩阵的特征值与特征向量、二次型及其标准形、线性空间与线性变换．讲授全部内容需要 55 ~ 60 课时，各校可根据本校的教学课时选择其中部分或全部内容讲授．各章后面配有习题，第一章至第六章后面还配有测试题，书后附有全部习题和测试题的参考答案．

本书各章（含习题、测试题及其答案或解答）的编写分工如下：第一章和第七章由谭福锦编写；第二章由莫愿斌编写；第三章由邓艳平编写；第四章由农吉夫编写；第五章和附录部分由黎进香编写；第六章由卢若飞编写．全书由谭福锦审查和统稿．

由于编者学识水平有限，加之时间仓促，书中难免有不足甚至是错误之处，敬请专家、同行和读者批评指正．

编者

2012 年 4 月

目录

Contents

第一章　行　列　式

行列式是在研究线性方程组的解的过程中引进的一个概念．它不仅是线性代数中研究线性方程组、矩阵及向量组的线性相关性等问题的一种重要工具，而且是数学许多分支和其他学科中的一种常用计算工具，有着非常广泛的应用．本章主要介绍一般 n 阶行列式的定义及其一些基本性质，行列式展开定理，以及著名的克莱姆（Cramer）法则等内容．

本章的重点是行列式的计算和克莱姆法则；难点是一般的 n 阶行列式的计算．一般而言，对于4 阶及4 阶以上的高阶行列式的计算，通常都先用行列式的性质将之化为某些容易计算的具有特殊结构的行列式，或展开成低阶行列式再进行计算．

第一节　n 阶行列式

一、二阶和三阶行列式

首先，我们来回顾一下用消元法解含有未知量 x_1，x_2 的线性方程组

$$\begin{cases} a_{11}x_1 + a_{12}x_2 = b_1 \\ a_{21}x_1 + a_{22}x_2 = b_2 \end{cases} \tag{1.1}$$

即以 a_{22}乘第 1 个方程两端，以 a_{12}乘第 2 个方程两端，然后将所得的两式相减，消去 x_2，得

$$(a_{11}a_{22} - a_{12}a_{21})\ x_1 = b_1a_{22} - a_{12}b_2$$

类似地消去 x_1，得

$$(a_{11}a_{22} - a_{12}a_{21})\ x_2 = a_{11}b_2 - b_1a_{21}$$

设 $a_{11}a_{22} - a_{12}a_{21} \neq 0$，则得

$$x_1 = \frac{b_1a_{22} - a_{12}b_2}{a_{11}a_{22} - a_{12}a_{21}},\ x_2 = \frac{a_{11}b_2 - b_1a_{21}}{a_{11}a_{22} - a_{12}a_{21}}$$

此即为二元线性方程组（1.1）的解的公式．但此公式不便于记忆，为便于记忆和使用上述公式，我们引进记号

$D = \begin{vmatrix} a_{11} & a_{12} \\ a_{21} & a_{22} \end{vmatrix}$，并规定

$$\begin{vmatrix} a_{11} & a_{12} \\ a_{21} & a_{22} \end{vmatrix} = a_{11}a_{22} - a_{12}a_{22} \tag{1.2}$$

称 D 为**二阶行列式**，横写的称为**行**，从上到下分别称为第 1 行、第 2 行；竖写的称为**列**，从左到右分别称为第 1 列、第 2 列．行列式中的数称为行列式的元素．其中，元素 a_{ij}（$i=1$，2；$j=1$，2）的第 1 个下标 i 表示它所在行的行数，第 2 个下标 j 表示它所在列的列数．

二阶行列式（1.2）的右端又称为行列式的**展开式**．

二阶行列式的展开式可以用所谓的对角线法则得到，即

$$\begin{vmatrix} a_{11} & a_{12} \\ a_{21} & a_{22} \end{vmatrix} = a_{11}a_{22} - a_{12}a_{21}$$

其中从左上角至右下角的连线（用实线表示）称为行列式的**主对角线**；从右上角到左下角的连线（用虚线表示）称为行列式的**次（副）对角线**．因此，二阶行列式的展开式（值）实际上等于主对角线上两**元素** a_{11}，a_{22}的乘积，减去次对角线上两**元素** a_{12}，a_{21}的乘积．

由式（1.2）可知，二阶行列式共有 2！＝2 项的代数和，一项是主对角线上两元素的乘积，取正号；另一项是次对角线上两元素的乘积，取负号．

据此定义，可以计算出以下两个二阶行列式

$$D_1 = \begin{vmatrix} b_1 & a_{12} \\ b_2 & a_{22} \end{vmatrix} = b_1a_{22} - a_{12}b_2, \quad D_2 = \begin{vmatrix} a_{11} & b_1 \\ a_{21} & b_2 \end{vmatrix} = a_{11}b_2 - b_1a_{21}$$

这样，当 $D \neq 0$ 时，方程组（1.1）的解的公式可简单地表示为

$$x_1 = \frac{D_1}{D}, \quad x_2 = \frac{D_2}{D} \tag{1.3}$$

对于三元线性方程组，如果用消元法求解，过程将更加复杂，最后得到的解的表达式也更难以记忆．为简化求解过程和便于记忆求解的公式，我们专门地引进三阶行列式的概念．

由 3 行、3 列（共 $3^2=9$ 个元素）构成的记号

$$D = \begin{vmatrix} a_{11} & a_{12} & a_{13} \\ a_{21} & a_{22} & a_{23} \\ a_{31} & a_{32} & a_{33} \end{vmatrix}$$

并规定

$$\begin{vmatrix} a_{11} & a_{12} & a_{13} \\ a_{21} & a_{22} & a_{23} \\ a_{31} & a_{32} & a_{33} \end{vmatrix} = a_{11}a_{22}a_{33} + a_{12}a_{23}a_{31} + a_{13}a_{21}a_{32} - a_{13}a_{22}a_{31} - a_{12}a_{21}a_{33} - a_{11}a_{23}a_{32} \tag{1.4}$$

称式（1.4）左端记号为**三阶行列式**，右端为三阶行列式的**展开式**．

由上述定义可见，三阶行列式的展开式有 3！＝6 项的代数和．每项均为不同行、不同列的 3 个元素的乘积．其运算规则可以用下列**对角线法则**来表示和记忆．

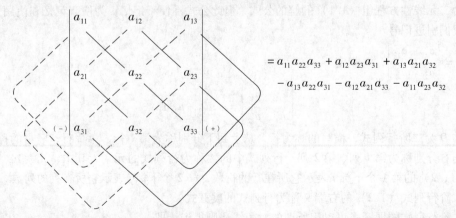

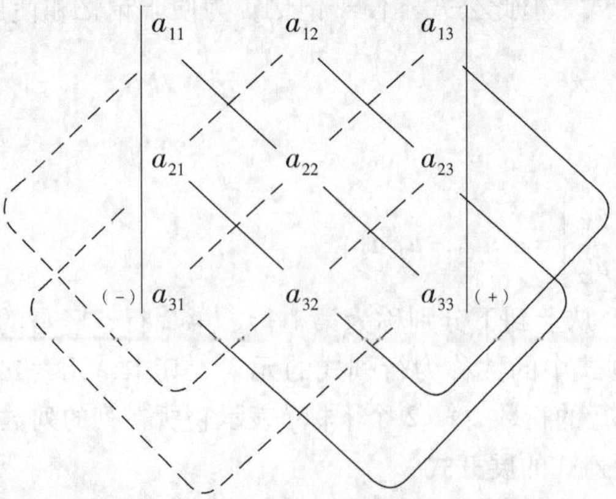

$$= a_{11}a_{22}a_{33} + a_{12}a_{23}a_{31} + a_{13}a_{21}a_{32} - a_{13}a_{22}a_{31} - a_{12}a_{21}a_{33} - a_{11}a_{23}a_{32}$$

其中沿主对角线方向的每条实线上 3 个元素之积带正号；沿次对角线方向的每条虚线上 3 个元素之积带负号．所得 6 项的代数和，即为三阶行列式的展开式．

有了三阶行列式的定义，我们就可以方便地求解三元线性方程组.

设有三元线性方程组

$$\begin{cases} a_{11}x_1 + a_{12}x_2 + a_{13}x_3 = b_1 \\ a_{21}x_1 + a_{22}x_2 + a_{23}x_3 = b_2 \\ a_{31}x_1 + a_{32}x_2 + a_{33}x_3 = b_3 \end{cases} \tag{1.5}$$

记

$$D = \begin{vmatrix} a_{11} & a_{12} & a_{13} \\ a_{21} & a_{22} & a_{23} \\ a_{31} & a_{32} & a_{33} \end{vmatrix}, \qquad D_1 = \begin{vmatrix} b_1 & a_{12} & a_{13} \\ b_2 & a_{22} & a_{23} \\ b_3 & a_{32} & a_{33} \end{vmatrix},$$

$$D_2 = \begin{vmatrix} a_{11} & b_1 & a_{13} \\ a_{21} & b_2 & a_{23} \\ a_{31} & b_3 & a_{33} \end{vmatrix}, \qquad D_3 = \begin{vmatrix} a_{11} & a_{12} & b_1 \\ a_{21} & a_{22} & b_2 \\ a_{31} & a_{32} & b_3 \end{vmatrix}.$$

其中 D 为系数行列式，D_i（$i=1, 2, 3$）为将 D 中的第 i 列元素依次换为方程组（1.5）中的常数项 b_1，b_2，b_3 所得的三阶行列式.

若按规定计算出 D_1，D_2，D_3，发现三者恰为用消元法解方程组（1.5）所得的解 x_1，x_2，x_3 的表达式的分子，而且 x_1，x_2，x_3 的分母同为 D. 因此，当 $D\neq0$ 时，方程组（1.5）的公式解可简洁地表示为

$$x_1 = \frac{D_1}{D},\ x_2 = \frac{D_2}{D},\ x_3 = \frac{D_3}{D} \tag{1.6}$$

例 1.1 计算二阶行列式 $D = \begin{vmatrix} 4 & -3 \\ 1 & 2 \end{vmatrix}$.

解 $D = 4\times2-(-3)\times1 = 8+3 = 11.$

例 1.2 计算三阶行列式 $D = \begin{vmatrix} 3 & 0 & 1 \\ 1 & -5 & 0 \\ 1 & 2 & -1 \end{vmatrix}$.

解

$$D = \begin{vmatrix} 3 & 0 & 1 \\ 1 & -5 & 0 \\ 1 & 2 & -1 \end{vmatrix}$$

$$= 3\times(-5)\times(-1)+0\times0\times1+1\times2\times1-1\times(-5)\times1-0\times1\times(-1)-3\times2\times0 = 22.$$

例 1.3 解二元线性方程组

$$\begin{cases} 3x_1 - 2x_2 = 12 \\ 2x_1 + x_2 = 1 \end{cases}.$$

解 由于系数行列式

$$D = \begin{vmatrix} 3 & -2 \\ 2 & 1 \end{vmatrix} = 3\times1-(-2)\times2 = 7\neq0,\ D_1 = \begin{vmatrix} 12 & -2 \\ 1 & 1 \end{vmatrix} = 12\times1-(-2)\times1 = 14,$$

$$D_2 = \begin{vmatrix} 3 & 12 \\ 2 & 1 \end{vmatrix} = 3\times1-12\times2 = -21.$$

因此，由公式（1.3）得

$$x_1=\frac{D_1}{D}=\frac{14}{7}=2,\ x_2=\frac{D_2}{D}=\frac{-21}{7}=-3$$

例 1.4 解三元线性方程组

$$\begin{cases}x_1-2x_2+x_3=-2\\2x_1+x_2-3x_3=0\\-x_1+x_2-x_3=1\end{cases}.$$

解 系数行列式

$$D=\begin{vmatrix}1&-2&1\\2&1&-3\\-1&1&-1\end{vmatrix}$$

$$=1\times1\times(-1)+(-2)\times(-3)\times(-1)+1\times1\times2-1\times1\times(-1)-(-2)\times2\times(-1)-1\times(-3)\times1$$

$$=-5\neq0,$$

$$D_1=\begin{vmatrix}-2&-2&1\\0&1&-3\\1&1&-1\end{vmatrix}=1,\ D_2=\begin{vmatrix}1&-2&1\\2&0&-3\\-1&1&-1\end{vmatrix}=-5,\quad D_3=\begin{vmatrix}1&-2&-2\\2&1&0\\-1&1&1\end{vmatrix}=-1.$$

由公式（1.6）得

$$x_1=\frac{D_1}{D}=-\frac{1}{5},\quad x_2=\frac{D_2}{D}=1,\quad x_3=\frac{D_3}{D}=\frac{1}{5}.$$

二、排列与逆序数

为引出一般 n 阶行列式的定义，以下先介绍有关排列和逆序数等概念．

定义 1.1 由 1，2，…，n 共 n 个数码组成的一个有序数组，称为一个 n 级排列．

例如，213，14523，$n(n-1)\cdots21$ 分别是 3 级排列，5 级排列，n 级排列．

值得注意的是上述定义中“有序”两个字，比如 123 和 213 虽然都是 3 级排列，但是它们是两个不同的 3 级排列．

由定义 1.1 不难知道，所有 n 级不同排列的总数有 $n\cdot(n-1)\ 2\cdot1=n!$ 个．

定义 1.2 在一个排列中的两个数，如果排在前面的数大于排在后面的数，则称它们构成一个**逆序**；一个排列中逆序的总数称为该排列的**逆序数**．n 级排列 $p_1p_2\cdots p_n$（其中 p_i 为 1，2，…，n 中的某个数）的逆序数记为 $\tau(p_1p_2\cdots p_n)$．

例如，在 3 级排列 321 中，由于 3 与 2 构成一个逆序，3 与 1 也构成一个逆序，另外 2 与 1 也构成一个逆序．因此 $\tau(321)=3$.

定义 1.3 逆序数为奇数的排列称为**奇排列**；逆序数为偶数的排列称为**偶排列**．

例 1.5 计算 $\tau(31452)$ 和 $\tau(41352)$．

解 在 5 级排列 31452 中，有逆序（3，1），（3，2），（4，2），（5，2）．因此，$\tau(31452)=4$，这是一个偶排列．而在 5 级排列 41352 中，有逆序（4，1），（4，3），（4，2），（3，2），（5，2）．因此，$\tau(41352)=5$，这是一个奇排列．

注 计算 n 级排列的逆序数的简便方法之一是

$$\begin{aligned}\tau(p_1p_2\cdots p_n)=&\tau(p_1)\ (p_1\text{ 后面比 }p_1\text{ 小的数的个数})\ +\\&\tau(p_2)\ (p_2\text{ 后面比 }p_2\text{ 小的数的个数})\ +\cdots+\\&\tau(p_{n-1})\ (p_{n-1}\text{后面比 }p_{n-1}\text{小的数的个数})\end{aligned}$$

由此方法容易求得

τ（14532）$=0+2+2+1=5$，14532 为奇排列．

$$\tau(n(n-1)\cdots 21)=(n-1)+(n-2)+\cdots+1=\frac{n(n-1)}{2}.$$

所以当 $n=4k$，$4k+1$ 时为偶排列；当 $n=4k+2$，$4k+3$ 时为奇排列．

注意由于 τ（123⋯（$n-1$）n）$=0$，故 123⋯（$n-1$）n 常称为**自然排列**．

定义 1.4 把一个排列中某两个数的位置互换，而剩余的数不动就得到另一个排列，这样的一个变换称为一个**对换**．

注意到，在例 1.5 中，31452 是个偶排列，经互换 2 与 1 的位置得到排列 32451．而 τ（32451）$=5$．故排列 32451 为奇排列．事实上，这其中蕴涵着一个一般性的规律．

定理 1.1 对换改变排列的奇偶性．

证明 首先考虑相邻两数对换的情形．设排列

$$a_1\cdots a_s pqb_1\cdots b_t \tag{1.7}$$

将 p，q 对换变成

$$a_1\cdots a_s qpb_1\cdots b_t \tag{1.8}$$

显然，在排列式（1.7）、式（1.8）中，p 或 q 与前面和后面的各数所构成的逆序数都相同，不同的只是 p、q 的次序．如果式（1.7）中 p、q 构成一个逆序，则经过对换，排列（1.8）比排列（1.7）的逆序数减少一个；如果式（1.7）中 p、q 不构成一个逆序，则经过对换，排列（1.8）比排列（1.7）的逆序数增加一个，不论增加一个还是减少一个，排列（1.7）与排列（1.8）的逆序数的奇偶性肯定不同了．

再考虑不相邻的两数的对换情形，设排列

$$a_1\cdots a_s pc_1\cdots c_r qb_1\cdots b_t \tag{1.9}$$

经过 p、q 对换变成

$$a_1\cdots a_s qc_1\cdots c_r pb_1\cdots b_t \tag{1.10}$$

不难看出，该对换可以通过若干次相邻两数的对换来实现．比如先把排列（1.9）经过 $r+1$ 次相邻两数的对换变成

$$a_1\cdots a_s c_1\cdots c_r qpb_1\cdots b_t \tag{1.11}$$

再把排列（1.11）经过 r 次相邻两数的对换变成式（1.10），于是，总共进行了 $2r+1$ 次相邻两数的对换．把排列（1.9）变成了排列（1.10），$2r+1$ 是奇数．而前面已证明相邻两数的一个对换改变排列的奇偶性．因而奇数次相邻两数的对换改变排列的奇偶性．

定理 1.2 全部 n（$n\geqslant 2$）级排列中奇偶排列各占一半，且为 $\frac{n!}{2}$ 个．

证明 设全部 n 级排列中有 s 个奇排列和 t 个偶排列，则 $s+t=n!$．把每个奇排列的最左边的两个数对换．由定理 1.1 可知 s 个奇排列都变成偶排列，且它们彼此不同．所以 $s\leqslant t$；把每个偶排列的最左边的两个数对换，同理可得 $t\leqslant s$．故必有 $s=t=\frac{n!}{2}$．

比如，三级排列中，在所有 $3!=6$ 种排列中，有 3 个奇排列：321，213，132；偶排列有 3 个：123，231，312．

三、*n* 阶行列式的定义

为简便起见，在本章中我们总是在实数域 **R** 上来讨论问题．事实上，所有后面的定义、定理都可以相应推广到复数域 **C** 上．

为了引出一般 n 阶行列式的定义，下面先来考察三阶行列式定义式（1.4）中右端代数和的特征：

（1）共有 $3!=6$ 项代数和，其最后结果是一个数值；

（2）每项有 3 个数相乘：$a_{1p_1}a_{2p_2}a_{3p_3}$，而每个数取自不同行不同列，其行足标固定为 123，列足标则是 1，2，3 的某个排列 $p_1p_2p_3$；

（3）每项前的符号由列足标排列 $p_1p_2p_3$ 的奇偶性决定，即 $a_{1p_1}a_{2p_2}a_{3p_3}$ 项前的符号是 $(-1)^{\tau(p_1p_2p_3)}$.

故三阶行列式可写成

$$\begin{vmatrix} a_{11} & a_{12} & a_{13} \\ a_{21} & a_{22} & a_{23} \\ a_{31} & a_{32} & a_{33} \end{vmatrix} = \sum_{p_1p_2p_3}(-1)^{\tau(p_1p_2p_3)}a_{1p_1}a_{2p_2}a_{3p_3} \tag{1.12}$$

其中 $\sum\limits_{p_1p_2p_3}$ 表示对所有不同的三级列足标排列 $p_1p_2p_3$ 的对应项 $a_{1p_1}a_{2p_2}a_{3p_3}$ 求和，共有 $3!$ 项.

类似地，我们可以给出一般的 n 阶行列式的定义.

定义 1.5 由 n^2 个数组成的 n 行 n 列的 n 阶行列式，定义如下：

$$\begin{vmatrix} a_{11} & a_{12} & \cdots & a_{1n} \\ a_{21} & a_{22} & \cdots & a_{2n} \\ \vdots & \vdots & & \vdots \\ a_{n1} & a_{n2} & \cdots & a_{nn} \end{vmatrix} = \sum_{p_1p_2\cdots p_n}(-1)^{\tau(p_1p_2\cdots p_n)}a_{1p_1}a_{2p_2}\cdots a_{np_n} \tag{1.13}$$

其中 $\sum\limits_{p_1p_2\cdots p_n}$ 表示对所有不同 n 级排列 $p_1p_2\cdots p_n$ 的对应项 $a_{1p_1}a_{2p_2}\cdots a_{np_n}$ 求和，共有 $n!$ 项.

n 阶行列式一般可以记为 D_n 或 D；有时也记作 $\det(a_{ij})$ 或 $|a_{ij}|$. 而 a_{ij}（$i,j=1,2,\cdots,n$）称为行列式中位于第 i 行第 j 列交叉位置上的**元素**.

特别地，一阶行列式 D_1 就是数 a_{11}.

显然，n 阶行列式的定义中，其展开式具有类似于三阶行列式的 3 个特征，即

（1）共有 $n!$ 项代数和，其最后结果为一个数值；

（2）每项有 n 个数相乘：$a_{1p_1}a_{2p_2}\cdots a_{np_n}$. 而每个数取自 n 阶行列式的不同行不同列，且行足标固定为自然排列 $12\cdots n$，列足标则是 n 级排列中的某个排列 $p_1p_2\cdots p_n$；

（3）每项的符号由列足标排列 $p_1p_2\cdots p_n$ 的奇偶性决定，如 $a_{1p_1}a_{2p_2}\cdots a_{np_n}$ 项前的符号是 $(-1)^{\tau(p_1p_2\cdots p_n)}$. 由定理 1.2 可知，其中带正号和负号的项各占一半.

例 1.6 利用行列式的定义证明

$$D_4=\begin{vmatrix} a_{11} & 0 & 0 & 0 \\ a_{21} & a_{22} & 0 & 0 \\ a_{31} & a_{32} & a_{33} & 0 \\ a_{41} & a_{42} & a_{43} & a_{44} \end{vmatrix}=a_{11}a_{22}a_{33}a_{44}.$$

证明 由定义 $D_4=\sum\limits_{p_1p_2p_3p_4}(-1)^{\tau(p_1p_2p_3p_4)}a_{1p_1}a_{2p_2}a_{3p_3}a_{4p_4}$.

它共有 $4!$ 项代数和，其中含有零因子的项一定为 0，可不必考虑，故只需要考虑不为 0 的项. 在这样的项中，必然有一个因子来自第 1 行，因为 $a_{12}=a_{13}=a_{14}=0$，故只能是元素 a_{11}；也必然有一个因子来自第 2 行，可供选择的元素有 a_{21}，a_{22}，而 a_{21} 与 a_{11} 同在第 1 列，不会乘在一起，从而只能选 a_{22}；必然有一个因子来自第 3 行，有元素 a_{31}，a_{32}，a_{33} 可供选择，但元素

a_{31}和a_{11}同在第1列，a_{32}与a_{22}同在第2列，不会乘在一起，只能选a_{33}；必然有一个因子来自第4行，有元素a_{41}，a_{42}，a_{43}，a_{44}可供选择，但元素a_{41}与已选的a_{11}同在第1列，不会乘在一起，元素a_{42}与已选的a_{22}同在第2列，不会乘在一起，元素a_{43}与已选的a_{33}同在第3列，也不会乘在一起，故只能选a_{44}. 这说明可以不为0的项只有$a_{11}a_{22}a_{33}a_{44}$这一项. 由于该项的列足标排列的逆序数τ（1234）＝0. 所以该项前面应取正号. 因此$D_4=a_{11}a_{22}a_{33}a_{44}$.

注　例1.6的结论可推广到一般n阶下三角行列式的情形：

$$D_n=\begin{vmatrix} a_{11} & 0 & 0 & 0 \\ a_{21} & a_{22} & 0 & 0 \\ \vdots & \vdots & \ddots & \vdots \\ a_{n1} & a_{n2} & \cdots & a_{nn} \end{vmatrix}=a_{11}a_{22}\cdots a_{nn}.$$

即　**下三角行列式的值等于主对角线上的各元素之积**. 此结论今后在计算行列式时会经常用到.

例1.7
$$\begin{vmatrix} 3 & 0 & 0 & 0 & 0 \\ -2 & 4 & 0 & 0 & 0 \\ 0 & 1 & -1 & 0 & 0 \\ 1 & 2 & 5 & 1 & 0 \\ 2 & 1 & 0 & 3 & 1 \end{vmatrix}=3\times 4\times(-1)\times 1\times 1=-12.$$

在n阶行列式的定义1.5中，为了决定每一项的正负号，我们把n个元素的行足标按自然顺序排列起来. 事实上，数的乘法是可以交换的，因此这n个元素的次序是可以任意写的. 我们同样也可以将各项的列足标按自然顺序排列. 于是n阶行列式又可定义为

$$\begin{vmatrix} a_{11} & a_{12} & \cdots & a_{1n} \\ a_{21} & a_{22} & \cdots & a_{2n} \\ \vdots & \vdots & & \vdots \\ a_{n1} & a_{n2} & \cdots & a_{nn} \end{vmatrix}=\sum_{q_1q_2\cdots q_n}(-1)^{\tau(q_1q_2\cdots q_n)}a_{q_11}a_{q_22}\cdots a_{q_nn} \tag{1.14}$$

以下证明定义式（1.14）与定义式（1.13）是等价的. 即证明

$$\sum_{q_1q_2\cdots q_n}(-1)^{\tau(q_1q_2\cdots q_n)}a_{q_11}a_{q_22}\cdots a_{q_nn}=\sum_{p_1p_2\cdots p_n}(-1)^{\tau(p_1p_2\cdots p_n)}a_{1p_1}a_{2p_2}\cdots a_{np_n}.$$

假设这些因子经过m次的位置对换而完成，于是排列$q_1q_2\cdots q_n$经过m次对换成自然顺序排列$12\cdots n$；与此同时排列$12\cdots n$经同样的m次对换成排列$p_1p_2\cdots p_n$，具有相同的奇偶性. 因此

$$\sum_{q_1q_2\cdots q_n}(-1)^{\tau(q_1q_2\cdots q_n)}a_{q_11}a_{q_22}\cdots a_{q_nn}=\sum_{p_1p_2\cdots p_n}(-1)^{\tau(p_1p_2\cdots p_n)}a_{1p_1}a_{2p_2}\cdots a_{np_n}.$$

事实上，n阶行列式更一般的定义是

$$\begin{vmatrix} a_{11} & a_{12} & \cdots & a_{1n} \\ a_{21} & a_{22} & \cdots & a_{2n} \\ \vdots & \vdots & & \vdots \\ a_{n1} & a_{n2} & \cdots & a_{nn} \end{vmatrix}=\sum_{n!}(-1)^{\tau(p_1p_2\cdots p_n)+\tau(q_1q_2\cdots q_n)}a_{p_1q_1}a_{p_2q_2}\cdots a_{p_nq_n} \tag{1.15}$$

交换等式左端和式中各项$a_{q_11}a_{q_22}\cdots a_{q_nn}$的乘积因子$a_{iq_i}$的位置，使得

$$a_{q_11}a_{q_22}\cdots a_{q_nn}=a_{1p_1}a_{2p_2}\cdots a_{np_n}$$

第二节 行列式的基本性质

当行列式的阶数 n 较大时，直接用定义去计算行列式的值是很困难的．本节介绍行列式的若干基本性质，利用这些性质可以帮助我们简化计算行列式．

定义 1.6 把行列式 D 的行与列对应互换后得到的行列式称为 D 的**转置行列式**．记为 D^{T}（或 D'）即

$$若\quad D=\begin{vmatrix} a_{11} & a_{12} & \cdots & a_{1n} \\ a_{21} & a_{22} & \cdots & a_{2n} \\ \vdots & \vdots & & \vdots \\ a_{n1} & a_{n2} & \cdots & a_{nn} \end{vmatrix},\quad 则\quad D^{\mathrm{T}}=\begin{vmatrix} a_{11} & a_{21} & \cdots & a_{n1} \\ a_{12} & a_{22} & \cdots & a_{n2} \\ \vdots & \vdots & & \vdots \\ a_{1n} & a_{2n} & \cdots & a_{nn} \end{vmatrix}.$$

例 1.8 若 $D=\begin{vmatrix} 3 & 2 \\ 1 & 4 \end{vmatrix}=3\times4-2\times1=10$，则

$D^{\mathrm{T}}=\begin{vmatrix} 3 & 1 \\ 2 & 4 \end{vmatrix}=3\times4-1\times2=10$，即 D 与 D^{T} 的值相等．

事实上这个结论具有一般性．

性质 1 $D=D^{\mathrm{T}}$.

证明 将 D^{T} 记为 $|b_{ij}|$，即

$b_{ij}=a_{ji}$（$i, j=1, 2, \cdots, n$）．将 D^{T} 按式（1.14）展开，有

$$D^{\mathrm{T}}=\sum_{q_1q_2\cdots q_n}(-1)^{\tau(q_1q_2\cdots q_n)}b_{q_11}b_{q_22}\cdots b_{q_nn}=\sum_{q_1q_2\cdots q_n}(-1)^{\tau(q_1q_2\cdots q_n)}a_{1_{q_1}}a_{2_{q_2}}\cdots a_{n_{q_n}}=D.$$

这表明行列式中行与列地位平等．因此，下面对于行成立的性质，对列的相应的性质也成立．故以下性质只对行进行证明即可．

例 1.9 计算上三角行列式 $\begin{vmatrix} a_{11} & a_{12} & \cdots & a_{1n} \\ 0 & a_{22} & \cdots & a_{2n} \\ \vdots & \vdots & \ddots & \vdots \\ 0 & 0 & \cdots & a_{nn} \end{vmatrix}$.

解 利用性质 1 和例 1.6 的结论直接可得

$$\begin{vmatrix} a_{11} & a_{12} & \cdots & a_{1n} \\ 0 & a_{22} & \cdots & a_{2n} \\ \vdots & \vdots & \ddots & \vdots \\ 0 & 0 & \cdots & a_{nn} \end{vmatrix}=\begin{vmatrix} a_{11} & 0 & 0 & 0 \\ a_{12} & a_{22} & 0 & 0 \\ \vdots & \vdots & \ddots & \vdots \\ a_{1n} & a_{2n} & \cdots & a_{nn} \end{vmatrix}=a_{11}a_{22}\cdots a_{nn}.$$

显然，对于对角形行列式有：$D_n=\begin{vmatrix} a_{11} & 0 & \cdots & 0 \\ 0 & a_{22} & \cdots & 0 \\ \vdots & \vdots & \ddots & \vdots \\ 0 & 0 & \cdots & a_{nn} \end{vmatrix}=a_{11}a_{22}\cdots a_{nn}$.

综上所述，我们有如下常用的重要结论：**上（下）三角形或对角形行列式的值等于主对角线上各元素的乘积**．

性质 2 互换行列式中任意两行（列）的位置，行列式的值变号．即

$$\begin{vmatrix} a_{11} & a_{12} & \cdots & a_{1n} \\ \vdots & \vdots & & \vdots \\ a_{i1} & a_{i2} & \cdots & a_{in} \\ \vdots & \vdots & & \vdots \\ a_{k1} & a_{k2} & \cdots & a_{kn} \\ \vdots & \vdots & & \vdots \\ a_{n1} & a_{n2} & \cdots & a_{nn} \end{vmatrix} = -\begin{vmatrix} a_{11} & a_{12} & \cdots & a_{1n} \\ \vdots & \vdots & & \vdots \\ a_{k1} & a_{k2} & \cdots & a_{kn} \\ \vdots & \vdots & & \vdots \\ a_{i1} & a_{i2} & \cdots & a_{in} \\ \vdots & \vdots & & \vdots \\ a_{n1} & a_{n2} & \cdots & a_{nn} \end{vmatrix}. \tag{1.16}$$

证明 设式（1.16）左端的行列式为 D，交换 D 中第 i 行和第 k 行（$i<k$），所得的行列式记为 D_1，将 D_1 的展开式中的行足标取作排列 $12\cdots k\cdots i\cdots n$. 则由行列式的定义式（1.15）有

$$\begin{aligned} D_1 &= \sum_{p_1p_2\cdots p_n} (-1)^{\tau(12\cdots k\cdots i\cdots n)+\tau(p_1p_2\cdots p_n)} a_{1p_1}a_{2p_2}\cdots a_{kp_k}\cdots a_{ip_i}\cdots a_{np_n} \\ &= (-1)^{\tau(12\cdots k\cdots i\cdots n)} \sum_{p_1p_2\cdots p_n} (-1)^{\tau(p_1p_2\cdots p_n)} a_{1p_1}a_{2p_2}\cdots a_{kp_k}\cdots a_{ip_i}\cdots a_{np_n} \\ &= -\sum_{p_1p_2\cdots p_n} (-1)^{\tau(p_1p_2\cdots p_n)} a_{1p_1}a_{2p_2}\cdots a_{np_n}. \end{aligned}$$

而行列式 D 的行足标按自然排列 $12\cdots n$ 的展开式为

$$D = \sum_{p_1p_2\cdots p_n} (-1)^{\tau(p_1p_2\cdots p_n)} a_{1p_1}a_{2p_2}\cdots a_{np_n}$$

故 $D_1 = -D$.

推论 1 如果行列式中有两行（列）对应元素相同，则此行列式的值为零.

证明 由于元素相同的两行交换得到的行列式仍是原来的行列式，但由性质 2 得 $D=-D$，故 $D=0$.

如 $\begin{vmatrix} 3 & 0 & 1 \\ 2 & 1 & -1 \\ 2 & 1 & -1 \end{vmatrix} = -3+2+0-2-0-(-3)=0.$

性质 3 以数 k 乘行列式中某一行（列）中所有元素，等于用 k 去乘此行列式. 换言之，若行列式某一行（列）所有元素有公因子 k，则可将 k 提到行列式记号外相乘，即

$$\begin{vmatrix} a_{11} & a_{12} & \cdots & a_{1n} \\ \vdots & \vdots & & \vdots \\ ka_{i1} & ka_{i2} & \cdots & ka_{in} \\ \vdots & \vdots & & \vdots \\ a_{n1} & a_{n2} & \cdots & a_{nn} \end{vmatrix} = k\begin{vmatrix} a_{11} & a_{12} & \cdots & a_{1n} \\ \vdots & \vdots & & \vdots \\ a_{i1} & a_{i2} & \cdots & a_{in} \\ \vdots & \vdots & & \vdots \\ a_{n1} & a_{n2} & \cdots & a_{nn} \end{vmatrix}.$$

证明 $\text{左端} = \sum\limits_{p_1p_2\cdots p_n} (-1)^{\tau(p_1p_2\cdots p_n)} a_{1p_1}a_{2p_2}\cdots (ka_{ip_i})\cdots a_{np_n}$

$$= k\sum_{p_1p_2\cdots p_n} (-1)^{\tau(p_1p_2\cdots p_n)} a_{1p_1}a_{2p_2}\cdots a_{ip_i}\cdots a_{np_n} = \text{右端}.$$

推论 2 若行列式中有某一行（列）的元素全为 0，则此行列式的值等于 0.

注 此即性质 3 中 $k=0$ 的情形.

性质 4 若行列式中有两行（列）元素对应成比例，则此行列式的值等于零.

证明 第一步由性质 3 提出比例因子，第二步由性质 2 的推论即得证.

性质 5 若行列式中某一行（列）的元素都是两数之和，则此行列式可表示成两个行列式

之和，这两个行列式分别以这两个数为所在行（列）对应位置的元素，其他位置的元素与原行列式相同，即

$$\begin{vmatrix} a_{11} & a_{12} & \cdots & a_{1n} \\ \vdots & \vdots & & \vdots \\ a_{i1}+b_{i1} & a_{i2}+b_{i2} & \cdots & a_{in}+b_{in} \\ \vdots & \vdots & & \vdots \\ a_{n1} & a_{n2} & \cdots & a_{nn} \end{vmatrix} = \begin{vmatrix} a_{11} & a_{12} & \cdots & a_{1n} \\ \vdots & \vdots & & \vdots \\ a_{i1} & a_{i2} & \cdots & a_{in} \\ \vdots & \vdots & & \vdots \\ a_{n1} & a_{n2} & \cdots & a_{nn} \end{vmatrix} + \begin{vmatrix} a_{11} & a_{12} & \cdots & a_{1n} \\ \vdots & \vdots & & \vdots \\ b_{i1} & b_{i2} & \cdots & b_{in} \\ \vdots & \vdots & & \vdots \\ a_{n1} & a_{n2} & \cdots & a_{nn} \end{vmatrix}.$$

证明　由 n 阶行列式的定义，可得

$$\begin{aligned} \text{左端} &= \sum_{p_1p_2\cdots p_n}(-1)^{\tau(p_1p_2\cdots p_n)}a_{1p_1}a_{2p_2}\cdots(a_{ip_i}+b_{ip_i})\cdots a_{np_n} \\ &= \sum_{p_1p_2\cdots p_n}(-1)^{\tau(p_1p_2\cdots p_n)}a_{1p_1}a_{2p_2}\cdots a_{ip_i}\cdots a_{np_n}+\sum_{p_1p_2\cdots p_n}(-1)^{\tau(p_1p_2\cdots p_n)}a_{1p_1}a_{2p_2}\cdots b_{ip_i}\cdots a_{np_n} \\ &= \text{右端}. \end{aligned}$$

性质6　把行列式某一行（列）的所有元素的 k 倍加到另一行（列）对应位置的元素上，行列式的值不变．即

$$\begin{vmatrix} a_{11} & a_{12} & \cdots & a_{1n} \\ \vdots & \vdots & & \vdots \\ a_{i1} & a_{i2} & \cdots & a_{in} \\ \vdots & \vdots & & \vdots \\ a_{j1} & a_{j2} & \cdots & a_{jn} \\ \vdots & \vdots & & \vdots \\ a_{n1} & a_{n2} & \cdots & a_{nn} \end{vmatrix} = \begin{vmatrix} a_{11} & a_{12} & \cdots & a_{1n} \\ \vdots & \vdots & & \vdots \\ a_{i1} & a_{i2} & \cdots & a_{in} \\ \vdots & \vdots & & \vdots \\ a_{j1}+ka_{i1} & a_{j2}+ka_{i2} & \cdots & a_{jn}+ka_{in} \\ \vdots & \vdots & & \vdots \\ a_{n1} & a_{n2} & \cdots & a_{nn} \end{vmatrix}.$$

证明　由性质5得

$$\text{右端} = \begin{vmatrix} a_{11} & a_{12} & \cdots & a_{1n} \\ \vdots & \vdots & & \vdots \\ a_{i1} & a_{i2} & \cdots & a_{in} \\ \vdots & \vdots & & \vdots \\ a_{j1} & a_{j2} & \cdots & a_{jn} \\ \vdots & \vdots & & \vdots \\ a_{n1} & a_{n2} & \cdots & a_{nn} \end{vmatrix} + \begin{vmatrix} a_{11} & a_{12} & \cdots & a_{1n} \\ \vdots & \vdots & & \vdots \\ a_{i1} & a_{i2} & \cdots & a_{in} \\ \vdots & \vdots & & \vdots \\ ka_{i1} & ka_{i2} & \cdots & ka_{in} \\ \vdots & \vdots & & \vdots \\ a_{n1} & a_{n2} & \cdots & a_{nn} \end{vmatrix},$$

由性质4知，上式第二个行列式为0，即得：左端 = 右端．

在计算行列式时，为了使计算过程简洁明了，约定如下记号：

（1）记号 $r_i \leftrightarrow r_j$ 表示把第 i 行与第 j 行对调，$c_i \leftrightarrow c_j$ 表示第 i 列与第 j 列对调；

（2）记号 kr_i 表示用数 k 去乘上第 i 行的各元素，kc_i 表示用数 k 去乘上第 i 列的各元素；

（3）记号 r_i+kr_j 表示第 i 行元素加上第 j 行对应元素的 k 倍，c_i+kc_j 表示第 i 列元素加上第 j 列对应元素的 k 倍．

注　一般来说，对于高于三阶的行列式的计算，应首先考虑用行列式的性质（特别是性质6），将其转换为便于计算的行列式（如上（下）三角行列式，或某行（列）元素都为零的行列式，或具有性质4的行列式等），从而求得行列式的值．

例 1.10 计算 4 阶行列式 $D=\begin{vmatrix}1&-9&13&7\\-2&5&-1&3\\3&-1&5&-5\\2&8&-7&-10\end{vmatrix}$.

解 先将行列式上三角化，然后再计算.

$$D=\begin{vmatrix}1&-9&13&7\\0&-13&25&17\\0&26&-34&-26\\0&26&-33&-24\end{vmatrix}=\begin{vmatrix}1&-9&13&7\\0&-13&25&17\\0&0&-1&-2\\0&0&17&10\end{vmatrix}=\begin{vmatrix}1&-9&13&7\\0&-13&25&17\\0&0&-1&-2\\0&0&0&-24\end{vmatrix}=-312.$$

例 1.11 证明

$$\begin{vmatrix}a_1+b_1&b_1+c_1&c_1+a_1\\a_2+b_2&b_2+c_2&c_2+a_2\\a_3+b_3&b_3+c_3&c_3+a_3\end{vmatrix}=2\begin{vmatrix}a_1&b_1&c_1\\a_2&b_2&c_2\\a_3&b_3&c_3\end{vmatrix}.$$

证明

$$\text{左端}\xlongequal[c_1+c_3]{c_1+c_2}\begin{vmatrix}2a_1+2b_1+2c_1&b_1+c_1&c_1+a_1\\2a_2+2b_2+2c_2&b_2+c_2&c_2+a_2\\2a_3+2b_3+2c_3&b_3+c_3&c_3+a_3\end{vmatrix}=2\begin{vmatrix}a_1+b_1+c_1&b_1+c_1&c_1+a_1\\a_2+b_2+c_2&b_2+c_2&c_2+a_2\\a_3+b_3+c_3&b_3+c_3&c_3+a_3\end{vmatrix}$$

$$\xlongequal[c_3-c_1]{c_2-c_1}2\begin{vmatrix}a_1+b_1+c_1&-a_1&-b_1\\a_2+b_2+c_2&-a_2&-b_2\\a_3+b_3+c_3&-a_3&-b_3\end{vmatrix}\xlongequal[c_1+c_3]{c_1+c_2}2\begin{vmatrix}c_1&-a_1&-b_1\\c_2&-a_2&-b_2\\c_3&-a_3&-b_3\end{vmatrix}=2\begin{vmatrix}c_1&a_1&b_1\\c_2&a_2&b_2\\c_3&a_3&b_3\end{vmatrix}$$

$$\xlongequal{c_1\leftrightarrow c_2}-2\begin{vmatrix}a_1&c_1&b_1\\a_2&c_2&b_2\\a_3&c_3&b_3\end{vmatrix}\xlongequal{c_2\leftrightarrow c_3}2\begin{vmatrix}a_1&b_1&c_1\\a_2&b_2&c_2\\a_3&b_3&c_3\end{vmatrix}=\text{右端}.$$

例 1.12 计算 $n+1$ 阶行列式

$D=\begin{vmatrix}a_0&1&1&\cdots&1\\1&a_1&0&\cdots&0\\1&0&a_2&\cdots&0\\\vdots&\vdots&\vdots&\ddots&\vdots\\1&0&0&\cdots&a_n\end{vmatrix}$ 的值，其中 $a_i\neq0$，$i=1，2，\cdots，n$.

解 将行列式上三角化

$$D\xlongequal[(j=2,\cdots,n+1)]{c_j\times\frac{1}{a_{j-1}}}a_1a_2\cdots a_n\begin{vmatrix}a_0&\frac{1}{a_1}&\frac{1}{a_2}&\cdots&\frac{1}{a_n}\\1&1&0&\cdots&0\\1&0&1&\cdots&0\\\vdots&\vdots&\vdots&\ddots&\vdots\\1&0&0&\cdots&1\end{vmatrix}$$

$$\xrightarrow[(j=2,\cdots,n+1)]{c_1-c_j} a_1a_2\cdots a_n\begin{vmatrix} a_0-\sum\limits_{i=1}^{n}\frac{1}{a_i} & \frac{1}{a_1} & \frac{1}{a_2} & \cdots & \frac{1}{a_n} \\ 0 & 1 & 0 & \cdots & 0 \\ 0 & 0 & 1 & \cdots & 0 \\ \vdots & \vdots & \vdots & \ddots & \vdots \\ 0 & 0 & 0 & \cdots & 1 \end{vmatrix} = a_1a_2\cdots a_n(a_0-\sum_{i=1}^{n}\frac{1}{a_i}).$$

例 1.13 计算 n 阶行列式

$$D=\begin{vmatrix} x & a & a & \cdots & a \\ a & x & a & \cdots & a \\ a & a & x & \cdots & a \\ \vdots & \vdots & \vdots & \ddots & \vdots \\ a & a & a & \cdots & x \end{vmatrix}.$$

解 注意到该行列式的每一行元素之和均相同，故

$$D\xrightarrow[(j=2,\cdots,n)]{c_1+c_j}\begin{vmatrix} x+(n-1)a & a & a & \cdots & a \\ x+(n-1)a & x & a & \cdots & a \\ x+(n-1)a & a & x & \cdots & a \\ \vdots & \vdots & \vdots & \ddots & \vdots \\ x+(n-1)a & a & a & \cdots & x \end{vmatrix}=[x+(n-1)a]\begin{vmatrix} 1 & a & a & \cdots & a \\ 1 & x & a & \cdots & a \\ 1 & a & x & \cdots & a \\ \vdots & \vdots & \vdots & \ddots & \vdots \\ 1 & a & a & \cdots & x \end{vmatrix}$$

$$\xrightarrow[(i=2,3,\cdots,n)]{r_i-r_1}[x+(n-1)a]\begin{vmatrix} 1 & a & a & \cdots & a \\ 0 & x-a & 0 & \cdots & 0 \\ 0 & 0 & x-a & \cdots & 0 \\ \vdots & \vdots & \vdots & \ddots & \vdots \\ 0 & 0 & 0 & \cdots & x-a \end{vmatrix}=[x+(n-1)a](x-a)^{n-1}.$$

从以上例子可见，大多数行列式的计算都是利用性质，把其化为上三角或下三角行列式，从而计算行列式的值，这种方法是计算行列式的最基本方法，读者务必掌握.

第三节 行列式按行（列）展开

上节介绍了利用行列式的性质简化行列式的计算. 本节将介绍如何把高阶行列式逐步化为低阶行列式的方法——按行（列）展开的方法. 由于二阶、三阶行列式均可直接计算，故这也是计算行列式的有效途径和方法. 为此，我们先引进行列式的余子式和代数余子式的概念.

定义 1.7 在 n 阶行列式 D 中，划去元素 a_{ij} 所在的第 i 行和第 j 列元素后，余下的元素按原来的位置构成的 $n-1$ 阶行列式称为元素 a_{ij} 的**余子式**，记为 M_{ij}. 又记 $A_{ij}=(-1)^{i+j}M_{ij}$，称 A_{ij} 为元素 a_{ij} 的**代数余子式**.

例如，三阶行列式

$D=\begin{vmatrix} a_{11} & a_{12} & a_{13} \\ a_{21} & a_{22} & a_{23} \\ a_{31} & a_{32} & a_{33} \end{vmatrix}$ 中元素 a_{32} 的余子式和代数余子式分别是 $M_{32}=\begin{vmatrix} a_{11} & a_{13} \\ a_{21} & a_{23} \end{vmatrix}$ 和 $A_{32}=(-1)^{3+2}M_{32}$.

以下定理是著名的行列式展开定理.

定理 1.3 n 阶行列式 $D=\det(a_{ij})$ 等于它的任意一行（列）的元素与其对应代数余子式乘积之和，即

$$D=a_{i1}A_{i1}+a_{i2}A_{i2}+\cdots+a_{in}A_{in},\ (1\leqslant i\leqslant n)\ (\text{按第 } i \text{ 行展开}) \tag{1.17}$$

或

$$D=a_{1j}A_{1j}+a_{2j}A_{2j}+\cdots+a_{nj}A_{nj},\ (1\leqslant j\leqslant n)\ (\text{按第 } j \text{ 列展开}) \tag{1.18}$$

证明 以下分3步来进行.

(1) 首先证明 D 的第1行元素中除 $a_{11}\neq 0$ 外，其余元素都为0的特殊情形. 此时

$$D=\begin{vmatrix} a_{11} & 0 & \cdots & 0 \\ a_{21} & a_{22} & \cdots & a_{2n} \\ \vdots & \vdots & & \vdots \\ a_{n1} & a_{n2} & \cdots & a_{nn} \end{vmatrix}$$

由于 D 的每一项都含有第1行中的元素，但第1行元素中仅有 $a_{11}\neq 0$，所以由定义

$$D=\sum_{1p_2\cdots p_n}(-1)^{\tau(1p_2\cdots p_n)}a_{11}a_{2p_2}\cdots a_{np_n}=a_{11}\Big[\sum_{p_2\cdots p_n}(-1)^{\tau(p_2\cdots p_n)}a_{2p_2}\cdots a_{np_n}\Big],$$

其中右端方括号内是 M_{11}，故 $D=a_{11}M_{11}$，再由 $A_{11}=(-1)^{1+1}M_{11}=M_{11}$. 此时的 $D=a_{11}A_{11}$.

(2) 其次证明 D 的第 i 行元素中除 $a_{ij}\neq 0$ 外，其余元素均为0的情形.

即

$$D=\begin{vmatrix} a_{11} & \cdots & a_{1j-1} & a_{1j} & a_{1j+1} & \cdots & a_{1n} \\ \vdots & & \vdots & \vdots & \vdots & & \vdots \\ a_{i-11} & \cdots & a_{i-1j-1} & a_{i-1j} & a_{i+1j+1} & \cdots & a_{i-1n} \\ 0 & \cdots & 0 & a_{ij} & 0 & \cdots & 0 \\ a_{i+11} & \cdots & a_{i+1j-1} & a_{i+1j} & a_{i+1j+1} & \cdots & a_{i+1n} \\ \vdots & & \vdots & \vdots & \vdots & & \vdots \\ a_{n1} & \cdots & a_{nj-1} & a_{nj} & a_{nj+1} & \cdots & a_{nn} \end{vmatrix},$$

先将 D 的第 i 行进行 $i-1$ 次相邻行的交换，把元素 a_{ij} 交换至第1行；再将第 j 列进行 $j-1$ 次相邻列的交换，把元素 a_{ij} 交换到第1列. 由行列式的性质，前后有两个行列式的符号变换了 $(i-1)+(j-1)=i+j-2$ 次，得

$$D=(-1)^{i+j-2}\begin{vmatrix} a_{ij} & 0 & \cdots & 0 & 0 & \cdots & 0 \\ a_{1j} & a_{11} & \cdots & a_{1j-1} & a_{1j+1} & \cdots & a_{1n} \\ \vdots & \vdots & & \vdots & \vdots & & \vdots \\ a_{i-1j} & a_{i-11} & \cdots & a_{i-1j-1} & a_{i-1j+1} & \cdots & a_{i-1n} \\ a_{i+1j} & a_{i+11} & \cdots & a_{i+1j-1} & a_{i+1j+1} & \cdots & a_{i+1n} \\ \vdots & \vdots & & \vdots & \vdots & & \vdots \\ a_{nj} & a_{n1} & \cdots & a_{nj-1} & a_{nj+1} & \cdots & a_{nn} \end{vmatrix}.$$

注意，上述行列式的右下角一块 $n-1$ 阶的行列式，即是 a_{ij} 的余子式 M_{ij}，再由式（1.17）的结论可得 $D=(-1)^{i+j-2}a_{ij}M_{ij}=a_{ij}(-1)^{i+j}M_{ij}=a_{ij}A_{ij}$.

(3) 最后证明一般情形.

$$D=\begin{vmatrix} a_{11} & a_{12} & \cdots & a_{1n} \\ \vdots & \vdots & & \vdots \\ a_{i1}+0+\cdots+0 & 0+a_{i2}+\cdots+0 & \cdots & 0+0+\cdots+a_{n} \\ \vdots & \vdots & & \vdots \\ a_{n1} & a_{n2} & \cdots & a_{nn} \end{vmatrix}$$

$$=\begin{vmatrix} a_{11} & a_{12} & \cdots & a_{1n} \\ \vdots & \vdots & & \vdots \\ a_{i1} & 0 & \cdots & 0 \\ \vdots & \vdots & & \vdots \\ a_{n1} & a_{n2} & \cdots & a_{nn} \end{vmatrix}+\begin{vmatrix} a_{11} & a_{12} & \cdots & a_{1n} \\ \vdots & \vdots & & \vdots \\ 0 & a_{i2} & \cdots & 0 \\ \vdots & \vdots & & \vdots \\ a_{n1} & a_{n2} & \cdots & a_{nn} \end{vmatrix}+\cdots+\begin{vmatrix} a_{11} & a_{12} & \cdots & a_{1n} \\ \vdots & \vdots & & \vdots \\ 0 & 0 & \cdots & a_{in} \\ \vdots & \vdots & & \vdots \\ a_{n1} & a_{n2} & \cdots & a_{nn} \end{vmatrix}$$

$$=a_{i1}A_{i1}+a_{i2}A_{i2}+\cdots+a_{in}A_{in}.$$

类似的可以证明按列展开公式（1.18）.

定理 1.4 n 阶行列式的某一行（列）的元素与另一行（列）对应的元素的代数余子式乘积之和等于零，即

$$a_{i1}A_{j1}+a_{i2}A_{j2}+\cdots+a_{in}A_{jn}=0,\ (i\neq j) \tag{1.19}$$

或

$$a_{1i}A_{1j}+a_{2i}A_{2j}+\cdots+a_{ni}A_{nj}=0,\ (i\neq j) \tag{1.20}$$

证明 设将行列式 D 中第 j 行的元素换为第 i 行（$i\neq j$）的对应元素，得到有两行相同的行列式 D'，由行列式的性质 2 之推论知 $D'=0$，再将 D'按第 j 行展开，则

$$D'=a_{i1}A_{j1}+a_{i2}A_{j2}+\cdots+a_{in}A_{jn}=0,\ (i\neq j) \tag{1.21}$$

同理可证式（1.20）.

综上所述定理，可得下述重要公式.

$$\sum_{i=1}^{n}a_{ik}A_{ij}=\begin{cases}D, & j=k\\ 0, & j\neq k\end{cases} \tag{1.22}$$

$$\sum_{j=1}^{n}a_{kj}A_{ij}=\begin{cases}D, & i=k\\ 0, & i\neq k\end{cases} \tag{1.23}$$

例 1.14 计算 4 阶行列式

$$D=\begin{vmatrix} 2 & -1 & 1 & -1 \\ 0 & 0 & 4 & -1 \\ 0 & 2 & 4 & 1 \\ -2 & 0 & 3 & 2 \end{vmatrix}.$$

解 为简化计算，我们选择元素为 0 最多的行（列）展开，比如按第 1 列展开得

$$D=2\times(-1)^{1+1}\begin{vmatrix} 0 & 4 & -1 \\ 2 & 4 & 1 \\ 0 & 3 & 2 \end{vmatrix}+0\times(-1)^{2+1}\begin{vmatrix} -1 & 1 & -1 \\ 2 & 4 & 1 \\ 0 & 3 & 2 \end{vmatrix}$$

$$+0\times(-1)^{3+1}\begin{vmatrix} -1 & 1 & -1 \\ 0 & 4 & -1 \\ 0 & 3 & 2 \end{vmatrix}+(-2)\times(-1)^{4+1}\begin{vmatrix} -1 & 1 & -1 \\ 0 & 4 & -1 \\ 2 & 4 & 1 \end{vmatrix}=-44-4=-48.$$

注 其实即使行列式中没有这么多零元素，我们也可以利用行列式的性质“造”出足够多的零元素. 然后再利用展开定理进行计算.

例 1.15 计算 4 阶行列式

$$D_4=\begin{vmatrix}3&1&-1&2\\-5&1&3&-4\\2&0&1&-1\\1&-5&3&-3\end{vmatrix}.$$

解 $$D_4=\begin{vmatrix}3&1&-1&2\\-5&1&3&-4\\2&0&1&-1\\1&-5&3&-3\end{vmatrix}\underline{\underline{c_3+c_4}}\begin{vmatrix}3&1&1&2\\-5&1&-1&-4\\2&0&0&-1\\1&-5&0&-3\end{vmatrix}\underline{\underline{r_2+r_1}}\begin{vmatrix}3&1&1&2\\-2&2&0&-2\\2&0&0&-1\\1&-5&0&-3\end{vmatrix}$$

$$=1\times(-1)^{1+3}\begin{vmatrix}-2&2&-2\\2&0&-1\\1&-5&-3\end{vmatrix}\underline{\underline{c_1+2c_3}}\begin{vmatrix}-6&2&-2\\0&0&-1\\-5&-5&-3\end{vmatrix}=(-1)\times(-1)^{2+3}\begin{vmatrix}-6&2\\-5&-5\end{vmatrix}$$

$$=40.$$

例 1.16 计算 n 阶三对角线行列式的值

$$D_n=\begin{vmatrix}2&-1&0&\cdots&0&0\\-1&2&-1&\cdots&0&0\\0&-1&2&\cdots&0&0\\\vdots&\vdots&\vdots&\ddots&\vdots&\vdots\\0&0&0&\cdots&2&-1\\0&0&0&\cdots&-1&2\end{vmatrix}.$$

解 将行列式 D_n 按第 1 列展开，注意元素 a_{11} 的代数余子式 $A_{11}=D_{n-1}$，因此

$$D_n=2D_{n-1}+(-1)\times(-1)^{2+1}\begin{vmatrix}-1&0&0&\cdots&0&0\\-1&2&-1&\cdots&0&0\\0&-1&2&\cdots&0&0\\\vdots&\vdots&\vdots&&\vdots&\vdots\\0&0&0&\cdots&2&-1\\0&0&0&\cdots&-1&2\end{vmatrix}.$$

等式右边的 $n-1$ 阶行列式按第 1 行再展开，元素 a_{11} 的代数余子式 A_{11}（相对于右边 $n-1$ 阶行列式）是一个 $n-2$ 阶行列式，且 $A_{11}=D_{n-2}$，于是成立递推关系

$$D_n=2D_{n-1}-D_{n-2}\quad(n=3,4,\cdots)\tag{1.24}$$

其中 $D_1=2$，$D_2=3$. 进一步，从式（1.24）可得

$$D_n-D_{n-1}=D_{n-1}-D_{n-2}=D_{n-2}-D_{n-3}=\cdots=D_2-D_1=1,$$

即 D_n 成为一个等差数列，其公差为 $d=1$，故有

$$D_n=D_1+(n-1)d=n+1.$$

注 对于一般的三对角线行列式，都可以用行列式的展开公式，建立起类似于式（1.24）的三项递推关系.

例 1.17 证明范德蒙（Van der monde）行列式

$$V_n=\begin{vmatrix}1&1&1&\cdots&1\\x_1&x_2&x_3&\cdots&x_n\\x_1^2&x_2^2&x_3^2&\cdots&x_n^2\\\vdots&\vdots&\vdots&&\vdots\\x_1^{n-1}&x_2^{n-1}&x_3^{n-1}&\cdots&x_n^{n-1}\end{vmatrix}=\prod_{1\leqslant j<i\leqslant n}(x_i-x_j),$$

其中连乘号 Π 是对满足 $1\leqslant j<i\leqslant n$ 的所有因子 (x_i-x_j) 的乘积．

证明　用归纳法证明．

当 $n=2$ 时，$V_2=\begin{vmatrix}1 & 1\\ x_1 & x_2\end{vmatrix}=x_2-x_1=\prod\limits_{1\leqslant j<i\leqslant 2}(x_i-x_j)$，结论成立．

假设结论对 $n-1$ 阶成立．下证 n 阶时的结论也成立．

把 V_n 的第 1 列上三角化，即依次做下列变换　$r_n+r_{n-1}\times(-x_1)$；$r_{n-1}+r_{n-2}\times(-x_1)$；…；$r_2+r_1\times(-x_1)$，则

$$V_n=\begin{vmatrix}1 & 1 & 1 & \cdots & 1\\ 0 & x_2-x_1 & x_3-x_1 & \cdots & x_n-x_1\\ 0 & x_2(x_2-x_1) & x_3(x_3-x_1) & \cdots & x_n(x_n-x_1)\\ \vdots & \vdots & \vdots & & \vdots\\ 0 & x_2^{n-2}(x_2-x_1) & x_3^{n-2}(x_3-x_1) & \cdots & x_n^{n-2}(x_n-x_1)\end{vmatrix}$$

按第 1 列展开只有 1 项；在余下的 $n-1$ 阶行列式中，分别提取公因子 (x_2-x_1)，(x_3-x_1)，…，(x_n-x_1)．于是成立

$$V_n=(x_2-x_1)\cdots(x_n-x_1)\begin{vmatrix}1 & 1 & \cdots & 1\\ x_2 & x_3 & \cdots & x_n\\ \vdots & \vdots & & \vdots\\ x_2^{n-2} & x_3^{n-2} & \cdots & x_n^{n-2}\end{vmatrix}$$

上式右端的行列式已是一个 $n-1$ 阶范德蒙行列式，由归纳法假设，所以

$$V_n=(x_2-x_1)\cdots(x_n-x_1)\prod_{2\leqslant j<i\leqslant n}(x_i-x_j)=\prod_{1\leqslant j<i\leqslant n}(x_i-x_j).$$

如取 $n=3$，则

$$V_3=\prod_{1\leqslant j<i\leqslant 3}(x_i-x_j)=(x_2-x_1)(x_3-x_1)(x_3-x_2).$$

利用此公式，易得

$$\begin{vmatrix}1 & 1 & 1\\ 2 & 3 & 5\\ 2^2 & 3^2 & 5^2\end{vmatrix}=(3-2)\times(5-2)\times(5-3)=6.$$

例 1.18　计算 n 阶行列式

$$D_n=\begin{vmatrix}1+a_1 & a_2 & a_3 & \cdots & a_n\\ a_1 & 1+a_2 & a_3 & \cdots & a_n\\ a_1 & a_2 & 1+a_3 & \cdots & a_n\\ \vdots & \vdots & \vdots & & \vdots\\ a_1 & a_2 & a_3 & \cdots & 1+a_n\end{vmatrix}.$$

解　方法一：因各行元素之和相同，将各列加到第 1 列后再提取公因子；再从第 2 行起，分别依此减去第 1 行，化为上三角行列式，得

$$D_n\xlongequal[(j=2,\cdots,n)]{c_1+c_j}(1+\sum_{i=1}^{n}a_i)\begin{vmatrix}1 & a_2 & a_3 & \cdots & a_n\\ 1 & 1+a_2 & a_3 & \cdots & a_n\\ 1 & a_2 & 1+a_3 & \cdots & a_n\\ \vdots & \vdots & \vdots & & \vdots\\ 1 & a_2 & a_3 & \cdots & 1+a_n\end{vmatrix}$$

$$\xlongequal[(j=2,\cdots,n)]{c_j-c_1}\left(1+\sum_{i=1}^{n}a_i\right)\begin{vmatrix}1 & a_2 & a_3 & \cdots & a_n\\0 & 1 & 0 & \cdots & 0\\0 & 0 & 1 & \cdots & 0\\\vdots & \vdots & \vdots & & \vdots\\0 & 0 & 0 & \cdots & 1\end{vmatrix}=1+\sum_{i=1}^{n}a_i.$$

方法二（加边法）：

为便于将行列式消元，对原行列式增加 1 行 1 列且使其值不变．再将各行分别依次减去第 1 行，得

$$D_n=\begin{vmatrix}1 & a_1 & a_2 & a_3 & \cdots & a_n\\0 & 1+a_1 & a_2 & a_3 & \cdots & a_n\\0 & a_1 & 1+a_2 & a_3 & \cdots & a_n\\0 & a_1 & a_2 & 1+a_3 & \cdots & a_n\\\vdots & \vdots & \vdots & \vdots & & \vdots\\0 & a_1 & a_2 & a_3 & \cdots & 1+a_n\end{vmatrix}\xlongequal[(i=2,\cdots,n+1)]{r_i-r_1}\begin{vmatrix}1 & a_1 & a_2 & a_3 & \cdots & a_n\\-1 & 1 & 0 & 0 & \cdots & 0\\-1 & 0 & 1 & 0 & \cdots & 0\\-1 & 0 & 0 & 1 & \cdots & 0\\\vdots & \vdots & \vdots & \vdots & & \vdots\\-1 & 0 & 0 & 0 & \cdots & 1\end{vmatrix}$$

$$\xlongequal[(j=2,\cdots,n+1)]{c_1+c_j}\begin{vmatrix}1+\sum_{i=1}^{n}a_i & a_1 & a_2 & a_3 & \cdots & a_n\\0 & 1 & 0 & 0 & \cdots & 0\\0 & 0 & 1 & 0 & \cdots & 0\\0 & 0 & 0 & 1 & \cdots & 0\\\vdots & \vdots & \vdots & \vdots & & \vdots\\0 & 0 & 0 & 0 & \cdots & 1\end{vmatrix}=1+\sum_{i=1}^{n}a_i.$$

方法三（拆项法）：

把第 n 列拆成两数之和，由性质 5，行列式的值是两个行列式值之和．

$$D_n=\begin{vmatrix}1+a_1 & a_2 & a_3 & \cdots & 0\\a_1 & 1+a_2 & a_3 & \cdots & 0\\a_1 & a_2 & 1+a_3 & \cdots & 0\\\vdots & \vdots & \vdots & & \vdots\\a_1 & a_2 & a_3 & \cdots & 1\end{vmatrix}+\begin{vmatrix}1+a_1 & a_2 & a_3 & \cdots & a_n\\a_1 & 1+a_2 & a_3 & \cdots & a_n\\a_1 & a_2 & 1+a_3 & \cdots & a_n\\\vdots & \vdots & \vdots & & \vdots\\a_1 & a_2 & a_3 & \cdots & a_n\end{vmatrix}$$

（第 1 个行列式按最后一列展开，第 2 个行列式各行减去最后一行）

$$=D_{n-1}+\begin{vmatrix}1 & 0 & 0 & \cdots & 0\\0 & 1 & 0 & \cdots & 0\\0 & 0 & 1 & \cdots & 0\\\vdots & \vdots & \vdots & & \vdots\\a_1 & a_2 & a_3 & \cdots & a_n\end{vmatrix}=D_{n-1}+a_n$$

$$=D_{n-2}+a_{n-1}+a_n=\cdots=D_1+a_2+\cdots+a_n=1+\sum_{i=1}^{n}a_i.$$

第四节　Cramer（克莱姆）法则

本节主要讨论具有 n 个未知量 n 个方程的线性方程组

$$\begin{cases} a_{11}x_1 + a_{12}x_2 + \cdots + a_{1n}x_n = b_1 \\ a_{21}x_1 + a_{22}x_2 + \cdots + a_{2n}x_n = b_2 \\ \cdots\cdots \\ a_{n1}x_1 + a_{n2}x_2 + \cdots + a_{nn} = b_n \end{cases} \tag{1.25}$$

其中系数 a_{ij} 和右端项 b_i 是已知的数，x_i（$i=1, 2, \cdots, n$）是待求的未知量，常称方程组（1.25）为 ***n* 元线性方程组**；且当 b_i（$i=1, 2, \cdots, n$）不全为零时，方程组（1.25）称为**线性非齐次方程组**；而当 b_i（$i=1, 2, \cdots, n$）$\equiv 0$ 时，方程组（1.25）称为**线性齐次方程组**.

将方程组的 n^2 个系数 a_{ij} 按下列形式构成的 n 阶行列式，记为 D. 即

$$D = \begin{vmatrix} a_{11} & a_{12} & \cdots & a_{1n} \\ a_{21} & a_{22} & \cdots & a_{2n} \\ \vdots & \vdots & & \vdots \\ a_{n1} & a_{n2} & \cdots & a_{nn} \end{vmatrix} \tag{1.26}$$

称为 n 元线性方程组（1.25）的系数行列式.

定理 1.5（克莱姆（Cramer）法则） 如果 n 元线性方程组（1.25）的系数行列式 $D \neq 0$，则方程组（1.25）存在唯一解，并且其解可用行列式表示为

$$x_j = \frac{D_j}{D} \ (j=1, 2, \cdots, n) \tag{1.27}$$

其中 D_j（$j=1, 2, \cdots, n$）是把系数行列式 D 中的第 j 列元素用方程组（1.25）右端相应的常数项代替而得到的 n 阶行列式，即

$$D_j = \begin{vmatrix} a_{11} & a_{12} & \cdots & a_{1j-1} & b_1 & a_{1j+1} & \cdots & a_{1n} \\ a_{21} & a_{22} & \cdots & a_{2j-1} & b_2 & a_{2j+1} & \cdots & a_{2n} \\ \vdots & \vdots & & \vdots & \vdots & \vdots & & \vdots \\ a_{n1} & a_{n2} & \cdots & a_{nj-1} & b_n & a_{nj+1} & \cdots & a_{nn} \end{vmatrix}$$

由于这个定理在第三章中利用逆矩阵的性质可简洁地推证，故这里述而不证.

如果希望知道仅用本章知识如何证明克莱姆法则，下面可给出证明概要.

用 D 中第 j 列元素的代数余子式 $A_{1j}, A_{2j}, \cdots, A_{nj}$ 依次乘方程组（1.25）的 n 个方程的两边，再把它们相加，利用公式（1.22）可得方程组

$$Dx_j = D_j \ (j=1, 2, \cdots, n) \tag{1.28}$$

当 $D \neq 0$ 时，上述方程组（1.28）有唯一解

$$x_j = \frac{D_j}{D} \ (j=1, 2, \cdots, n)$$

而方程组（1.25）的解必是方程组（1.28）的解，故方程组（1.25）如有解，只能是 $x_j = \frac{D_j}{D}$（$j=1, 2, \cdots, n$）. 为证明 $x_j = \frac{D_j}{D}$（$j=1, 2, \cdots, n$）确是方程组（1.25）的解，只要把 $x_j = \frac{D_j}{D}$（$j=1, 2, \cdots, n$）代入方程组（1.25）去验证即可，经验证的确适合，故定理得证.

例 1.19 求解线性方程组 $\begin{cases} x_1 + x_2 + 2x_3 + 3x_4 = 1 \\ 3x_1 - x_2 - x_3 - 2x_4 = -4 \\ 2x_1 + 3x_2 - x_3 - x_4 = -6 \\ x_1 + 2x_2 + 3x_3 - x_4 = -4 \end{cases}$

解 计算系数行列式

$$D=\begin{vmatrix}1&1&2&3\\3&-1&-1&-2\\2&3&-1&-1\\1&2&3&-1\end{vmatrix}=\begin{vmatrix}1&1&2&3\\0&-4&-7&-11\\0&1&-5&-7\\0&1&1&-4\end{vmatrix}=\begin{vmatrix}-4&-7&-11\\1&-5&-7\\1&1&-4\end{vmatrix}$$

$$=\begin{vmatrix}0&-3&-27\\0&-6&-3\\1&1&-4\end{vmatrix}=\begin{vmatrix}-3&-27\\-6&-3\end{vmatrix}=-153\neq0,$$

$$D_1=\begin{vmatrix}1&1&2&3\\-4&-1&-1&-2\\-6&3&-1&-1\\-4&2&3&-1\end{vmatrix}=153,\ D_2=\begin{vmatrix}1&1&2&3\\3&-4&-1&-2\\2&-6&-1&-1\\1&-4&3&-1\end{vmatrix}=153,$$

$$D_3=\begin{vmatrix}1&1&1&3\\3&-1&-4&-2\\2&3&-6&-1\\1&2&-4&-1\end{vmatrix}=0,\quad D_4=\begin{vmatrix}1&1&2&1\\3&-1&-1&-4\\2&3&-1&-6\\1&2&3&-4\end{vmatrix}=-153.$$

由克莱姆法则得，方程组有唯一解为

$$x_1=\frac{D_1}{D}=-1,\ x_2=\frac{D_2}{D}=-1,\ x_3=\frac{D_3}{D}=0,\ x_4=\frac{D_4}{D}=1.$$

例 1.20 设 $a_i\neq a_j$（$i\neq j$；$i,\ j=1,\ 2,\ \cdots,\ n$），求解线性方程组

$$\begin{cases}x_1+a_1x_2+a_1^2x_3+\cdots+a_1^{n-1}x_n=1\\x_1+a_2x_2+a_2^2x_3+\cdots+a_2^{n-1}x_n=1\\x_1+a_3x_2+a_3^2x_3+\cdots+a_3^{n-1}x_n=1\\\qquad\cdots\cdots\\x_1+a_nx_2+a_n^2x_3+\cdots+a_n^{n-1}x_n=1\end{cases}.$$

解 方程组的系数行列式

$$D=\begin{vmatrix}1&a_1&a_1^2&\cdots&a_1^{n-1}\\1&a_2&a_2^2&\cdots&a_2^{n-1}\\1&a_3&a_3^2&\cdots&a_3^{n-1}\\\vdots&\vdots&\vdots&&\vdots\\1&a_n&a_n^2&\cdots&a_n^{n-1}\end{vmatrix}$$

是 n 阶范德蒙行列式 $V(a_1,\ a_2,\ \cdots,\ a_n)$ 的转置，故

$$D=\prod_{1\leqslant i<j\leqslant n}(a_j-a_i)\neq0,$$

由克莱姆法则知方程组有唯一解.

经计算得：$D_1=D$. 当 $j\geqslant2$ 时，由于 D_j 中至少有两列元素全是 1，因此，此时 $D_j=0$（$j\geqslant2$）. 故方程组有唯一解为：$x_1=1$，$x_2=x_3=\cdots=x_n=0$.

克莱姆法则的重要性可由下述性质定理略见一斑.

定理 1.6 如果齐次线性方程组

$$\begin{cases} a_{11}x_1 + a_{12}x_2 + \cdots + a_{1n}x_n = 0 \\ a_{21}x_1 + a_{22}x_2 + \cdots + a_{2n}x_n = 0 \\ \cdots\cdots \\ a_{n1}x_n + a_{n2}x_2 + \cdots + a_{nn}x_n = 0 \end{cases} \tag{1.29}$$

的系数行列式 $D\neq 0$，则方程组（1.29）只有零解.

证明 由于 $D\neq 0$，所以方程组（1.29）有唯一解，而 D_j 的第 j 列全为0，所以，$D_j=0$（$j=1, 2, \cdots, n$）.

由克莱姆法则知，其唯一解为

$$x_j = \frac{D_j}{D} = 0,\ (j=1,\ 2,\ \cdots,\ n)$$

故方程组（1.29）只有零解.

例 1.21 当 λ 取何值时，线性方程组 $\begin{cases} x_1 + x_2 + \lambda x_3 = 0 \\ x_1 + \lambda x_2 + x_3 = 0 \\ \lambda x_1 + x_2 + x_3 = 0 \end{cases}$ 一定只有零解？

解 由于齐次线性方程组的系数行列式

$$D = \begin{vmatrix} 1 & 1 & \lambda \\ 1 & \lambda & 1 \\ \lambda & 1 & 1 \end{vmatrix} = -(\lambda-1)^2\ (\lambda+2),$$

所以由定理1.6可知，当 $\lambda\neq 1$ 且 $\lambda\neq -2$ 时，该方程组只有零解.

习　题　一

1. 利用对角线法则计算下列二阶和三阶行列式：

(1) $\begin{vmatrix} 2 & 1 \\ -1 & 2 \end{vmatrix}$；　(2) $\begin{vmatrix} a & b \\ a^2 & b^2 \end{vmatrix}$；　(3) $\begin{vmatrix} x-1 & 1 \\ x^2 & x^2+x+1 \end{vmatrix}$；

(4) $\begin{vmatrix} \cos\theta & -\sin\theta \\ \sin\theta & \cos\theta \end{vmatrix}$；　(5) $\begin{vmatrix} 1 & \log_a b \\ \log_b a & 1 \end{vmatrix}$；　(6) $\begin{vmatrix} a & 0 & 0 \\ 0 & b & c \\ 0 & d & e \end{vmatrix}$；

(7) $\begin{vmatrix} 1 & 2 & -1 \\ 3 & 2 & 0 \\ 0 & -1 & 1 \end{vmatrix}$；　(8) $\begin{vmatrix} 1 & -1 & 1 \\ 1 & 1 & -1 \\ -1 & 1 & 1 \end{vmatrix}$；　(9) $\begin{vmatrix} a & b & c \\ b & c & a \\ c & a & b \end{vmatrix}$；

(10) $\begin{vmatrix} 1 & 1 & 1 \\ a & b & c \\ a^2 & b^2 & c^2 \end{vmatrix}$.

2. 证明下列等式：

(1) $\begin{vmatrix} x_1 & y_1 & z_1 \\ x_2 & y_2 & z_2 \\ x_3 & y_3 & z_3 \end{vmatrix} = x_1\begin{vmatrix} y_2 & z_2 \\ y_3 & z_3 \end{vmatrix} - y_1\begin{vmatrix} x_2 & z_2 \\ x_3 & z_3 \end{vmatrix} + z_1\begin{vmatrix} x_2 & y_2 \\ x_3 & y_3 \end{vmatrix}$；

(2) $\begin{vmatrix} a^2 & ab & b^2 \\ 2a & a+b & 2b \\ 1 & 1 & 1 \end{vmatrix} = (a-b)^3$.

3. 当 x 取何值时，(1) $\begin{vmatrix} 3 & 1 & x \\ 4 & x & 0 \\ 1 & 0 & x \end{vmatrix} \neq 0$；(2) $\begin{vmatrix} x & 3 & 4 \\ x & -2 & 1 \\ 0 & x & 0 \end{vmatrix} = 0$.

4. 计算以下排列的逆序数，并判别其奇偶性.

(1) 365412；　(2) 5123746；　(3) 7654321；

(4) $135\cdots(2n-1)(2n)(2n-2)\cdots42$.

5. 选择 i 与 k，使排列（1）成为奇排列，使排列（2）成为偶排列.

(1) $231i5k7$；(2) $ik23567$.

6. 写出 4 阶行列式中包含因子 $a_{12}a_{23}$ 的项.

7. 在 6 阶行列式 $D=|a_{ij}|$ 中，下列各元素乘积应取什么符号？

(1) $a_{15}a_{23}a_{32}a_{44}a_{51}a_{66}$；　(2) $a_{21}a_{53}a_{16}a_{42}a_{65}a_{34}$；　(3) $a_{61}a_{52}a_{43}a_{34}a_{25}a_{16}$.

8. 按定义计算下列行列式的值：

(1) $\begin{vmatrix} 3 & 0 & 1 \\ 1 & -5 & 0 \\ 1 & 0 & -1 \end{vmatrix}$；　(2) $\begin{vmatrix} 2 & 0 & 0 & 1 \\ 1 & 0 & -1 & 0 \\ 0 & 1 & 2 & 0 \\ 0 & 3 & 0 & 4 \end{vmatrix}$；

(3) $\begin{vmatrix} 1 & 0 & 0 & \cdots & 0 \\ 0 & 2 & 0 & \cdots & 0 \\ \vdots & \vdots & \vdots & & \vdots \\ 0 & 0 & 0 & \cdots & n \end{vmatrix}$；　(4) $\begin{vmatrix} 0 & 0 & \cdots & 0 & a_{1n} \\ 0 & 0 & \cdots & a_{2n-1} & a_{2n} \\ \vdots & \vdots & & \vdots & \vdots \\ 0 & a_{n-12} & \cdots & a_{n-1n-1} & a_{n-1n} \\ a_{n1} & a_{n2} & \cdots & a_{nn-1} & a_{nn} \end{vmatrix}$；

(5) $\begin{vmatrix} 0 & 0 & \cdots & 0 & d_1 \\ 0 & 0 & \cdots & d_2 & 0 \\ \vdots & \vdots & & \vdots & \vdots \\ 0 & d_{n-1} & \cdots & 0 & 0 \\ d_n & 0 & \cdots & 0 & 0 \end{vmatrix}$.

9. 计算下列行列式的值：

(1) $\begin{vmatrix} 2 & 3 & 4 \\ 5 & -2 & 1 \\ 1 & 2 & 3 \end{vmatrix}$；　(2) $\begin{vmatrix} 3 & 0 & 0 & 0 \\ 2 & -1 & 0 & 0 \\ 0 & 2 & 2 & 0 \\ 2 & -4 & 1 & -5 \end{vmatrix}$；　(3) $\begin{vmatrix} 2 & 0 & -1 & 3 \\ 4 & 0 & 1 & -1 \\ -3 & 1 & 0 & 1 \\ 1 & 4 & 1 & 1 \end{vmatrix}$；

(4) $\begin{vmatrix} 1 & 4 & 9 & 16 \\ 4 & 9 & 16 & 25 \\ 9 & 16 & 25 & 36 \\ 16 & 25 & 36 & 49 \end{vmatrix}$；　(5) $\begin{vmatrix} a^2 & (a+1)^2 & (a+2)^2 & (a+3)^3 \\ b^2 & (b+1)^2 & (b+2)^2 & (b+3)^3 \\ c^2 & (c+1)^2 & (c+2)^2 & (c+3)^3 \\ d^2 & (d+1)^2 & (d+2)^2 & (d+3)^3 \end{vmatrix}$.

10. 设有4阶行列式：$D_4=\begin{vmatrix} a & b & c & d \\ c & b & d & a \\ d & b & c & a \\ a & b & d & c \end{vmatrix}$，求 $A_{14}+A_{24}+A_{34}+A_{44}$ 的值.

11. 计算下列 n 阶行列式

（1）$D_n=\begin{vmatrix} 0 & 1 & 0 & \cdots & 0 \\ 0 & 0 & 2 & \cdots & 0 \\ \vdots & \vdots & \vdots & & \vdots \\ 0 & 0 & 0 & \cdots & n-1 \\ n & 0 & 0 & \cdots & 0 \end{vmatrix}$；（2）$D_n=\begin{vmatrix} a & 1 & 1 & \cdots & 1 \\ 1 & a & 1 & \cdots & 1 \\ 1 & 1 & a & \cdots & 1 \\ \vdots & \vdots & \vdots & & \vdots \\ 1 & 1 & 1 & \cdots & a \end{vmatrix}$；

（3）$D_n=\begin{vmatrix} b & a & \cdots & a \\ a & b & \cdots & a \\ \vdots & \vdots & \ddots & \vdots \\ a & a & \cdots & b \end{vmatrix}$；（4）$D_n=\begin{vmatrix} x & y & 0 & \cdots & 0 & 0 \\ 0 & x & y & \cdots & 0 & 0 \\ \vdots & \vdots & \vdots & & \vdots & \vdots \\ 0 & 0 & 0 & \cdots & x & y \\ x & 0 & 0 & \cdots & 0 & y \end{vmatrix}$；

（5）$D_n=\begin{vmatrix} 1 & 2 & \cdots & 2 \\ 2 & 2 & \cdots & 2 \\ \vdots & \vdots & \ddots & \vdots \\ 2 & 2 & \cdots & n \end{vmatrix}$；（6）$D_n=\begin{vmatrix} a_n & \cdots & 0 & 0 & \cdots & b_n \\ \vdots & \ddots & \vdots & \vdots & ⋰ & \vdots \\ 0 & \cdots & a_1 & b_1 & \cdots & 0 \\ 0 & \cdots & c_1 & d_1 & \cdots & 0 \\ \vdots & ⋰ & \vdots & \vdots & \ddots & \vdots \\ c_n & \cdots & 0 & 0 & \cdots & d_n \end{vmatrix}$；

（7）$D_n=\begin{vmatrix} a^n & (a-1)^n & \cdots & (a-n)^n \\ a^{n-1} & (a-1)^{n-1} & \cdots & (a-n)^{n-1} \\ \vdots & \vdots & & \vdots \\ a & a-1 & \cdots & a-n \\ 1 & 1 & \cdots & 1 \end{vmatrix}$；

（8）$D_n=\begin{vmatrix} 1 & 2 & 3 & \cdots & n-1 & n \\ n & 1 & 2 & \cdots & n-2 & n-1 \\ n-1 & n & 1 & \cdots & n-3 & n-2 \\ \cdots & \cdots & \cdots & & \cdots & \cdots \\ 3 & 4 & 5 & \cdots & 1 & 2 \\ 2 & 3 & 4 & \cdots & n & 1 \end{vmatrix}$.

12. 用克莱姆法则解线性方程组：

（1）$\begin{cases} x_1+2x_2+x_3=0 \\ 2x_1-x_2+x_3=1 \\ x_1-x_2+2x_3=3 \end{cases}$；（2）$\begin{cases} x_1+x_2+x_3+x_4=5 \\ x_1+2x_2-x_3+4x_4=-2 \\ 2x_1-3x_2-x_3-5x_4=-2 \\ 3x_1+x_2+2x_3+11x_4=0 \end{cases}$；

（3）$\begin{cases} x+y+z=1 \\ ax+by+cz=d \\ a^2x+b^2y+c^2z=d^2 \end{cases}$（其中 a，b，c 为互不相同的数）.

13. 当 λ 取何值时，下列齐次线性方程组（1）仅有零解；方程组（2）有非零解？

（1）$\begin{cases}(\lambda+1)x_1+x_2+x_3=0\\ x_1+\lambda x_2-x_3=0\\ 2x_1-x_2+x_3=0\end{cases}$；（2）$\begin{cases}(\lambda+1)x_1+x_2+x_3=0\\ x_1+(\lambda+1)x_2+x_3=0\\ x_1+x_2+(\lambda+1)x_3=0\end{cases}$

测试题一

一、单项选择题（4×4=16分）

1. 5阶行列式的展开式共有（　　）项.

（A）5^2　　（B）$5!$　　（C）10　　（D）15

2. 若齐次线性方程组有非零解，则它的系数行列式 D（　　）.

（A）必为0　　（B）必不为0　　（C）必为1　　（D）可取任何值

3. 设

$$D_1=\begin{vmatrix}3a_1 & & & 0\\ & 3a_2 & & \\ & & \ddots & \\ 0 & & & 3a_n\end{vmatrix},\quad D_2=\begin{vmatrix}a_1 & & & 0\\ & a_2 & & \\ & & \ddots & \\ 0 & & & a_n\end{vmatrix},$$

其中 $a_1a_2\cdots a_n\neq0$. 则（　　）.

（A）$D_1=D_2$　　（B）$D_1=\dfrac{1}{3n}D_2$　　（C）$D_1=3^nD_2$　　（D）$D_1=-3^nD_2$

4. 若

$$D=\begin{vmatrix}a_{11} & a_{12} & a_{13}\\ a_{21} & a_{22} & a_{23}\\ a_{31} & a_{32} & a_{33}\end{vmatrix}=m\neq0，则\ D=\begin{vmatrix}4a_{11} & 5a_{11}-2a_{12} & a_{13}\\ 4a_{21} & 5a_{21}-2a_{22} & a_{23}\\ 4a_{31} & 5a_{31}-2a_{32} & a_{33}\end{vmatrix}=(\quad).$$

（A）$-40m$　　（B）$40m$　　（C）$-8m$　　（D）$20m$

二、填空题（4×4=16分）

1. 若 $abcdef$ 是偶排列，则 $afcdeb$ 是________排列.

2. 6阶行列式展开式中 $a_{21}a_{12}a_{56}a_{43}a_{35}a_{64}$ 前的符号为________.

3. 行列式 $\begin{vmatrix}1 & 0 & 0 & 0\\ 1 & 2 & 0 & 0\\ 1 & 2 & 3 & 0\\ 1 & 2 & 3 & 4\end{vmatrix}$ 的值为________.

4. 设 $\begin{vmatrix}a & 1 & 1\\ 1 & a & 1\\ 1 & 1 & a\end{vmatrix}=0$，则 $a=1$ 或________.

三、计算题（8×6=48分）

1. 计算4阶行列式

$$D=\begin{vmatrix}4 & 1 & 0 & 5\\ 3 & 1 & -1 & 2\\ -2 & 0 & 6 & -4\\ 2 & 5 & -3 & 2\end{vmatrix}.$$

2. 计算行列式

$$D=\begin{vmatrix}1&-1&1&x-1\\1&-1&x+1&-1\\1&x-1&1&-1\\x+1&-1&1&-1\end{vmatrix}.$$

3. 计算 $n+1$ 阶行列式

$$\begin{vmatrix}a_0&1&1&\cdots&1\\1&a_1&0&\cdots&0\\1&0&a_2&\cdots&0\\\vdots&\vdots&\vdots&&\vdots\\1&0&0&\cdots&a_n\end{vmatrix}\quad(a_1a_2\cdots a_n\neq 0).$$

4. 设

$$D=\begin{vmatrix}a&b&c&d\\1&-1&0&1\\2&0&2&-1\\3&1&3&-1\end{vmatrix},$$ 求第 1 行各元素的代数余子式.

5. 求方程 $\begin{vmatrix}x&-1&0&0\\0&x&-1&0\\0&0&x&-1\\1&4&6&x+4\end{vmatrix}=0$ 的解.

6. 用克莱姆法则解方程组

$$\begin{cases}x_1+x_2+x_3+x_4=5\\x_1+2x_2-x_3+4x_4=-2\\2x_1-3x_2-x_3-5x_4=-2\\3x_1+x_2+2x_3+11x_4=0\end{cases}.$$

四、(10 分) 问 λ, μ 取何值时，齐次线性方程组

$$\begin{cases}\lambda x_1+x_2+x_3=0\\x_1+\mu x_2+x_3=0\\x_1+2\mu x_2+x_3=0\end{cases}$$ 有非零解.

五、(10 分) 证明

$$D_n=\begin{vmatrix}\cos\alpha&1&0&\cdots&0&0\\1&2\cos\alpha&1&\cdots&0&0\\\vdots&\vdots&\vdots&&\vdots&\vdots\\0&0&0&\cdots&2\cos\alpha&1\\0&0&0&\cdots&1&2\cos\alpha\end{vmatrix}=\cos n\alpha.$$

第二章 矩　　阵

矩阵是最基本的数学概念之一，是代数学尤其是线性代数的主要研究对象之一，也是数学研究和应用的一个重要工具. 矩阵为应用计算机进行科学计算以及日常管理带来极大的方便与可能. 本章主要介绍矩阵的基本概念、基本运算和性质等理论知识. 矩阵理论是线性代数的基础，因此本章的学习对后面各章的学习是十分重要的.

第一节 矩阵的概念

一、矩阵的定义

我们知道，很多时候在讨论问题时，该问题所涉及的数之间是存在一定的关系的，对它们进行讨论时，我们不得不放在一起进行考虑.

例 2.1 某企业生产 4 种产品，各种产品的季度产值如表 2－1 所列.

表 2－1 各种产品的季度产值 （单位：万元）

产品 产值 季度	11	2	3	4
1	80	58	75	78
2	98	70	85	84
3	90	75	90	90
4	88	70	82	80

由于该企业在不同的季度、不同的产品的产值是不一样的. 若要对这个企业作整体分析，就不能孤立的看某一个数，而是应该把这些数据当作一个整体进行处理. 为此，我们可以把这些数列成如下的简单表格形式：

$$\begin{bmatrix} 80 & 58 & 75 & 78 \\ 98 & 70 & 85 & 84 \\ 90 & 75 & 90 & 90 \\ 88 & 70 & 82 & 80 \end{bmatrix}.$$

例 2.2 设有线性方程组

$$\begin{cases} x_1 + 5x_2 - x_3 - x_4 = -1 \\ x_1 - 2x_2 + x_3 + 3x_4 = 6 \\ 2x_1 - x_2 - 4x_3 + x_4 = -3 \\ 5x_1 + 2x_2 + 4x_3 + 9x_4 = 7 \end{cases},$$

显然一个方程组的解与方程中各个未知数前的系数有关，同时也与方程右边的常数有关.
为此，我们也把这些数列成一个简单的表格形式，即

$$\begin{bmatrix} 1 & 5 & -1 & -1 & -1 \\ 1 & -2 & 1 & 3 & 6 \\ 2 & -1 & -4 & 1 & -3 \\ 5 & 2 & 4 & 9 & 7 \end{bmatrix}.$$

其实，很多问题的研究，最后都归结为分析像例 2.1、2.2 题所列出的简单的数表，我们把这种数表叫做**矩阵**.

定义 2.1 由 $m\times n$ 个数 a_{ij} ($i=1, 2, \cdots, m$; $j=1, 2, \cdots, n$) 排列成的一个 m 行 n 列的数表

$$\begin{bmatrix} a_{11} & a_{12} & \cdots & a_{1n} \\ a_{21} & a_{22} & \cdots & a_{2n} \\ \vdots & \vdots & & \vdots \\ a_{m1} & a_{mn} & \cdots & a_{mn} \end{bmatrix}$$

称为一个 $m\times n$ **矩阵**. 我们通常用大写、黑斜体字母 $\boldsymbol{A}$，$\boldsymbol{B}$，$\boldsymbol{C}$ 等来表示一个矩阵. a_{ij}称为这个矩阵的第 i 行第 j 列上的**元素**. 一个 $m\times n$ 矩阵也可以记为 $\boldsymbol{A}_{m\times n}$，还可以记为$(a_{ij})_{m\times n}$.

元素都是实数的矩阵称为**实矩阵**，元素是复数的矩阵称为**复矩阵**，如无特别说明，一般所说的矩阵都是实矩阵. 元素全是零的矩阵称为**零矩阵**，元素全是非负数的矩阵称为**非负矩阵**. 若两个矩阵的行数和列数都分别相同，则称这两个矩阵为**同型矩阵**.

若一个矩阵的行数和列数相等，都等于 n，则称该矩阵为 n 阶**方阵**. n 阶方阵可以记为 $\boldsymbol{A}_{n\times n}$，也可以简记为 $\boldsymbol{A}_n$. 若 $\boldsymbol{A}$ 是一个方阵，将 $\boldsymbol{A}$ 的元素的位置保持不动所组成的行列式，称为方阵 $\boldsymbol{A}$ 所对应的行列式，记为 $\det\boldsymbol{A}$，或 $|\boldsymbol{A}|$.

定义 2.2 如果矩阵 $\boldsymbol{A}$ 与 $\boldsymbol{B}$ 的行数和列数分别相同，并且对应位置上的元素都相等，即若 $\boldsymbol{A}=(a_{ij})_{m\times n}$，$\boldsymbol{B}=(b_{ij})_{m\times n}$，且 $a_{ij}=b_{ij}$ ($i=1, 2, \cdots, m$; $j=1, 2, \cdots n$)，则称 $\boldsymbol{A}$ 与 $\boldsymbol{B}$ 是相等的，记为 $\boldsymbol{A}=\boldsymbol{B}$.

二、一些特殊矩阵

(1) **行矩阵**. 1 行 n 列的矩阵 $\boldsymbol{A}=(a_{11}, a_{12}, \cdots, a_{1n})$ 称为**行矩阵**或**行向量**.

(2) **列矩阵**. m 行 1 列的矩阵 $\boldsymbol{B}=\begin{bmatrix} b_{11} \\ b_{12} \\ \vdots \\ b_{m1} \end{bmatrix}$称为**列矩阵**或**列向量**.

(3) **对角矩阵**. 形如 $\boldsymbol{A}=\begin{bmatrix} a_{11} & 0 & \cdots & 0 \\ 0 & a_{22} & \cdots & 0 \\ \vdots & \vdots & & \vdots \\ 0 & 0 & \cdots & a_{mn} \end{bmatrix}$的 n 阶方阵，即主对角线以外的元素全是零的方阵，称为**对角矩阵**. 以上的对角矩阵也常记为 $\Lambda=\operatorname{diag}(a_{11}, a_{22}, \cdots, a_{nn})$.

(4) **单位矩阵**. 形如 $\boldsymbol{E}=\begin{bmatrix} 1 & 0 & \cdots & 0 \\ 0 & 1 & \cdots & 0 \\ \vdots & \vdots & & \vdots \\ 0 & 0 & \cdots & 1 \end{bmatrix}$的 n 阶方阵，即主对角线元素全是1，而其他

元素全是0的 n 阶方阵，称为 n **阶单位阵**. n 阶单位阵常记为 $\boldsymbol{E}_n$ 或 $\boldsymbol{I}_n$.

（5）**数量矩阵**. 形如 $\boldsymbol{A}=\begin{bmatrix} a & 0 & \cdots & 0 \\ 0 & a & \cdots & 0 \\ \vdots & \vdots & & \vdots \\ 0 & 0 & \cdots & a \end{bmatrix}$ 的 n 阶方阵，即主对角线元素全相同，而其他元素全是0的 n 阶方阵，称为 n **阶数量矩阵**.

第二节　矩阵的运算

矩阵是由一些元素所排成的一个简单的数表，或称是一个阵列. 把一些元素组成一个矩阵最根本的出发点是想利用这种表达式来分析、处理问题，要达到这一点，就需要对矩阵来规定它的运算规则.

一、矩阵的加法与数乘

定义 2.3（加法的定义）　对于两个同型的矩阵 $\boldsymbol{A}=(a_{ij})_{m\times n}$，$\boldsymbol{B}=(b_{ij})_{m\times n}$，规定 $\boldsymbol{A}+\boldsymbol{B}$ 为对应的元素相加，即 $\boldsymbol{A}+\boldsymbol{B}=(a_{ij})_{m\times n}+(b_{ij})_{m\times n}=(a_{ij}+b_{ij})_{m\times n}$.

注　按定义可知，只有同型的矩阵才可以相加.

例如：设 $\boldsymbol{A}=\begin{bmatrix} 3 & -1 & 0 & 7 \\ 2 & 5 & 8 & 2 \\ -6 & -8 & 1 & -3 \end{bmatrix}$，$\boldsymbol{B}=\begin{bmatrix} 4 & 9 & -2 & 1 \\ -5 & 7 & 1 & 6 \\ 2 & 3 & -3 & 9 \end{bmatrix}$.

则　$\boldsymbol{A}+\boldsymbol{B}=\begin{bmatrix} 7 & 8 & -2 & 8 \\ -3 & 12 & 9 & 8 \\ -4 & -5 & -2 & 6 \end{bmatrix}$.

定义 2.4（数与矩阵相乘）　对于数 λ 与矩阵 $\boldsymbol{A}=(a_{ij})_{m\times n}$，规定 $\lambda\boldsymbol{A}$ 为用 λ 去乘 $\boldsymbol{A}$ 中的每一个元素，且元素的位置不变，所得到的新矩阵，即 $\lambda\boldsymbol{A}=\lambda(a_{ij})_{m\times n}=(\lambda a_{ij})_{m\times n}$，称为数与矩阵相乘.

例如：若 $\boldsymbol{A}=\begin{bmatrix} 1 & 5 & 0 & -2 \\ 0 & 0 & -5 & 3 \\ 7 & 3 & 4 & 1 \end{bmatrix}$，则 $(-1)\boldsymbol{A}=\begin{bmatrix} -1 & -5 & 0 & 2 \\ 0 & 0 & 5 & -3 \\ -7 & -3 & -4 & -1 \end{bmatrix}$.

$(-1)\boldsymbol{A}$ 通常记为 $-\boldsymbol{A}$，通常称为 $\boldsymbol{A}$ 的负矩阵.

设 $\boldsymbol{A}$，$\boldsymbol{B}$，$\boldsymbol{C}$ 都是 $m\times n$ 矩阵，$\boldsymbol{O}$ 是 $m\times n$ 零矩阵. 则由上面的定义，很容易验证矩阵的加法与数乘具有下面的性质.

（1）加法交换律 $\boldsymbol{A}+\boldsymbol{B}=\boldsymbol{B}+\boldsymbol{A}$；　（2）加法结合律 $(\boldsymbol{A}+\boldsymbol{B})+\boldsymbol{C}=\boldsymbol{A}+(\boldsymbol{B}+\boldsymbol{C})$；

（3）加零不变律 $\boldsymbol{A}+\boldsymbol{O}=\boldsymbol{A}$；　（4）正负对消律 $\boldsymbol{A}+(-\boldsymbol{A})=\boldsymbol{O}$；

（5）1乘不变律 $1\boldsymbol{A}=\boldsymbol{A}$；　（6）数乘结合律 $(kl)\boldsymbol{A}=k(l\boldsymbol{A})$；

（7）分配数乘律 $(k+l)\boldsymbol{A}=k\boldsymbol{A}+l\boldsymbol{A}$；　（8）数乘分配律 $k(\boldsymbol{A}+\boldsymbol{B})=k\boldsymbol{A}+k\boldsymbol{B}$.

例 2.3　已知 $\boldsymbol{A}=\begin{bmatrix} 0 & -2 & 1 \\ 5 & 3 & -9 \end{bmatrix}$，$\boldsymbol{B}=\begin{bmatrix} 4 & 1 & 3 \\ 2 & -5 & 2 \end{bmatrix}$，求 $4\boldsymbol{A}-\boldsymbol{B}$.

解　$4\boldsymbol{A}-\boldsymbol{B}=4\begin{bmatrix} 0 & -2 & 1 \\ 5 & 3 & -9 \end{bmatrix}-\begin{bmatrix} 4 & 1 & 3 \\ 2 & -5 & 2 \end{bmatrix}$

$$=\begin{bmatrix}0&-8&4\\20&12&-36\end{bmatrix}-\begin{bmatrix}4&1&3\\2&-5&2\end{bmatrix}=\begin{bmatrix}-4&-9&1\\18&17&-38\end{bmatrix}.$$

例 2.4 已知 $\boldsymbol{A}=\begin{bmatrix}3&-1\\1&7\\4&-6\end{bmatrix}$，$\boldsymbol{B}=\begin{bmatrix}5&7\\-9&1\\-2&8\end{bmatrix}$，且 $\boldsymbol{A}-2\boldsymbol{X}=-\boldsymbol{B}$. 求 $\boldsymbol{X}$.

解 由 $\boldsymbol{A}-2\boldsymbol{X}=-\boldsymbol{B}$ 得

$$\boldsymbol{X}=\frac{1}{2}\ (\boldsymbol{A}+\boldsymbol{B})=\frac{1}{2}\begin{bmatrix}8&6\\-8&8\\2&2\end{bmatrix}=\begin{bmatrix}4&3\\-4&4\\1&1\end{bmatrix}.$$

例 2.5 已知 $\boldsymbol{A}=\begin{bmatrix}1&5\\2&3\end{bmatrix}$，求 $|2|3\boldsymbol{A}|\boldsymbol{A}|$.

解 由 $\boldsymbol{A}=\begin{bmatrix}1&5\\2&3\end{bmatrix}$，得到 $3\boldsymbol{A}=\begin{bmatrix}3&15\\6&9\end{bmatrix}$，$|3\boldsymbol{A}|=\begin{vmatrix}3&15\\6&9\end{vmatrix}=-63$，

$$2|3\boldsymbol{A}|\boldsymbol{A}=-126\boldsymbol{A}=-126\begin{bmatrix}1&5\\2&3\end{bmatrix}=-\begin{bmatrix}126&630\\252&378\end{bmatrix},$$

$$|2|3\boldsymbol{A}|\boldsymbol{A}|=\begin{vmatrix}126&630\\252&378\end{vmatrix}=111132.$$

二、矩阵的乘法

矩阵的所有运算都是人为规定的，关键是怎样定义更能解决实际问题. 为了引入矩阵的乘法，我们先看一个例子.

例 2.6 某地区有 3 个工厂Ⅰ、Ⅱ、Ⅲ，生产甲、乙两种产品，两种产品每单位的价格分别为 b_{11} 和 b_{21}，收益分别为 b_{12} 和 b_{22}. 求在已知 3 个工厂生产的产品数量的条件下求各厂的总收入与总收益.

解 设：工厂Ⅰ生产甲、乙两种产品的数量为 a_{11} 和 a_{12}；

工厂Ⅱ生产甲、乙两种产品的数量为 a_{21} 和 a_{22}；

工厂Ⅲ生产甲、乙两种产品的数量为 a_{31} 和 a_{32}.

若用矩阵来表示该地区的生产量，则可以表示为

$$\begin{bmatrix}a_{11}&a_{12}\\a_{21}&a_{22}\\a_{31}&a_{32}\end{bmatrix},$$

其中第 1 行表示工厂Ⅰ的生产的量，第 2 行表示工厂Ⅱ的生产的量，第 3 行表示工厂Ⅲ生产的量.

同时我们也可以用一个矩阵来表示价格与收益，可以表示为

$$\begin{bmatrix}b_{11}&b_{12}\\b_{21}&b_{22}\end{bmatrix}.$$

其中第 1 列表示两种产品每单位各自的价格，第 2 列表示每单位各自的收益.

则工厂Ⅰ的总收入为 $a_{11}b_{11}+a_{12}b_{21}$，总收益为 $a_{11}b_{12}+a_{12}b_{22}$；

则工厂Ⅱ的总收入为 $a_{21}b_{11}+a_{22}b_{21}$，总收益为 $a_{21}b_{12}+a_{22}b_{22}$；

则工厂Ⅲ的总收入为 $a_{31}b_{11}+a_{32}b_{21}$，总收益为 $a_{31}b_{12}+a_{32}b_{22}$.

若把工厂Ⅰ、Ⅱ、Ⅲ的总收入与总收益也列成一个矩阵，则得到的矩阵为

$$\begin{bmatrix} a_{11}b_{11}+a_{12}b_{21} & a_{11}b_{12}+a_{12}b_{22} \\ a_{21}b_{11}+a_{22}b_{21} & a_{21}b_{12}+a_{22}b_{22} \\ a_{31}b_{11}+a_{32}b_{21} & a_{31}b_{12}+a_{32}b_{22} \end{bmatrix}.$$

把以上3个矩阵 $\begin{bmatrix} a_{11} & a_{12} \\ a_{21} & a_{22} \\ a_{31} & a_{32} \end{bmatrix}$，$\begin{bmatrix} b_{11} & b_{12} \\ b_{21} & b_{22} \end{bmatrix}$，$\begin{bmatrix} a_{11}b_{11}+a_{12}b_{21} & a_{11}b_{12}+a_{12}b_{22} \\ a_{21}b_{11}+a_{22}b_{21} & a_{21}b_{12}+a_{22}b_{22} \\ a_{31}b_{11}+a_{32}b_{21} & a_{31}b_{12}+a_{32}b_{22} \end{bmatrix}$ 放在一起观察，可以发现，后面这个矩阵的第1行第1列的元素是第一个矩阵的第1行与第二个矩阵的第1列对应的元素乘积之和而得到，后面矩阵的第1行第2列的元素是第一个矩阵的第1行与第二个矩阵的第2列的对应元素乘积之和而得到. 后面一个矩阵其他的第 i 行第 j 列的元素，也可以看作是第一个矩阵的第 i 行元素与第二个矩阵的第 j 列的对应元素乘积之和. 为此，我们就称后一个矩阵是前两个矩阵的乘积.

定义 2.5（矩阵的乘积） 设有两个矩阵 $\boldsymbol{A}$，$\boldsymbol{B}$，若 $\boldsymbol{A}$ 的列数等于 $\boldsymbol{B}$ 的行数. 即设

$$\boldsymbol{A}=(a_{ij})_{m\times s}=\begin{bmatrix} a_{11} & a_{12} & \cdots & a_{1s} \\ a_{21} & a_{22} & \cdots & a_{2s} \\ \vdots & \vdots & & \vdots \\ a_{m1} & a_{m2} & \cdots & a_{ms} \end{bmatrix},\ \boldsymbol{B}=(b_{ij})_{s\times n}=\begin{bmatrix} b_{11} & b_{12} & \cdots & a_{1n} \\ b_{21} & b_{22} & \cdots & b_{2n} \\ \vdots & \vdots & & \vdots \\ b_{s1} & b_{s2} & \cdots & b_{sn} \end{bmatrix}.$$

则 $\boldsymbol{AB}$ 定义为

$$\boldsymbol{AB}=(c_{ij})_{m\times n}=\begin{bmatrix} c_{11} & c_{12} & \cdots & c_{1n} \\ c_{21} & c_{22} & \cdots & c_{2n} \\ \vdots & \vdots & & \vdots \\ c_{m1} & c_{m2} & \cdots & c_{mn} \end{bmatrix},$$

其中 $c_{ij}=a_{i1}b_{1j}+a_{i2}b_{2j}+\cdots+a_{is}b_{sj}=\sum_{k=1}^{s}a_{ik}b_{kj}\quad(i=1,2,\cdots,m;j=1,2,\cdots,n).$

从两个矩阵的乘法的定义可以看出，两个矩阵要能相乘，要求左边的矩阵的列数必须等于右边的矩阵的行数. 不满足这个条件的两个矩阵是无法执行乘法，也就是说不是任意的两个矩阵都可以相乘. 因此，若两个矩阵 $\boldsymbol{A}$、$\boldsymbol{B}$ 可以相乘得 $\boldsymbol{AB}$，这时 $\boldsymbol{BA}$ 亦未必有意义，因为 $\boldsymbol{A}$、$\boldsymbol{B}$ 可以相乘，只能保证 $\boldsymbol{A}$ 的列数等于 $\boldsymbol{B}$ 的行数；而 $\boldsymbol{BA}$ 要有意义，则必须要求 $\boldsymbol{B}$ 的列数等于 $\boldsymbol{A}$ 的行数，这一点未必能够保证.

例 2.7 若 $\boldsymbol{A}=\begin{bmatrix} 2 & 3 \\ 1 & -2 \\ 1 & 1 \end{bmatrix}$，$\boldsymbol{B}=\begin{bmatrix} 1 & -2 & 3 \\ -2 & 1 & -1 \end{bmatrix}$，求 $\boldsymbol{AB}$ 及 $\boldsymbol{BA}$.

解

$$\boldsymbol{AB}=\begin{bmatrix} 2 & 3 \\ 1 & -2 \\ 1 & 1 \end{bmatrix}\begin{bmatrix} 1 & -2 & 3 \\ -2 & 1 & -1 \end{bmatrix}$$

$$=\begin{bmatrix} 2\times1+3\times(-2) & 2\times(-2)+3\times1 & 2\times3+3\times(-1) \\ 1\times1+(-2)\times(-2) & 1\times(-2)+(-2)\times1 & 1\times3+(-2)\times(-1) \\ 1\times1+1\times(-2) & 1\times(-2)+1\times1 & 1\times3+1\times(-1) \end{bmatrix}=\begin{bmatrix} -4 & -1 & 3 \\ 5 & -4 & 5 \\ -1 & -1 & 2 \end{bmatrix}$$

$$BA=\begin{bmatrix}1 & -2 & 3\\ -2 & 1 & -1\end{bmatrix}\begin{bmatrix}2 & 3\\ 1 & -2\\ 1 & 1\end{bmatrix}$$

$$=\begin{bmatrix}1\times2+(-2)\times1+3\times1 & 1\times3+(-2)\times(-2)+3\times1\\ (-2)\times2+1\times1+(-1)\times1 & (-2)\times3+1\times(-2)+(-1)\times1\end{bmatrix}=\begin{bmatrix}3 & 10\\ -4 & -9\end{bmatrix}$$

这个例子说明 $\boldsymbol{AB}$ 不一定等于 $\boldsymbol{BA}$，而且两者还有可能不是同型矩阵.

例 2.8 若 $\boldsymbol{A}=\begin{bmatrix}-2 & 4\\ 1 & -2\end{bmatrix}$，$\boldsymbol{B}=\begin{bmatrix}2 & 4\\ -3 & -6\end{bmatrix}$，求 $\boldsymbol{AB}$ 及 $\boldsymbol{BA}$.

解 $\boldsymbol{AB}=\begin{bmatrix}-2 & 4\\ 1 & -2\end{bmatrix}\begin{bmatrix}2 & 4\\ -3 & -6\end{bmatrix}=\begin{bmatrix}-16 & -32\\ 8 & 16\end{bmatrix}$，

$\boldsymbol{BA}=\begin{bmatrix}2 & 4\\ -3 & -6\end{bmatrix}\begin{bmatrix}-2 & 4\\ 1 & -2\end{bmatrix}=\begin{bmatrix}0 & 0\\ 0 & 0\end{bmatrix}$.

这个例子说明在 $\boldsymbol{AB}$ 和 $\boldsymbol{BA}$ 都有意义下，两者也不一定相等，而且这个例子还说明了两个非零矩阵的乘积结果有可能为零矩阵.

例 2.9 若 $\boldsymbol{A}=\begin{bmatrix}-2 & 4\\ 1 & -2\end{bmatrix}$，$\boldsymbol{B}=\begin{bmatrix}2 & 0\\ 0 & 2\end{bmatrix}$，求 $\boldsymbol{AB}$ 及 $\boldsymbol{BA}$.

解 $\boldsymbol{AB}=\begin{bmatrix}-2 & 4\\ 1 & -2\end{bmatrix}\begin{bmatrix}2 & 0\\ 0 & 2\end{bmatrix}=\begin{bmatrix}-4 & 8\\ 2 & -4\end{bmatrix}$，

$\boldsymbol{BA}=\begin{bmatrix}2 & 0\\ 0 & 2\end{bmatrix}\begin{bmatrix}-2 & 4\\ 1 & -2\end{bmatrix}=\begin{bmatrix}-4 & 8\\ 2 & -4\end{bmatrix}$.

这个例子刚好有 $\boldsymbol{AB}=\boldsymbol{BA}$，这时我们称 $\boldsymbol{A}$ 与 $\boldsymbol{B}$ 可交换. 由于一般情况下，两个矩阵相乘未必可交换，因此在写矩阵相乘时，不能随意交换它们的位置. 这一点与实数的乘法完全不一样. $\boldsymbol{AB}$ 通常又叫 $\boldsymbol{A}$ 左乘 $\boldsymbol{B}$，或叫 $\boldsymbol{B}$ 右乘 $\boldsymbol{A}$.

矩阵的乘法虽然没有交换律，但矩阵的乘法也具有一些运算性质（以下是在假定运算是可行的情况下成立）.

结合律：$(\boldsymbol{AB})\boldsymbol{C}=\boldsymbol{A}(\boldsymbol{BC})$；

数乘结合律：$\lambda(\boldsymbol{AB})=(\lambda\boldsymbol{A})\boldsymbol{B}=\boldsymbol{A}(\lambda\boldsymbol{B})$，其中 λ 为数；

分配律：$\boldsymbol{A}(\boldsymbol{B}+\boldsymbol{C})=\boldsymbol{AB}+\boldsymbol{AC}$； $(\boldsymbol{B}+\boldsymbol{C})\boldsymbol{A}=\boldsymbol{BA}+\boldsymbol{CA}$.

若 $\boldsymbol{A}$ 是 $m\times n$ 矩阵，对于单位矩阵 $\boldsymbol{E}$，则有 $\boldsymbol{E}_m\boldsymbol{A}_{m\times n}=\boldsymbol{A}_{m\times n}\boldsymbol{E}_n=\boldsymbol{A}_{m\times n}$，注意 $\boldsymbol{A}$ 左右两侧乘的单位矩阵的阶数. 这一点说明，在矩阵的乘法中，单位矩阵所起的作用相当于在数乘中 1 所起到的作用一样.

这些性质的证明直接利用矩阵的乘法定义验证即可. 例如结合律的证明如下：设

$$\boldsymbol{A}=\begin{bmatrix}a_{11} & a_{12} & \cdots & a_{1l}\\ a_{21} & a_{22} & \cdots & a_{2l}\\ \vdots & \vdots & & \vdots\\ a_{m1} & a_{m2} & \cdots & a_{ml}\end{bmatrix},\ \boldsymbol{B}=\begin{bmatrix}b_{11} & b_{12} & \cdots & b_{1k}\\ b_{21} & b_{22} & \cdots & b_{2k}\\ \vdots & \vdots & & \vdots\\ b_{l1} & b_{l2} & \cdots & b_{lk}\end{bmatrix},\ \boldsymbol{C}=\begin{bmatrix}c_{11} & c_{12} & \cdots & c_{1n}\\ c_{21} & c_{22} & \cdots & c_{2n}\\ \vdots & \vdots & & \vdots\\ c_{k1} & a_{k2} & \cdots & a_{kn}\end{bmatrix},$$

$\boldsymbol{AB}=(d_{ij})_{m\times k}$，其中 $d_{ij}=\sum_{u=1}^{l}a_{iu}b_{uj}$，$(\boldsymbol{AB})\boldsymbol{C}=(e_{ij})_{mn}$.

其中 $e_{ij}=\sum_{u=1}^{k}d_{iu}c_{uj}=\sum_{u=1}^{k}(\sum_{v=1}^{l}a_{iv}b_{vu})c_{vj}=\sum_{u=1}^{k}\sum_{v=1}^{l}a_{iv}b_{vu}c_{vj}$.

同样可得 $\boldsymbol{A}(\boldsymbol{BC})=(f_{ij})_{m\times n}=\sum_{u=1}^{k}\sum_{v=1}^{l}a_{iv}b_{vu}c_{uj}$.

因此 $(\boldsymbol{AB})\boldsymbol{C}=\boldsymbol{A}(\boldsymbol{BC})$.

三、方阵的幂运算

根据矩阵乘法的定义，$\boldsymbol{AB}$ 只有在 $\boldsymbol{A}$ 的列数等于 $\boldsymbol{B}$ 的行数的情况下才可以进行. 因此 $\boldsymbol{AA}$ 要有意义，必须满足 $\boldsymbol{A}$ 的列数等于 $\boldsymbol{A}$ 的行数，也就是 $\boldsymbol{A}$ 是方阵时才有意义. 从而在一个矩阵是方阵时，就可以与自身相乘，这就是方阵幂的运算.

定义 2.6 设 $\boldsymbol{A}$ 是 n 阶方阵，定义

$\boldsymbol{A}^1=\boldsymbol{A}$，$\boldsymbol{A}^2=\boldsymbol{AA}$，…，$\boldsymbol{A}^{k+1}=\boldsymbol{A}^k\boldsymbol{A}$ 称为方阵 $\boldsymbol{A}$ 的幂运算.

容易验证幂运算具有以下的性质

$$\boldsymbol{A}^k\boldsymbol{A}^l=\boldsymbol{A}^{k+l},\ (\boldsymbol{A}^k)^l=\boldsymbol{A}^{kl}.$$

因为矩阵的乘法不具有交换律，因此，在 $\boldsymbol{A}$、$\boldsymbol{B}$ 均为 n 阶方阵的情况下，一般来说 $(\boldsymbol{AB})^k$ 与 $(\boldsymbol{BA})^k$ 未必相等. 这是由于 $(\boldsymbol{AB})^k=(\boldsymbol{AB})(\boldsymbol{AB})\cdots(\boldsymbol{AB})$，而 $(\boldsymbol{BA})^k=(\boldsymbol{BA})(\boldsymbol{BA})\cdots(\boldsymbol{BA})$，由于没有交换律，因此，这两个式子一般是不一样的.

例 2.10 证明

$$\begin{bmatrix}\cos\varphi & -\sin\varphi\\ \sin\varphi & \cos\varphi\end{bmatrix}^n=\begin{bmatrix}\cos n\varphi & -\sin n\varphi\\ \sin n\varphi & \cos n\varphi\end{bmatrix}.$$

证明 利用数学归纳法.

当 $n=1$ 时，命题显然成立.

设 $n=k$ 时，命题成立. 即

$$\begin{bmatrix}\cos\varphi & -\sin\varphi\\ \sin\varphi & \cos\varphi\end{bmatrix}^k=\begin{bmatrix}\cos k\varphi & -\sin k\varphi\\ \sin k\varphi & \cos k\varphi\end{bmatrix}.$$

则当 $n=k+1$ 时，根据幂运算的性质有

$$\begin{aligned}\begin{bmatrix}\cos\varphi & -\sin\varphi\\ \sin\varphi & \cos\varphi\end{bmatrix}^{k+1}&=\begin{bmatrix}\cos\varphi & -\sin\varphi\\ \sin\varphi & \cos\varphi\end{bmatrix}^k\begin{bmatrix}\cos\varphi & -\sin\varphi\\ \sin\varphi & \cos\varphi\end{bmatrix}\\ &=\begin{bmatrix}\cos k\varphi & -\sin k\varphi\\ \sin k\varphi & \cos k\varphi\end{bmatrix}\begin{bmatrix}\cos\varphi & -\sin\varphi\\ \sin\varphi & \cos\varphi\end{bmatrix}\\ &=\begin{bmatrix}\cos k\varphi\cos\varphi-\sin k\varphi\sin\varphi & -\cos k\varphi\sin\varphi-\sin k\varphi\cos\varphi\\ \sin k\varphi\cos\varphi+\cos k\varphi\sin\varphi & -\sin k\varphi\sin\varphi+\cos k\varphi\cos\varphi\end{bmatrix}\\ &=\begin{bmatrix}\cos(k+1)\varphi & -\sin(k+1)\varphi\\ \sin(k+1)\varphi & \cos(k+1)\varphi\end{bmatrix}.\end{aligned}$$

证明完毕.

四、矩阵的转置运算

定义 2.7 设 $\boldsymbol{A}=(a_{ij})_{m\times n}$，把 $\boldsymbol{A}$ 的所有的行换成同序数的列所得到的矩阵，称为 $\boldsymbol{A}$ 的转置. 记为 $\boldsymbol{A}^{\mathrm{T}}$ 或 A'.

例如，矩阵

$$\boldsymbol{A}=\begin{bmatrix}1 & 2 & 0\\ 3 & -1 & 1\end{bmatrix}$$

的转置矩阵为 $A^{\mathrm{T}}=\begin{bmatrix}1&3\\2&-1\\0&1\end{bmatrix}$.

矩阵的转置运算具有以下的运算规律（设运算可行）：

（1）$(A^{\mathrm{T}})^{\mathrm{T}}=A$；（2）$(A+B)^{\mathrm{T}}=A^{\mathrm{T}}+B^{\mathrm{T}}$；

（3）$(\lambda A)^{\mathrm{T}}=\lambda A^{\mathrm{T}}$；（4）$(AB)^{\mathrm{T}}=B^{\mathrm{T}}A^{\mathrm{T}}$.

这里只证明（4），其他都很容易直接根据定义来验证.

设 $A=(a_{ij})_{m\times s}$，$B=(b_{ij})_{s\times n}$，$AB=(c_{ij})_{m\times n}$，记 $B^{\mathrm{T}}A^{\mathrm{T}}=(d_{ij})_{n\times m}$，则

$(AB)^{\mathrm{T}}$ 也是 $n\times m$ 矩阵，且它的第 i 行、第 j 列的元素为 AB 的第 j 行、第 i 列元素，即 c_{ji}. 而 $c_{ji}=\sum_{k=1}^{s}a_{jk}b_{ki}$.

$B^{\mathrm{T}}A^{\mathrm{T}}=(d_{ij})_{n\times m}$ 的第 i 行、第 j 列元素，就是 B^{T} 的第 i 行与 A^{T} 的第 j 列对应元素的乘积之和，即是 B 的第 i 列与 A 的第 j 行的对应元素乘积之和. 因此 $d_{ij}=\sum_{k=1}^{s}b_{ki}a_{jk}$. 从而

$$(AB)^{\mathrm{T}}=B^{\mathrm{T}}A^{\mathrm{T}}$$

例 2.11 已知

$$A=\begin{bmatrix}2&0&-1\\1&3&2\end{bmatrix},\ B=\begin{bmatrix}1&7&-1\\4&2&3\\2&0&1\end{bmatrix}.$$

求 BA^{T}.

解 $BA^{\mathrm{T}}=\begin{bmatrix}1&7&-1\\4&2&3\\2&0&1\end{bmatrix}\begin{bmatrix}2&0&-1\\1&3&2\end{bmatrix}^{\mathrm{T}}=\begin{bmatrix}1&7&-1\\4&2&3\\2&0&1\end{bmatrix}\begin{bmatrix}2&1\\0&3\\-1&2\end{bmatrix}=\begin{bmatrix}1&20\\5&16\\3&4\end{bmatrix}$.

例 2.12 已知 $x_1^2+x_2^2+\cdots+x_n^2=1$，$X=(x_1\ \ x_2\ \ \cdots\ \ x_n)^{\mathrm{T}}$，$E$ 是 n 阶单位矩阵，$H=E-2XX^{\mathrm{T}}$，证明 H 是对称矩阵，即 $H^{\mathrm{T}}=H$.

证明 $H^{\mathrm{T}}=(E-2XX^{\mathrm{T}})^{\mathrm{T}}=(E)^{\mathrm{T}}-2(XX^{\mathrm{T}})^{\mathrm{T}}=E-2XX^{\mathrm{T}}$，因此，$H$ 是对称矩阵.

五、方阵的行列式及其性质

前面我们定义了方阵的行列式，方阵 A 的行列式也可以记为 $\det A$. 根据前面引入的矩阵的计算，方阵 A 的行列式具有以下的性质（其中 A，B 均为 n 阶方阵，λ 是数）：

（1）$|A^{\mathrm{T}}|=|A|$；（2）$|\lambda A|=\lambda^n|A|$；

（3）$|AB|=|A||B|$；（4）$|AB|=|BA|$.

证明 （1）是前一章行列式的性质；

（2）利用矩阵的数乘定义与行列式的性质即可证明；

（3）设 $A=(a_{ij})_{n\times n}$，$B=(b_{ij})_{n\times n}$. 构造一个 $(2n)\times(2n)$，的行列式 D，即

$$D=\begin{vmatrix}a_{11}&\cdots&a_{1n}&&&\\\vdots&&\vdots&&O&\\a_{n1}&\cdots&a_{nn}&&&\\-1&&&b_{11}&\cdots&b_{1n}\\&\ddots&&\vdots&&\vdots\\&&-1&b_{n1}&\cdots&b_{nn}\end{vmatrix}=\begin{vmatrix}A&O\\-E&B\end{vmatrix}$$

根据前一章，我们知道 $D=|A||B|$.

根据行列式的性质，对 D 作初等列变换. 以 b_{1j}乘第 1 列加到第 $n+1$ 列，b_{2j}乘第 2 列加到第 $n+2$ 列，以此类推，一直到用 b_{nj}乘第 n 列加到第 $n+n$ 列. 则得到

$$D=\begin{vmatrix} A & C \\ -E & O \end{vmatrix}$$

其中 $C=(c_{ij})_{n\times n}$，$c_{ij}=a_{i1}b_{1j}+a_{i2}b_{j2}+\cdots+a_{in}b_{nj}$，故 $C=AB$.

再对行列式 $\begin{vmatrix} A & C \\ -E & O \end{vmatrix}$ 作行初等变换，第 1 行与第 $n+1$ 行互换，第 2 行与第 $n+2$ 行互换，一直到第 n 行与第 $n+n$ 行互换. 则得到

$$D=\begin{vmatrix} A & C \\ -E & O \end{vmatrix}=(-1)^n\begin{vmatrix} -E & O \\ A & C \end{vmatrix}=|C|=|A||B|$$

(4) 由 (3) 立即得到证明.

六、共轭矩阵

定义 2.8 设 $A=(a_{ij})_{m\times n}$为复矩阵，对 A 的每一个元素皆取共轭所得到的新矩阵称为 A 的共轭矩阵，记为 $\overline{A}$，即 $\overline{A}=(\overline{a_{ij}})_{m\times n}$.

很容易根据定义验证，矩阵的共轭运算具有以下性质：

(1) $\overline{A+B}=\overline{A}+\overline{B}$；(2) $\overline{\lambda A}=\overline{\lambda}\,\overline{A}$；(3) $\overline{AB}=\overline{A}\,\overline{B}$；(4) $\overline{(A^{T})}=(\overline{A})^{T}$.

第三节 分块矩阵

一、矩阵的分块的定义

我们知道，$A_{m\times n}$是由 $m\times n$ 个数组成 m 行 n 列的一个整体. 当 m，n 比较大时，写一个矩阵很费时. 为此，我们这一节就探讨矩阵的一些简单记法，这就是分块矩阵.

对于一个矩阵 $A_{m\times n}$，我们用若干条纵线和横线把它分成许多小矩阵，其中的每一个小矩阵就成为 $A_{m\times n}$的子块，把每个子块看作一个“形式上”的元素，则就可以在写法上起到简化的作用，这就是分块矩阵.

例如 $A=\begin{bmatrix} a_{11} & a_{12} & a_{13} & a_{14} \\ a_{21} & a_{22} & a_{23} & a_{24} \\ a_{31} & a_{32} & a_{33} & a_{34} \end{bmatrix}$，对这个矩阵，可以用分块来记，

$$A=\begin{bmatrix} a_{11} & a_{12} & a_{13} & a_{14} \\ a_{21} & a_{22} & a_{23} & a_{24} \\ a_{31} & a_{32} & a_{33} & a_{34} \end{bmatrix}=\left[\begin{array}{ccc:c} a_{11} & a_{12} & a_{13} & a_{14} \\ a_{21} & a_{22} & a_{23} & a_{24} \\ \hdashline a_{31} & a_{32} & a_{33} & a_{34} \end{array}\right].$$

现在，若记

$$A_{11}=\begin{bmatrix} a_{11} & a_{12} & a_{13} \\ a_{21} & a_{22} & a_{23} \end{bmatrix},\ A_{12}=\begin{bmatrix} a_{14} \\ a_{24} \end{bmatrix},\ A_{21}=[a_{31}\ \ a_{32}\ \ a_{33}],\ A_{22}=[a_{34}].$$

则 A 可记为

$$A=\begin{bmatrix} A_{11} & A_{12} \\ A_{21} & A_{22} \end{bmatrix}.$$

这就是矩阵的分块表示. 一个矩阵的分块可有不同的分块方法. 同样是上面的矩阵，也可以按如下分块.

$$A=\begin{bmatrix}a_{11}&a_{12}&a_{13}&a_{14}\\a_{21}&a_{22}&a_{23}&a_{24}\\a_{31}&a_{32}&a_{33}&a_{34}\end{bmatrix}=\left[\begin{array}{c:cc:c}a_{11}&a_{12}&a_{13}&a_{14}\\a_{21}&a_{22}&a_{23}&a_{24}\\\hdashline a_{31}&a_{32}&a_{33}&a_{34}\end{array}\right].$$

这时，若记

$$A_{11}=\begin{bmatrix}a_{11}\\a_{21}\end{bmatrix},\ A_{12}=\begin{bmatrix}a_{12}&a_{13}\\a_{22}&a_{23}\end{bmatrix},\ A_{13}=\begin{bmatrix}a_{14}\\a_{24}\end{bmatrix},$$

$$A_{21}=[a_{31}],\ A_{22}=[a_{32}\quad a_{33}],\ A_{13}=[a_{34}].$$

则

$$A=\begin{bmatrix}A_{11}&A_{12}&A_{13}\\A_{21}&A_{22}&A_{23}\end{bmatrix}.$$

其实还有很多的分块方法，例如

$$A=\begin{bmatrix}a_{11}&a_{12}&a_{13}&a_{14}\\a_{21}&a_{22}&a_{23}&a_{24}\\a_{31}&a_{32}&a_{33}&a_{34}\end{bmatrix}=\left[\begin{array}{c:c:c:c}a_{11}&a_{12}&a_{13}&a_{14}\\a_{21}&a_{22}&a_{23}&a_{24}\\a_{31}&a_{32}&a_{33}&a_{34}\end{array}\right],\text{等等.}$$

在大型矩阵的运算中，利用分块来记，可以起到简化表示的作用. 但在进行分块表示时，要注意一些事项.

二、分块矩阵的运算

（1）对于加法运算的分块.

设 $A=\begin{bmatrix}a_{11}&a_{12}&\cdots&a_{1n}\\a_{21}&a_{22}&\cdots&a_{2n}\\\vdots&\vdots&&\vdots\\a_{m1}&a_{m2}&\cdots&a_{mn}\end{bmatrix},\ B=\begin{bmatrix}b_{11}&b_{12}&\cdots&b_{1n}\\b_{21}&b_{22}&\cdots&b_{2n}\\\vdots&\vdots&&\vdots\\b_{m1}&b_{m2}&\cdots&b_{mn}\end{bmatrix}$.

当想利用分块来表示加法时，根据矩阵加法的定义，这时要求对两个矩阵的分块方式一定要相同.

$$A=\begin{bmatrix}A_{11}&\cdots&A_{1r}\\\vdots&&\vdots\\A_{s1}&\cdots&A_{sr}\end{bmatrix},\ B=\begin{bmatrix}B_{11}&\cdots&B_{1r}\\\vdots&&\vdots\\B_{s1}&\cdots&B_{sr}\end{bmatrix}.$$

则

$$A+B=\begin{bmatrix}A_{11}&\cdots&A_{1r}\\\vdots&&\vdots\\A_{s1}&\cdots&A_{sr}\end{bmatrix}+\begin{bmatrix}B_{11}&\cdots&B_{1r}\\\vdots&&\vdots\\B_{s1}&\cdots&B_{sr}\end{bmatrix}=\begin{bmatrix}A_{11}+B_{11}&\cdots&A_{1r}+B_{1r}\\\vdots&&\vdots\\A_{s1}+B_{s1}&\cdots&A_{sr}+B_{sr}\end{bmatrix}.$$

（2）矩阵的数乘运算的分块. 对于一个数与一个矩阵的运算，这时这个矩阵可以作任意分块.

设

$$A=\begin{bmatrix} a_{11} & a_{12} & \cdots & a_{1n} \\ a_{21} & a_{22} & \cdots & a_{2n} \\ \vdots & \vdots & & \vdots \\ a_{m1} & a_{m2} & \cdots & a_{mn} \end{bmatrix}=\begin{bmatrix} A_{11} & \cdots & A_{1r} \\ \vdots & & \vdots \\ A_{s1} & \cdots & A_{sr} \end{bmatrix}，则$$

$$\lambda A=\begin{bmatrix} \lambda A_{11} & \cdots & \lambda A_{1r} \\ \vdots & & \vdots \\ \lambda A_{s1} & \cdots & \lambda A_{sr} \end{bmatrix}.$$

（3）矩阵的乘法运算的分块.

设 A 是 $m\times l$ 矩阵，B 是 $l\times n$ 矩阵. 若想利用矩阵分块来表示 AB，根据矩阵的乘法定义，这时要求 A 的列分法必须与 B 的行分法一致.

设 $A=\begin{bmatrix} A_{11} & \cdots & A_{1t} \\ \vdots & & \vdots \\ A_{s1} & \cdots & A_{st} \end{bmatrix}$，$B=\begin{bmatrix} B_{11} & \cdots & B_{1r} \\ \vdots & & \vdots \\ B_{t1} & \cdots & B_{tr} \end{bmatrix}$.

这时 AB 可以表示为

$$AB=\begin{bmatrix} C_{11} & \cdots & C_{1r} \\ \vdots & & \vdots \\ C_{s1} & \cdots & C_{sr} \end{bmatrix}，其中 C_{ij}=\sum_{k=1}^{t} A_{ik}B_{kj}，（i=1，2，\cdots，s；j=1，2，\cdots，r）.$$

例 2.13 设

$$A=\begin{bmatrix} 1 & 0 & 0 & 0 \\ 0 & 1 & 0 & 0 \\ -1 & 2 & 1 & 0 \\ 1 & 1 & 0 & 1 \end{bmatrix}，B=\begin{bmatrix} 1 & 0 & 1 & 0 \\ -1 & 2 & 0 & 1 \\ 1 & 0 & 4 & 1 \\ -1 & -1 & 2 & 0 \end{bmatrix}，$$

求 AB.

解 把 A，B 分块成

$$A=\left[\begin{array}{cc:cc} 1 & 0 & 0 & 0 \\ 0 & 1 & 0 & 0 \\ \hdashline -1 & 2 & 1 & 0 \\ 1 & 1 & 0 & 1 \end{array}\right]=\begin{bmatrix} E & O \\ A_1 & E \end{bmatrix}，B=\left[\begin{array}{cc:cc} 1 & 0 & 1 & 0 \\ -1 & 2 & 0 & 1 \\ \hdashline 1 & 0 & 4 & 1 \\ -1 & -1 & 2 & 0 \end{array}\right]=\begin{bmatrix} B_{11} & E \\ B_{21} & B_{22} \end{bmatrix}，$$

则 $AB=\begin{bmatrix} E & O \\ A_1 & E \end{bmatrix}\begin{bmatrix} B_{11} & E \\ B_{21} & B_{22} \end{bmatrix}=\begin{bmatrix} B_{11} & E \\ A_1B_{11}+B_{21} & A_1+B_{22} \end{bmatrix}$，

$$A_1B_{11}+B_{21}=\begin{bmatrix} -1 & 2 \\ 1 & 1 \end{bmatrix}\begin{bmatrix} 1 & 0 \\ -1 & 2 \end{bmatrix}+\begin{bmatrix} 1 & 0 \\ -1 & -1 \end{bmatrix}=\begin{bmatrix} -2 & 4 \\ -1 & 1 \end{bmatrix}，$$

$$A_1+B_{22}=\begin{bmatrix} -1 & 2 \\ 1 & 1 \end{bmatrix}+\begin{bmatrix} 4 & 1 \\ 2 & 0 \end{bmatrix}=\begin{bmatrix} 3 & 3 \\ 3 & 1 \end{bmatrix}.$$

因此，$AB=\left[\begin{array}{cc:cc} 1 & 0 & 1 & 0 \\ -1 & 2 & 0 & 1 \\ \hdashline -2 & 4 & 3 & 3 \\ -1 & 1 & 3 & 1 \end{array}\right]$.

（4）分块矩阵的转置运算.

$$\text{设}\boldsymbol{A}=\begin{bmatrix}\boldsymbol{A}_{11} & \cdots & \boldsymbol{A}_{1t}\\ \vdots & & \vdots\\ \boldsymbol{A}_{s1} & \cdots & \boldsymbol{A}_{st}\end{bmatrix},\ \text{则}\boldsymbol{A}^{\mathrm{T}}=\begin{bmatrix}\boldsymbol{A}_{11}^{\mathrm{T}} & \cdots & \boldsymbol{A}_{s1}^{\mathrm{T}}\\ \vdots & & \vdots\\ \boldsymbol{A}_{1t}^{\mathrm{T}} & \cdots & \boldsymbol{A}_{st}^{\mathrm{T}}\end{bmatrix}.$$

这个性质很容易验证.

(5) 设 $\boldsymbol{A}$ 为 n 阶矩阵，若 $\boldsymbol{A}$ 的分块矩阵只有在主对角线上有非零子块，其余子块都为零矩阵，且在主对角线上的子块都是方阵，即

$$\boldsymbol{A}=\begin{bmatrix}\boldsymbol{A}_1 & & & \boldsymbol{O}\\ & \boldsymbol{A}_2 & & \\ & & \ddots & \\ \boldsymbol{O} & & & \boldsymbol{A}_n\end{bmatrix},$$

其中$\boldsymbol{A}_i$ ($i=1, 2, \cdots, n$) 都是方阵，那么称 $\boldsymbol{A}$ 为分块对角矩阵. 对于分块对角矩阵，这时显然有：

$$|\boldsymbol{A}|=|\boldsymbol{A}_1||\boldsymbol{A}_2|\cdots|\boldsymbol{A}_n|.$$

若$\boldsymbol{A}_i$ ($i=1, 2, \cdots, n$) 均可逆，则

$$\boldsymbol{A}^{-1}=\begin{bmatrix}\boldsymbol{A}_1^{-1} & & & \boldsymbol{O}\\ & \boldsymbol{A}_2^{-1} & & \\ & & \ddots & \\ \boldsymbol{O} & & & \boldsymbol{A}_n^{-1}\end{bmatrix}.$$

(6) 一个方阵 $\boldsymbol{A}$，若分块后可以表示为

$$\boldsymbol{A}=\begin{bmatrix}\boldsymbol{A}_{11} & \boldsymbol{A}_{12} & \cdots & \boldsymbol{A}_{1n}\\ \boldsymbol{O} & \boldsymbol{A}_{22} & \cdots & \boldsymbol{A}_{2n}\\ \vdots & \vdots & & \vdots\\ \boldsymbol{O} & \boldsymbol{O} & \cdots & \boldsymbol{A}_{ss}\end{bmatrix},\ \text{或}\boldsymbol{A}=\begin{bmatrix}\boldsymbol{A}_{11} & \boldsymbol{O} & \cdots & \boldsymbol{O}\\ \boldsymbol{A}_{21} & \boldsymbol{A}_{22} & \cdots & \boldsymbol{O}\\ \vdots & \vdots & & \vdots\\ \boldsymbol{A}_{s1} & \boldsymbol{A}_{s2} & \cdots & \boldsymbol{A}_{ss}\end{bmatrix},\ \text{其中}$$

$\boldsymbol{A}_{pp}$ ($p=1, 2, \cdots, s$) 都是方阵，则称方阵 $\boldsymbol{A}$ 为分块上三角矩阵或分块下三角矩阵.

例 2.14 设 $\boldsymbol{A}=\begin{bmatrix}5 & 2 & 5\\ 0 & 3 & 1\\ 0 & 2 & 1\end{bmatrix}$，由于 $\boldsymbol{A}=\left[\begin{array}{c:cc}5 & 2 & 5\\ \hdashline 0 & 3 & 1\\ 0 & 2 & 1\end{array}\right]$，因此，可以看出 $\boldsymbol{A}$ 为分块上三角矩阵.

第四节　逆　矩　阵

一、逆矩阵的定义

我们知道，在实数范围内，方程 $ax=b$，($a\neq 0$) 的解就是两边除以 a 而得到的. 方程的解为 $x=a^{-1}b$. 而对以下的方程组

$$\begin{cases}a_{11}x_1+a_{12}x_2+\cdots+a_{1n}x_n=b_1\\ a_{21}x_1+a_{22}x_2+\cdots+a_{2n}x_n=b_2\\ \qquad\cdots\cdots\\ a_{n1}x_1+a_{n2}x_2+\cdots+a_{nn}x_n=b_n\end{cases}$$

根据矩阵的乘法，这个方程可以写为

$$\begin{bmatrix} a_{11} & a_{12} & \cdots & a_{1n} \\ a_{21} & a_{22} & \cdots & a_{2n} \\ \vdots & \vdots & & \vdots \\ a_{n1} & a_{n2} & \cdots & a_{nn} \end{bmatrix} \begin{bmatrix} x_1 \\ x_2 \\ \vdots \\ x_n \end{bmatrix} = \begin{bmatrix} b_1 \\ b_2 \\ \vdots \\ b_n \end{bmatrix}.$$

若记 $\boldsymbol{A} = \begin{bmatrix} a_{11} & a_{12} & \cdots & a_{1n} \\ a_{21} & a_{22} & \cdots & a_{2n} \\ \vdots & \vdots & & \vdots \\ a_{n1} & a_{n2} & \cdots & a_{nn} \end{bmatrix}$, $\boldsymbol{x} = \begin{bmatrix} x_1 \\ x_2 \\ \vdots \\ x_n \end{bmatrix}$, $\boldsymbol{b} = \begin{bmatrix} b_1 \\ b_2 \\ \vdots \\ b_n \end{bmatrix}$，则以上的方程组可以写为

$$\boldsymbol{Ax} = \boldsymbol{b}.$$

这时我们也想，是否也可以把这个方程组的解也写为 $\boldsymbol{x} = \boldsymbol{A}^{-1}\boldsymbol{b}$. 首先要解决的问题是：怎样给出一个$\boldsymbol{A}^{-1}$的定义. 在实数中我们知道 $a^{-1}a = aa^{-1} = 1$，($a \neq 0$)，而在矩阵乘法中，单位矩阵的作用和数 1 的作用非常相像. 为此，以下我们就根据这一点给出矩阵的逆的定义.

定义 2.9 对于 n 阶方阵 $\boldsymbol{A}$，如果存在一个 n 阶方阵 $\boldsymbol{B}$，使得 $\boldsymbol{AB} = \boldsymbol{BA} = \boldsymbol{E}$，则称矩阵 $\boldsymbol{A}$ 可逆，并且把 $\boldsymbol{B}$ 叫做 $\boldsymbol{A}$ 的逆. 矩阵 $\boldsymbol{A}$ 的逆记为$\boldsymbol{A}^{-1}$，从而$\boldsymbol{A}^{-1} = \boldsymbol{B}$.

定理 2.1 如果一个 n 阶矩阵可逆，则该矩阵的行列式不为 0.

证明 设 n 阶矩阵 $\boldsymbol{A}$ 可逆，则根据定义存在方阵 $\boldsymbol{B}$，使得 $\boldsymbol{AB} = \boldsymbol{BA} = \boldsymbol{E}$. 由此得

$$|\boldsymbol{AB}| = |\boldsymbol{E}| = 1, \quad |\boldsymbol{A}||\boldsymbol{B}| = 1.$$

因此 $|\boldsymbol{A}| \neq 0$.

定义 2.10 行列式不为 0 的方阵通常叫**非奇异矩阵**，而行列式为 0 的方阵就叫**奇异矩阵**.

定理 2.2 如果一个 n 阶矩阵可逆，则其逆矩阵唯一.

证明 设 $\boldsymbol{B}$，$\boldsymbol{C}$ 均是 n 阶矩阵 $\boldsymbol{A}$ 的逆，则

$$\boldsymbol{AB} = \boldsymbol{BA} = \boldsymbol{E},\ \boldsymbol{AC} = \boldsymbol{CA} = \boldsymbol{E},$$

$$\boldsymbol{B} = \boldsymbol{BE} = \boldsymbol{BAC} = \boldsymbol{EC} = \boldsymbol{C}.$$

因此，$\boldsymbol{A}$ 的逆是唯一的.

例 2.15 求矩阵 $\boldsymbol{A} = \begin{bmatrix} 1 & 0 & 0 \\ 0 & 2 & 0 \\ 0 & 0 & -1 \end{bmatrix}$的逆$\boldsymbol{A}^{-1}$.

解 因为 $\begin{bmatrix} 1 & 0 & 0 \\ 0 & 2 & 0 \\ 0 & 0 & -1 \end{bmatrix} \begin{bmatrix} 1 & 0 & 0 \\ 0 & \frac{1}{2} & 0 \\ 0 & 0 & -1 \end{bmatrix} = \begin{bmatrix} 1 & 0 & 0 \\ 0 & \frac{1}{2} & 0 \\ 0 & 0 & -1 \end{bmatrix} \begin{bmatrix} 1 & 0 & 0 \\ 0 & 2 & 0 \\ 0 & 0 & -1 \end{bmatrix} = \begin{bmatrix} 1 & 0 & 0 \\ 0 & 1 & 0 \\ 0 & 0 & 1 \end{bmatrix}$，

因此，根据定义有

$$\boldsymbol{A}^{-1} = \begin{bmatrix} 1 & 0 & 0 \\ 0 & \frac{1}{2} & 0 \\ 0 & 0 & -1 \end{bmatrix}.$$

一般地，很容易验证

$$\boldsymbol{A} = \begin{bmatrix} a_1 & 0 & \cdots & 0 \\ 0 & a_2 & \cdots & 0 \\ \vdots & \vdots & & \vdots \\ 0 & 0 & \cdots & a_n \end{bmatrix}$$ [其中 $a_i \neq 0$，($i = 1, 2, \cdots, n$)] 的逆矩阵为

$$A^{-1}=\begin{bmatrix}\frac{1}{a_1} & 0 & \cdots & 0\\ 0 & \frac{1}{a_2} & \cdots & 0\\ \vdots & \vdots & & \vdots\\ 0 & 0 & \cdots & \frac{1}{a_n}\end{bmatrix}.$$

上面的例子根据逆矩阵的定义给出了一类非常简单的矩阵的逆. 一般情况，要求一个矩阵的逆没这么容易. 为此，下面我们就来讨论矩阵的逆的一般求法.

二、伴随矩阵及逆矩阵的求法

定义 2.11 对于方阵 A，其行列式 $|A|$ 的各个元素 a_{ij}（$i=1, 2, \cdots, n$; $j=1, 2, \cdots, n$）的代数余子式分别记为 A_{ij}，按以下方式所构成的矩阵

$$A^*=\begin{bmatrix}A_{11} & A_{21} & \cdots & A_{n1}\\ A_{12} & A_{22} & \cdots & A_{n2}\\ \vdots & \vdots & & \vdots\\ A_{1n} & A_{2n} & \cdots & A_{nn}\end{bmatrix}.$$

注意各元素的代数余子式的所在位置，A_{ij}是在A^*的第 j 行、第 i 列的元素，这一点一定要注意. 这样构造的A^*称为方阵 A 的伴随矩阵.

例 2.16 设 $A=\begin{bmatrix}1 & -1\\ 2 & 3\end{bmatrix}$，求 A 的伴随矩阵A^*.

解 因为 $A_{11}=3$，$A_{12}=-2$，$A_{21}=1$，$A_{22}=1$

因此 $A^*=\begin{bmatrix}A_{11} & A_{21}\\ A_{12} & A_{22}\end{bmatrix}=\begin{bmatrix}3 & 1\\ -2 & 1\end{bmatrix}$.

定理 2.3 n 阶矩阵 A 可逆的充要条件是 $|A|\neq 0$，且在 A 可逆时，其逆矩阵$A^{-1}=\frac{1}{|A|}A^*$.

证明 （必要性）定理 1 的结论.

（充分性）若 $|A|\neq 0$，则$\frac{1}{|A|}A^*$有意义，且

$$A\frac{1}{|A|}A^*=\frac{1}{|A|}\begin{bmatrix}a_{11} & a_{12} & \cdots & a_{1n}\\ a_{21} & a_{22} & \cdots & a_{2n}\\ \vdots & \vdots & & \vdots\\ a_{n1} & a_{n2} & \cdots & a_{nn}\end{bmatrix}\begin{bmatrix}A_{11} & A_{21} & \cdots & A_{n1}\\ A_{12} & A_{22} & \cdots & A_{n2}\\ \vdots & \vdots & & \vdots\\ A_{1n} & A_{2n} & \cdots & A_{nn}\end{bmatrix}$$

$$=\frac{1}{|A|}\begin{bmatrix}|A| & 0 & \cdots & 0\\ 0 & |A| & \cdots & 0\\ \vdots & \vdots & & \vdots\\ 0 & 0 & \cdots & |A|\end{bmatrix}=\begin{bmatrix}1 & 0 & \cdots & 0\\ 0 & 1 & \cdots & 0\\ \vdots & \vdots & & \vdots\\ 0 & 0 & \cdots & 1\end{bmatrix}=E$$

一样计算可得$\frac{1}{|A|}A^*A=E$，因此$A^{-1}=\frac{1}{|A|}A^*$.

这个定理给出求一个矩阵的逆矩阵的方法，同时，通过上面定理的证明还可以得到一个关于伴随矩阵的重要性质：

$$AA^*=A^*A=|A|E.$$

推论 2.1 若 $AB=E$（或 $BA=E$），则 $B=A^{-1}$.

证明 由 $AB=E$，从而 $|A||B|=1$，因此 $|A|\neq 0$. 从而 A 可逆.

那么 $B=EB=A^{-1}AB=A^{-1}E=A^{-1}$.

例 2.17 求例 2.16 中矩阵 A 的逆矩阵 A^{-1}.

解 因 $|A|=\begin{vmatrix}1&-1\\2&3\end{vmatrix}=5$ ，$A^*=\begin{bmatrix}A_{11}&A_{21}\\A_{12}&A_{22}\end{bmatrix}=\begin{bmatrix}3&1\\-2&1\end{bmatrix}$,

从而 $A^{-1}=\frac{1}{5}\begin{pmatrix}3&1\\-2&1\end{pmatrix}$.

三、逆矩阵的运算性质

（1）若矩阵 A 可逆，则 A^{-1} 也可逆，且 $(A^{-1})^{-1}=A$.

（2）若矩阵 A 可逆，数 $\lambda\neq 0$，则 $(\lambda A)^{-1}=\frac{1}{\lambda}A^{-1}$.

（3）若 A、B 是两个同阶可逆矩阵，则 $(AB)^{-1}=B^{-1}A^{-1}$. 一般地，若 A_1，A_2，…，A_n 是同阶可逆矩阵，则 $(A_1A_2\cdots A_n)^{-1}=A_n^{-1}A_{n-1}^{-1}\cdots A_1^{-1}$.

（4）若矩阵 A 可逆，则 A^{T} 也可逆，且 $(A^{\mathrm{T}})^{-1}=(A^{-1})^{\mathrm{T}}$.

（5）若矩阵 A 可逆，则 $|A^{-1}|=|A|^{-1}$.

这些性质的证明都很容易，我们下面只证明（3）与（4）.

证明（3） 因为 $ABB^{-1}A^{-1}=AEA^{-1}=AA^{-1}=E$，所以 $(AB)^{-1}=B^{-1}A^{-1}$.

（4）$A^{\mathrm{T}}(A^{-1})^{\mathrm{T}}=(A^{-1}A)^{\mathrm{T}}=E^{\mathrm{T}}=E$，因此 $(A^{\mathrm{T}})^{-1}=(A^{-1})^{\mathrm{T}}$.

例 2.18 设

$A=\begin{bmatrix}1&2&3\\2&2&1\\3&4&3\end{bmatrix}$，$B=\begin{bmatrix}2&1\\5&3\end{bmatrix}$，$C=\begin{bmatrix}1&3\\2&0\\3&1\end{bmatrix}$，求矩阵 X 使其满足 $AXB=C$.

解 若 A、B 都可逆，则显然有 $X=A^{-1}CB^{-1}$.

因为 $|A|=\begin{vmatrix}1&2&3\\2&2&1\\3&4&3\end{vmatrix}=2$，$|B|=\begin{vmatrix}2&1\\5&3\end{vmatrix}=1$，因此，$A$、$B$ 都可逆.

利用伴随矩阵的方法，可以求得

$$A^{-1}=\begin{bmatrix}1&3&-2\\-\frac{3}{2}&-3&\frac{5}{2}\\1&1&-1\end{bmatrix},\ B^{-1}=\begin{bmatrix}3&-1\\-5&2\end{bmatrix},$$

于是 $X=A^{-1}CB^{-1}=\begin{bmatrix}1&3&-2\\-\frac{3}{2}&-3&\frac{5}{2}\\1&1&-1\end{bmatrix}\begin{bmatrix}1&3\\2&0\\3&1\end{bmatrix}\begin{bmatrix}3&-1\\-5&2\end{bmatrix}=\begin{bmatrix}-2&1\\10&-4\\-10&4\end{bmatrix}$.

设 $\varphi(x)=a_0+a_1x+\cdots+a_mx^m$ 为 x 的 m 次多项式，A 为 n 阶方阵，通常把式子 $\varphi(A)$

$= a_0\boldsymbol{E} + a_1\boldsymbol{A} + \cdots + a_m\boldsymbol{A}^m$

称为 $\boldsymbol{A}$ 的 m 次多项式.

因为矩阵$\boldsymbol{A}^k$ 和 $\boldsymbol{E}$ 的之间的乘积运算都是可交换的，所以矩阵 $\boldsymbol{A}$ 的两个多项式 $\varphi(\boldsymbol{A})$ 和 $f(\boldsymbol{A})$总是可交换的. 即总有

$$\varphi(\boldsymbol{A})f(\boldsymbol{A}) = f(\boldsymbol{A})\varphi(\boldsymbol{A}).$$

从而矩阵 $\boldsymbol{A}$ 的多项式之间的乘积可以像 x 多项式那样乘积或因式分解.

例 2.19 $(\boldsymbol{E}+\boldsymbol{A})(2\boldsymbol{E}-\boldsymbol{A}) = 2\boldsymbol{E}+\boldsymbol{A}-\boldsymbol{A}^2$.

例 2.20 $\boldsymbol{A} = \begin{bmatrix} \lambda_1 & & & \\ & \lambda_2 & & \\ & & \ddots & \\ & & & \lambda_n \end{bmatrix} = \mathrm{diag}(\lambda_1, \lambda_2, \cdots, \lambda_n)$，则

$$\varphi(\boldsymbol{A}) = a_0\boldsymbol{E} + a_1\boldsymbol{A} + \cdots + a_m\boldsymbol{A}^m$$

$$= a_0\begin{bmatrix} 1 & & & \\ & 1 & & \\ & & \ddots & \\ & & & 1 \end{bmatrix} + a_1\begin{bmatrix} \lambda_1 & & & \\ & \lambda_2 & & \\ & & \ddots & \\ & & & \lambda_n \end{bmatrix} + \cdots + a_n\begin{bmatrix} \lambda_1^m & & & \\ & \lambda_2^m & & \\ & & \ddots & \\ & & & \lambda_2^m \end{bmatrix}$$

$$= \begin{bmatrix} \varphi(\lambda_1) & & & \\ & \varphi(\lambda_2) & & \\ & & \ddots & \\ & & & \varphi(\lambda_n) \end{bmatrix}.$$

四、克莱姆法则的证明

对于线性方程组 $\begin{cases} a_{11}x_1 + a_{12}x_2 + \cdots + a_{1n}x_n = b_1 \\ a_{21}x_1 + a_{22}x_2 + \cdots + a_{2n}x_n = b_2 \\ \cdots\cdots \\ a_{n1}x_1 + a_{n2}x_2 + \cdots + a_{nn}x_n = b_n \end{cases}$

根据矩阵的乘法，这个方程可以写为

$$\begin{bmatrix} a_{11} & a_{12} & \cdots & a_{1n} \\ a_{21} & a_{22} & \cdots & a_{2n} \\ \vdots & \vdots & & \vdots \\ a_{n1} & a_{n2} & \cdots & a_{nn} \end{bmatrix}\begin{bmatrix} x_1 \\ x_2 \\ \vdots \\ x_n \end{bmatrix} = \begin{bmatrix} b_1 \\ b_2 \\ \vdots \\ b_n \end{bmatrix},$$

即 $\boldsymbol{Ax} = \boldsymbol{b}$. 在上一章克莱姆法则给出了方程的解，下面我们就来证明克莱姆法则.

定理 2.4（克莱姆法则） 若线性方程组 $\boldsymbol{Ax} = b$ 的系数行列式 $D = |\boldsymbol{A}| \neq 0$，则方程组有唯一解，且唯一解为

$$x_j = \frac{D_j}{D}\ (j = 1, 2, \cdots, n).$$

证明 由于$|\boldsymbol{A}| \neq 0$，因此矩阵 $\boldsymbol{A}$ 可逆，从方程 $\boldsymbol{Ax} = \boldsymbol{b}$，可得 $\boldsymbol{x} = \boldsymbol{A}^{-1}\boldsymbol{b}$，因此方程组有解，而且解是唯一的. 又

$$x = A^{-1}b = \frac{1}{|A|}A^*b$$

$$= \frac{1}{D}\begin{bmatrix} A_{11} & A_{21} & \cdots & A_{n1} \\ A_{12} & A_{22} & \cdots & A_{n2} \\ \vdots & \vdots & & \vdots \\ A_{1n} & A_{2n} & \cdots & A_{nn} \end{bmatrix}\begin{bmatrix} b_1 \\ b_2 \\ \vdots \\ b_n \end{bmatrix} = \frac{1}{D}\begin{bmatrix} b_1A_{11} + b_2A_{21} + \cdots + b_nA_{n1} \\ b_1A_{12} + b_2A_{22} + \cdots + b_nA_{n2} \\ \cdots\cdots \\ b_1A_{1n} + b_2A_{2n} + \cdots + b_nA_{nn} \end{bmatrix}$$

$$= \frac{1}{D}\begin{bmatrix} D_1 \\ D_2 \\ \vdots \\ D_n \end{bmatrix},$$

因此 $x_j = \frac{D_j}{D}$ ($j=1, 2, \cdots, n$).

习 题 二

1. 设 $A = \begin{bmatrix} 1 & 2 & 1 & 1 \\ 2 & 1 & 2 & 1 \\ 1 & 1 & 3 & 4 \end{bmatrix}$, $B = \begin{bmatrix} 4 & 3 & 2 & 1 \\ -2 & 1 & -2 & 1 \\ 0 & -1 & 0 & -1 \end{bmatrix}$.

(1) 计算：$3A - B$，(2) 若 Y 满足 $(2A - Y) + 2(B - Y) = O$，求 Y.

2. 计算：

(1) $\begin{bmatrix} 1 & 2 & 3 \\ 2 & 4 & -1 \end{bmatrix}\begin{bmatrix} -1 & -2 & -5 \\ 0 & 3 & 1 \\ 1 & 1 & 4 \end{bmatrix}$；　(2) $\begin{bmatrix} 1 \\ 2 \\ 3 \end{bmatrix}(1 \quad 2 \quad 3)$；

(3) $(1 \quad 2 \quad 3)\begin{bmatrix} 1 \\ 2 \\ 3 \end{bmatrix}$；　(4) $\begin{bmatrix} 3 & 1 & 2 & -1 \\ 0 & 3 & 1 & 0 \end{bmatrix}\begin{bmatrix} 1 & 0 & 5 \\ 0 & 2 & 0 \\ 1 & 0 & 1 \\ 0 & 3 & 0 \end{bmatrix}\begin{bmatrix} -1 & 0 \\ 1 & 5 \\ 0 & 2 \end{bmatrix}$.

3. 解方程：

(1) $\begin{bmatrix} 2 & 5 \\ 1 & 3 \end{bmatrix}X = \begin{bmatrix} 4 & -6 \\ 2 & 1 \end{bmatrix}$；　(2) $X\begin{bmatrix} 1 & 1 & -1 \\ 2 & 1 & 0 \\ 1 & -1 & 1 \end{bmatrix} = \begin{bmatrix} 1 & 1 & 3 \\ 4 & 3 & 2 \\ 1 & 2 & 5 \end{bmatrix}$；

(3) $\begin{bmatrix} 1 & 1 & -1 \\ -2 & 1 & 1 \\ 1 & 1 & 1 \end{bmatrix}X = \begin{bmatrix} 2 \\ 3 \\ 6 \end{bmatrix}$.

4. 计算：

(1) $\begin{bmatrix} 1 & -2 \\ 3 & 4 \end{bmatrix}^3$；　(2) $\begin{bmatrix} 1 & 1 & 1 \\ 0 & 1 & 1 \\ 0 & 0 & 1 \end{bmatrix}^2$；

(3) $\begin{bmatrix} 1 & 1 \\ 0 & 0 \end{bmatrix}^n$；　(4) $\begin{bmatrix} 1 & 1 \\ 0 & 1 \end{bmatrix}^n$.

5. 已知$f(x)=x^2-x-1$，$\boldsymbol{A}=\begin{bmatrix}3&1&1\\1&2&0\\1&-1&2\end{bmatrix}$，求$f(\boldsymbol{A})$.

6. 设$\boldsymbol{A}$是$m\times n$矩阵，证明：$\boldsymbol{A}^{\mathrm{T}}\boldsymbol{A}$是对称矩阵.

7. 设$\boldsymbol{A}$是4阶矩阵，且$|\boldsymbol{A}|=m$，求$|-m\boldsymbol{A}|$.

8. 利用分块矩阵计算

$$\begin{bmatrix}1&2&1&0\\0&1&0&1\\0&0&2&1\\0&0&0&3\end{bmatrix}\begin{bmatrix}1&0&3&1\\0&1&2&-1\\0&0&-2&3\\0&0&0&-3\end{bmatrix}.$$

9. 设$\boldsymbol{A}=\boldsymbol{B}=-\boldsymbol{C}=\boldsymbol{D}=\begin{bmatrix}1&0\\0&1\end{bmatrix}$，验证$\begin{vmatrix}\boldsymbol{A}&\boldsymbol{B}\\\boldsymbol{C}&\boldsymbol{D}\end{vmatrix}\neq\begin{vmatrix}|\boldsymbol{A}|&|\boldsymbol{B}|\\|\boldsymbol{C}|&|\boldsymbol{D}|\end{vmatrix}$.

10. 已知$\boldsymbol{A}=\begin{bmatrix}3&4&0&0\\4&-3&0&0\\0&0&2&0\\0&0&2&2\end{bmatrix}$，求$|\boldsymbol{A}^8|$及$\boldsymbol{A}^4$.

11. 设n阶矩阵$\boldsymbol{A}$及s阶矩阵$\boldsymbol{B}$均可逆，求

(1) $\begin{bmatrix}\boldsymbol{O}&\boldsymbol{A}\\\boldsymbol{B}&\boldsymbol{O}\end{bmatrix}^{-1}$；　(2) $\begin{bmatrix}\boldsymbol{A}&\boldsymbol{O}\\\boldsymbol{C}&\boldsymbol{B}\end{bmatrix}^{-1}$.

12. 求下列矩阵的逆矩阵：

(1) $\begin{bmatrix}5&-1&0&0\\2&1&0&0\\0&0&8&3\\0&0&1&0\end{bmatrix}$；　(2) $\begin{bmatrix}1&0&0&0\\2&1&0&0\\2&1&-1&0\\1&-1&1&1\end{bmatrix}$.

13. 求下列矩阵的逆矩阵：

(1) $\begin{bmatrix}1&2\\0&1\end{bmatrix}$；　(2) $\begin{bmatrix}1&2&1\\3&4&-2\\5&-4&1\end{bmatrix}$；　(3) $\begin{bmatrix}1&-2&1&3\\0&2&1&2\\0&0&3&1\\0&0&0&4\end{bmatrix}$.

14. 用逆矩阵的方法求解方程：

(1) $\begin{bmatrix}2&5\\1&3\end{bmatrix}\boldsymbol{X}=\begin{bmatrix}4&-6\\2&1\end{bmatrix}$；　(2) $\boldsymbol{X}\begin{bmatrix}2&5\\1&3\end{bmatrix}=\begin{bmatrix}4&-6\\2&1\end{bmatrix}$.

15. 若$\boldsymbol{A}^k=\boldsymbol{O}$（$k$是正整数），求证：$(\boldsymbol{E}-\boldsymbol{A})^{-1}=\boldsymbol{E}+\boldsymbol{A}+\boldsymbol{A}^2+\cdots+\boldsymbol{A}^{k-1}$.

16. 若$\boldsymbol{A}$可逆，证明$\boldsymbol{A}^k$也可逆，并且$(\boldsymbol{A}^k)^{-1}=(\boldsymbol{A}^{-1})^k$. 以后记$(\boldsymbol{A}^{-1})^k=\boldsymbol{A}^{-k}$.

17. 设矩阵$\boldsymbol{A}$、$\boldsymbol{B}$及$\boldsymbol{A}+\boldsymbol{B}$都可逆，证明$\boldsymbol{A}^{-1}+\boldsymbol{B}^{-1}$也可逆，并求其逆矩阵.

18. 设$\boldsymbol{A}$为n阶非零实矩阵，$\boldsymbol{A}^*=\boldsymbol{A}^{\mathrm{T}}$，其中$\boldsymbol{A}^*$为$\boldsymbol{A}$的伴随矩阵. 证明：$\boldsymbol{A}$可逆.

测试题二

一、单项选择题（4×4=16分）

1. 设$\boldsymbol{A}$，$\boldsymbol{B}$均为n阶矩阵，则必有（　　）.

(A) $|A+B|=|A|+|B|$　　(B) $AB=BA$

(C) $|AB|=|BA|$　　(D) $(A+B)^{-1}=A^{-1}+B^{-1}$

2. 设A，B均为n阶方阵，满足$AB=O$，则（　　）.

(A) $A=B=O$　　(B) $A+B=O$

(C) $|A|=0$或$|B|=0$　　(D) $|A|+|B|=0$

3. 设A，B均为n阶方阵，下列结论中，正确的是（　　）.

(A) 若A，B均可逆，则$A+B$也可逆　　(B) 若A，B均可逆，则AB可逆

(C) 若$A+B$可逆，则$A-B$也可逆　　(D) 若$A+B$可逆，则A，B均可逆

4. 设A，B均为n阶方阵，则（　　）.

(A) $(AB)^k=A^kB^k$

(B) $\|B|A|=|B\|A\|$

(C) $B^2-A^2=(B-A)(B+A)$

(D) 若A，B均为可逆阵，$k\neq0$，则$(kAB)^{-1}=\dfrac{1}{k}B^{-1}A^{-1}$

二、填空题（4×4=16分）

1. 设$A=\begin{bmatrix}0&0&1&2\\0&0&0&1\\3&3&0&0\\2&1&0&0\end{bmatrix}$，则$A^{-1}=$________.

2. 已知$A=\begin{bmatrix}2&0&-1\\1&3&2\end{bmatrix}$，$B=\begin{bmatrix}1&7&-1\\4&2&3\\2&0&1\end{bmatrix}$，则$AB=$________；$B^{\mathrm{T}}A^{\mathrm{T}}=$________.

3. 设A为三阶方阵，且$|A|=3$，则$\left|\left(\dfrac{1}{2}A\right)^2\right|=$________.

4. 设A为三阶方阵，且$|A|=4$，则$|2A^*-6A^{-1}|=$________.

三、计算题（9×5=45分）

1. 设$A=\begin{pmatrix}1&2&1&1\\2&1&2&1\\1&1&3&4\end{pmatrix}$，$B=\begin{pmatrix}4&3&2&1\\-2&1&-2&1\\0&-1&0&-1\end{pmatrix}$.

(1) 计算：$3A-B$，(2) 若Y满足$(2A-Y)+2(B-Y)=O$，求Y.

2. 求下列矩阵的逆矩阵：

(1) $\begin{pmatrix}5&-1&0&0\\2&1&0&0\\0&0&8&3\\0&0&1&0\end{pmatrix}$；　　(2) $\begin{pmatrix}1&0&0&0\\2&1&0&0\\2&1&-1&0\\1&-1&1&1\end{pmatrix}$.

3. 设$A=B=-C=D=\begin{pmatrix}1&0\\0&1\end{pmatrix}$，验证$\begin{vmatrix}A&B\\C&D\end{vmatrix}\neq\begin{vmatrix}|A|&|B|\\|C|&|D|\end{vmatrix}$.

4. 用逆矩阵的方法求解方程：

(1) $\begin{pmatrix}2&5\\1&3\end{pmatrix}X=\begin{pmatrix}4&-6\\2&1\end{pmatrix}$；(2) $X\begin{pmatrix}2&5\\1&3\end{pmatrix}=\begin{pmatrix}4&-6\\2&1\end{pmatrix}$.

5. 已知$\boldsymbol{A}=\begin{pmatrix}1 & -2 & 0\\ 1 & 2 & 0\\ 0 & 0 & 2\end{pmatrix}$，且有式子$2\boldsymbol{B}^{-1}\boldsymbol{A}=\boldsymbol{A}-4\boldsymbol{E}$成立，其中$\boldsymbol{E}$为单位矩阵，求矩阵$\boldsymbol{B}$.

四、证明题（9×3=27分）

1. 证明$\begin{pmatrix}\cos\varphi & -\sin\varphi\\ \sin\varphi & \cos\varphi\end{pmatrix}^n=\begin{pmatrix}\cos n\varphi & -\sin n\varphi\\ \sin n\varphi & \cos n\varphi\end{pmatrix}$.

2. 设$\boldsymbol{A}$是$m\times n$矩阵，证明：$\boldsymbol{A}^{\mathrm{T}}\boldsymbol{A}$是对称矩阵.

3. 设$\boldsymbol{A}$为n阶非零实矩阵，$\boldsymbol{A}^*=\boldsymbol{A}^{\mathrm{T}}$，其中$\boldsymbol{A}^*$为$\boldsymbol{A}$的伴随矩阵. 证明：$\boldsymbol{A}$可逆.

第三章　矩阵的初等变换与线性方程组

在第一章中我们给出了用系数行列式判断 n 个方程的 n 元线性方程组有唯一解的充分必要条件（克莱姆法则），在第二章中给出了利用逆矩阵求解线性方程组的方法，然而这些方法只适用于未知量的个数与方程的个数相同的线性方程组，而且当系数行列式等于零时，只能得出方程组有无穷多个解或无解的结论，无法知道方程组何时有无穷多个解，何时无解. 对于任意的 n 元线性方程组，能否直接从它的系数和常数项出发去判断方程组是否有解，在有解的情形下，其解是否唯一或者无穷多呢？这是我们关心和探讨的问题. 本章将介绍求解 n 元线性方程组的另一种方法——"初等变换法". 它有助于解决一般线性方程组的求解问题.

本章的核心内容是初等变换法，由消元法引出矩阵的初等变换法，进而介绍利用初等变换法求矩阵的秩和解线性方程组，最后介绍初等方阵及其有关性质.

第一节　矩阵的初等变换

引例　用消元法求解线性方程组：

$$\begin{cases}2x_1+2x_2-x_3=6\\ x_1-2x_2+4x_3=3\\ 5x_1+7x_2+x_3=28\end{cases}.$$

解　为方便观察消元过程，我们不妨给消元过程中的各个方程适当编号.

$$\begin{cases}2x_1+2x_2-x_3=6 & ①\\ x_1-2x_2+4x_3=3 & ②\\ 5x_1+7x_2+x_3=28 & ③\end{cases}\tag{1}$$

$$\xrightarrow{①\leftrightarrow②}\begin{cases}x_1-2x_2+4x_3=3 & ①\\ 2x_1+2x_2-x_3=6 & ②\\ 5x_1+7x_2+x_3=28 & ③\end{cases}\tag{2}$$

$$\xrightarrow[③+①\times(-5)]{②+①\times(-2)}\begin{cases}x_1-2x_2+4x_3=3 & ①\\ 6x_2-9x_3=0 & ②\\ 17x_2-19x_3=13 & ③\end{cases}\tag{3}$$

$$\xrightarrow{1/6\times②}\begin{cases}x_1-2x_2+4x_3=3 & ①\\ x_2-\dfrac{3}{2}x_3=0 & ②\\ 17x_2-19x_3=13 & ③\end{cases}\tag{4}$$

$$\xrightarrow{③+②\times(-17)}\begin{cases}x_1-2x_2+4x_3=3 & ①\\ x_2-\dfrac{3}{2}x_3=0 & ②\\ \dfrac{13}{2}x_3=13 & ③\end{cases}\tag{5}$$

$$\xrightarrow{③\times\frac{2}{13}}\begin{cases}x_1-2x_2+4x_3=3 & ①\\ x_2-\frac{3}{2}x_3=0 & ②\\ x_3=2 & ③\end{cases} \tag{6}$$

$$\xrightarrow{②+③\times\frac{3}{2}}\begin{cases}x_1-2x_2+4x_3=3 & ①\\ x_2=3 & ②\\ x_3=2 & ③\end{cases} \tag{7}$$

$$\xrightarrow[①+③\times(-4)]{①+②\times 2}\begin{cases}x_1 \qquad\qquad =1 & ①\\ \qquad x_2 \qquad =3 & ②\\ \qquad\qquad x_3=2 & ③\end{cases} \tag{8}$$

从上述过程可见，用消元法解线性方程组的过程实质上是对方程组反复地施行以下 3 种变换：

（1）对调某两个方程组的位置；

（2）用一个非零的数乘某一方程的两边；

（3）将一个方程的倍数加到另一个方程上去.

上述这 3 种变换称为线性方程组的**初等变换**.

注 在引例中，施行初等变换把线性方程组（1）变成了方程组（5），形如（5）的方程组称为**行阶梯形方程组**，对于阶梯形方程组（5）进一步施行初等变换，变成方程组（8），形如（8）的方程组称为**简化阶梯形方程组**，由它立即看出解是（1，3，2）.

设有线性方程组

$$\begin{cases}a_{11}x_1+a_{12}x_2+\cdots+a_{1n}x_n=b_1\\ a_{21}x_1+a_{22}x_2+\cdots+a_{2n}x_n=b_2\\ \qquad\cdots\cdots\\ a_{m1}x_1+a_{m2}x_2+\cdots+a_{mn}x_n=b_m\end{cases} \tag{3.1}$$

其矩阵形式为

$$\boldsymbol{Ax}=\boldsymbol{b} \tag{3.2}$$

其中，系数矩阵

$$\boldsymbol{A}=\begin{bmatrix}a_{11} & a_{12} & \cdots & a_{1n}\\ a_{21} & a_{22} & \cdots & a_{2n}\\ \vdots & \vdots & & \vdots\\ a_{m1} & a_{m2} & \cdots & a_{mn}\end{bmatrix},\ \boldsymbol{x}=\begin{bmatrix}x_1\\ x_2\\ \vdots\\ x_n\end{bmatrix},\ \boldsymbol{b}=\begin{bmatrix}b_1\\ b_2\\ \vdots\\ b_m\end{bmatrix}.$$

称矩阵（$\boldsymbol{A}\mid\boldsymbol{b}$）为线性方程组（3.1）的**增广矩阵**，记为 $\widetilde{\boldsymbol{A}}$，即 $\widetilde{\boldsymbol{A}}=(\boldsymbol{A}\mid\boldsymbol{b})$. 当 $b_i=0$（$i=1,2,\cdots m$）时，线性方程组（3.1）称为**齐次的**，否则称为**非齐次的**.

显然，齐次线性方程组的矩阵形式为

$$\boldsymbol{Ax}=0 \tag{3.3}$$

以上引例中对线性方程组的消元求解过程所实施的 3 种初等变换，相当于对它的增广矩阵 $\widetilde{\boldsymbol{A}}$ 实施了 3 种变换，即

$$\widetilde{\boldsymbol{A}}=(\boldsymbol{A}\mid\boldsymbol{b})=\left[\begin{array}{ccc|c}2 & 2 & -1 & 6\\ 1 & -2 & 4 & 3\\ 5 & 7 & 1 & 28\end{array}\right]\xrightarrow{r_1\leftrightarrow r_2}\left[\begin{array}{ccc|c}1 & -2 & 4 & 3\\ 2 & 2 & -1 & 6\\ 5 & 7 & 1 & 28\end{array}\right]$$

$$\xrightarrow[r_3+r_1\times(-5)]{r_2+r_1\times(-2)}\left[\begin{array}{ccc|c}1&-2&4&3\\0&6&-9&0\\0&17&-19&13\end{array}\right]\xrightarrow{r_2\times\frac{1}{6}}\left[\begin{array}{ccc|c}1&-2&4&3\\0&1&-3/2&0\\0&17&-19&13\end{array}\right]$$

$$\xrightarrow{r_3+r_2\times(-17)}\left[\begin{array}{ccc|c}1&-2&4&3\\0&1&-3/2&0\\0&0&13/2&13\end{array}\right]\xrightarrow{r_3\times\frac{2}{13}}\left[\begin{array}{ccc|c}1&-2&4&3\\0&1&-3/2&0\\0&0&1&2\end{array}\right]$$

$$\xrightarrow{r_2+r_3\times\frac{3}{2}}\left[\begin{array}{ccc|c}1&-2&4&3\\0&1&0&3\\0&0&1&2\end{array}\right]\xrightarrow[r_1+r_3\times(-4)]{r_1+r_2\times 2}\left[\begin{array}{ccc|c}1&0&0&1\\0&1&0&3\\0&0&1&2\end{array}\right]=\boldsymbol{B}.$$

矩阵 $\boldsymbol{B}$ 刚好对应线性方程组（8）.

事实上，$\widetilde{\boldsymbol{A}}$ 的每一步变换结果都对应着一个方程组，所以用消元法求解线性方程组，相当于对增广矩阵 $\widetilde{\boldsymbol{A}}$（也对系数矩阵 $\boldsymbol{A}$）作了 3 种变换，因此给出它的一个定义.

定义 3.1 对于任一矩阵，下面 3 种变换称为矩阵的**初等变换**（包括**行**的初等变换和**列**的初等变换）：

（1）对调两行（或两列），记为 $r_i \leftrightarrow r_j$ （或 $c_i \leftrightarrow c_j$）；

（2）用常数 $k(k\neq 0)$ 乘某一行（或某一列）的所有元素，记为 kr_i（或 kc_i）；

（3）把某一行（或列）所有元素的 λ 倍加到另一行（或列）对应元素上，记为 $r_i+\lambda r_j$（或 $c_i+\lambda c_j$）.

如果矩阵 $\boldsymbol{A}$ 经过有限次初等变换得到矩阵 $\boldsymbol{B}$，则称 $\boldsymbol{A}$ 与 $\boldsymbol{B}$ 是**等价**的，记为 $\boldsymbol{A}\to\boldsymbol{B}$（或 $\boldsymbol{A}\sim\boldsymbol{B}$）.

如果 $\boldsymbol{A}$ 仅经过初等行变换得到 $\boldsymbol{B}$. 记为 $\boldsymbol{A}\xrightarrow{r}\boldsymbol{B}$.

如果 $\boldsymbol{A}$ 仅经过初等列变换得到 $\boldsymbol{B}$. 记为 $\boldsymbol{A}\xrightarrow{c}\boldsymbol{B}$.

矩阵之间的等价关系具有以下基本性质.

自反性：$\boldsymbol{A}\sim\boldsymbol{A}$；

对称性：若 $\boldsymbol{A}\sim\boldsymbol{B}$，则 $\boldsymbol{B}\sim\boldsymbol{A}$；

传递性：若 $\boldsymbol{A}\sim\boldsymbol{B}$，$\boldsymbol{B}\sim\boldsymbol{C}$，则 $\boldsymbol{A}\sim\boldsymbol{C}$.

例 3.1 已知矩阵

$$\boldsymbol{A}=\begin{bmatrix}3&2&9&16\\-1&-3&4&-17\\1&4&-7&3\\-1&-4&7&-3\end{bmatrix},$$ 对它作如下初等行变换.

$$\boldsymbol{A}=\begin{bmatrix}3&2&9&16\\-1&-3&4&-17\\1&4&-7&3\\-1&-4&7&-3\end{bmatrix}\xrightarrow{r_1\leftrightarrow r_3}\begin{bmatrix}1&4&-7&3\\-1&-3&4&-17\\3&2&9&16\\-1&-4&7&-3\end{bmatrix}$$

$$\xrightarrow[r_4+r_1]{\substack{r_2+r_1\\ r_3+r_1\times(-3)}}\begin{bmatrix}1&4&-7&3\\0&1&-3&-14\\0&-10&30&7\\0&0&0&0\end{bmatrix}\xrightarrow{r_3+r_2\times 10}\begin{bmatrix}1&4&-7&3\\0&1&-3&-14\\0&0&0&-133\\0&0&0&0\end{bmatrix}=\boldsymbol{B}.$$

把形如 $\boldsymbol{B}$ 的矩阵称为**行阶梯形矩阵**.

一般地，行阶梯形矩阵具有以下特点：

（1）零行（元素全为零的行）总位于矩阵的下方；

（2）各非零行的首非零元所在的列数一定不小于行数.

对例 3.1 中的矩阵 $\boldsymbol{B}$ 再作初等行变换：

$$\boldsymbol{B}=\begin{bmatrix}1&4&-7&3\\0&1&-3&-14\\0&0&0&-133\\0&0&0&0\end{bmatrix}\xrightarrow{r_3\times\left(-\frac{1}{133}\right)}\begin{bmatrix}1&4&-7&3\\0&1&-3&-14\\0&0&0&1\\0&0&0&0\end{bmatrix}$$

$$\xrightarrow{\substack{r_2+r_3\times 14\\ r_1+r_3\times(-3)}}\begin{bmatrix}1&4&-7&0\\0&1&-3&0\\0&0&0&1\\0&0&0&0\end{bmatrix}\xrightarrow{r_1+r_2\times(-4)}\begin{bmatrix}1&0&5&0\\0&1&-3&0\\0&0&0&1\\0&0&0&0\end{bmatrix}=\boldsymbol{C}.$$

称形如 $\boldsymbol{C}$ 的行阶梯形矩阵为**行最简形矩阵**.

一般地，行最简形矩阵具有以下特点：

（1）各非零行的首非零元都是 1；

（2）每个首非零元 1 所在列的其余元素全为 0.

如果对上述矩阵 $\boldsymbol{C}$ 再作初等列变换

$$\boldsymbol{C}=\begin{bmatrix}1&0&5&0\\0&1&-3&0\\0&0&0&1\\0&0&0&0\end{bmatrix}\xrightarrow{\substack{c_3+c_1\times(-5)\\ c_3+c_2\times 3}}\begin{bmatrix}1&0&0&0\\0&1&0&0\\0&0&0&1\\0&0&0&0\end{bmatrix}\xrightarrow{c_4\leftrightarrow c_3}\begin{bmatrix}1&0&0&0\\0&1&0&0\\0&0&1&0\\0&0&0&0\end{bmatrix}=\boldsymbol{D}.$$

将这里的矩阵 $\boldsymbol{C}$ 称为原矩阵 $\boldsymbol{A}$ 的**标准形**.

一般地，矩阵 $\boldsymbol{A}$ 的标准形 $\boldsymbol{D}$ 具有以下特点：$\boldsymbol{D}$ 的左上角是一个单位矩阵，其余元素全为零.

定理 3.1 任意一个矩阵 $\boldsymbol{A}=(a_{ij})_{m\times n}$ 经过有限次初等变换，总可以将之化为下列标准形.

$$\boldsymbol{D}=\begin{bmatrix}\boldsymbol{E}_r&\boldsymbol{O}\\\boldsymbol{O}&\boldsymbol{O}\end{bmatrix}$$

证明 如果所有的 a_{ij} 都等于 0，则 $\boldsymbol{A}$ 已是 $\boldsymbol{D}$ 的形式（$r=0$）；如果至少有一个元素不为 0，不妨设 $a_{11}\neq 0$（否则总可以通过第一种初等变换，使左上角元素不等于 0），用 $-a_{i1}/a_{11}$ 乘第 1 行加到第 i 行上（$i=2,\cdots,m$），用 $-a_{1j}/a_{11}$ 乘所得矩阵的第 1 列加到第 j 列上（$j=2,\cdots,n$），然后以 $1/a_{11}$ 乘第 1 行，此时矩阵 $\boldsymbol{A}$ 就化为

$$\begin{bmatrix}\boldsymbol{E}_1&\boldsymbol{O}\\\boldsymbol{O}&\boldsymbol{B}_1\end{bmatrix}.$$

如果 $\boldsymbol{B}_1=\boldsymbol{O}$，则 $\boldsymbol{A}$ 已化为 $\boldsymbol{D}$ 的形式. 否则可再按上述方法对 $\boldsymbol{B}_1$ 继续类似的初等变换，如此重

复多次，便可得到形如 $\boldsymbol{D}$ 的标准形.

注 定理3.1的证明实质上也给出了以下结论.

定理3.1′ 任一矩阵 $\boldsymbol{A}$ 总可以经过有限次初等行变换化为行阶梯矩阵，并进而化为最简形矩阵.

根据定理3.1的证明以及初等变换的可逆性，有以下推论.

推论3.1 如果 $\boldsymbol{A}$ 为 n 阶可逆矩阵，则 $\boldsymbol{A}$ 经过有限次初等变换可化为 n 阶单位矩阵 $\boldsymbol{E}$.

换言之，n 阶可逆矩阵 $\boldsymbol{A}$ 必等价于 n 阶单位矩阵 $\boldsymbol{E}(\boldsymbol{A}\sim\boldsymbol{E})$.

由引例可见，用消元法求解线性方程的整个过程，可用下述简便方法代替：把原方程组的增广矩阵 $\widetilde{\boldsymbol{A}}=(\boldsymbol{A}\mid\boldsymbol{b})$ 经过若干次初等行变换化为阶梯形矩阵，然后写出相应的阶梯形同解方程组，进一步求解；或者一直化成行最简形矩阵，写出它表示的简化阶梯形方程组，从而立即得出解. 以下举一例子.

例3.2 解线性方程组

$$\begin{cases}x_1-x_2+x_3=1\\x_1-x_2-x_3=3\\2x_1-2x_2-x_3=5\end{cases}.$$

解

$$\widetilde{\boldsymbol{A}}=(\boldsymbol{A}|\boldsymbol{b})=\left[\begin{array}{ccc|c}1&-1&1&1\\1&-1&-1&3\\2&-2&-1&5\end{array}\right]\xrightarrow[r_3+r_1\times(-2)]{r_2+r_1\times(-1)}\left[\begin{array}{ccc|c}1&-1&1&1\\0&0&-2&2\\0&0&-3&3\end{array}\right]$$

$$\xrightarrow{r_2\times(-1/2)}\left[\begin{array}{ccc|c}1&-1&1&1\\0&0&1&-1\\0&0&-3&3\end{array}\right]\xrightarrow{r_3+r_2\times3}\left[\begin{array}{ccc|c}1&-1&1&1\\0&0&1&-1\\0&0&0&0\end{array}\right]$$

$$\xrightarrow{r_1+r_2\times(-1)}\left[\begin{array}{ccc|c}1&-1&0&2\\0&0&1&-1\\0&0&0&0\end{array}\right],$$

这个最后的行最简形矩阵表示的线性方程组是

$$\begin{cases}x_1-x_2\qquad=2\\\qquad\quad x_3=-1.\\\qquad\quad 0=0\end{cases}$$

由于它与原方程组是同解的，由此得出原方程组一般解（通解）为

$$\begin{cases}x_1=x_2+2\\x_3=-1\end{cases},$$

其中 x_2 为自由未知量.

第二节　矩阵的秩

定义3.2 设 $\boldsymbol{A}$ 为 $m\times n$ 矩阵，在 $\boldsymbol{A}$ 中任取 k 行、k 列（$k\leqslant m$，$k\leqslant n$），将位于这些行、列交叉处的 k^2 个元素，按其原有位置次序构成的 k 阶行列式，称为 $\boldsymbol{A}$ 的一个 **k 阶子式**.

定义 3.3 设 A 为 $m\times n$ 矩阵，如果 A 有一个 r 阶子式 $D_r\neq 0$，且所有的 $r+1$ 阶子式（如果有的话）都等于 0，则称数 r 为 A 的秩，记为 $\mathrm{R}(A)$ 或 $\mathrm{rank}(A)$. 并规定零矩阵的秩为 0.

注 利用矩阵的秩的定义来求矩阵的秩时应注意：

若 $\mathrm{R}(\boldsymbol{A})=r$，则 $\boldsymbol{A}$ 中至少有一个 r 阶子式 $\boldsymbol{D}_r\neq 0$，而所有大于或等于 $r+1$ 阶的子式必须均为 0. 因此，r 是 $\boldsymbol{A}$ 中不为零的子式的最高阶数，是唯一的.

例 3.3 求矩阵

$$\boldsymbol{A}=\begin{bmatrix}2&3&1\\3&-5&2\\14&2&8\end{bmatrix}$$

的秩.

解 易见 $\boldsymbol{A}$ 至少有一个二阶子式 $\begin{vmatrix}2&3\\3&-5\end{vmatrix}=-19\neq 0$. 又 $\boldsymbol{A}$ 的三阶子式只有一个 $|\boldsymbol{A}|$. 且

$$|\boldsymbol{A}|=\begin{vmatrix}2&3&1\\3&-5&2\\14&2&8\end{vmatrix}=\begin{vmatrix}2&3&1\\-1&-11&0\\-2&-22&0\end{vmatrix}=\begin{vmatrix}-1&-11\\-2&-22\end{vmatrix}=0.$$

由定义 3.3 知，$\mathrm{R}(\boldsymbol{A})=2$.

例 3.4 求矩阵

$$\boldsymbol{A}=\begin{bmatrix}2&-1&0&3&-2\\0&3&1&-2&5\\0&0&0&4&-3\\0&0&0&0&0\end{bmatrix}\text{的秩.}$$

解 易见，$\boldsymbol{A}$ 为一阶梯形矩阵，其非零行只有 3 行，故其所有 4 阶子式全为 0. 此外，又至少有 $\boldsymbol{A}$ 的一个三阶子式

$$\boldsymbol{D}_3=\begin{vmatrix}2&-1&3\\0&3&-2\\0&0&4\end{vmatrix}=24\neq 0,$$

所以，$\mathrm{R}(\boldsymbol{A})=3$.

显然，矩阵的秩具有下列性质：

(1) $\mathrm{R}(\boldsymbol{A})=\mathrm{R}(\boldsymbol{A}^{\mathrm{T}})$；

(2) $\mathrm{R}(\boldsymbol{A})\leqslant m$，$\mathrm{R}(\boldsymbol{A})\leqslant n$，$0\leqslant\mathrm{R}(\boldsymbol{A})\leqslant\min\{m,n\}$；

(3) 设 $\boldsymbol{A}$ 为 n 阶方阵，且 $|\boldsymbol{A}|\neq 0$. 则 $\mathrm{R}(\boldsymbol{A})=n$；反之，如果 $\mathrm{R}(\boldsymbol{A})=n$，则 $|\boldsymbol{A}|\neq 0$.

因此有：**n 阶方阵 $\boldsymbol{A}$ 可逆 $\Leftrightarrow \mathrm{R}(\boldsymbol{A})=n$.**

若 $\boldsymbol{A}=\boldsymbol{A}_{n\times n}$ 且 $\mathrm{R}(\boldsymbol{A})=n$，则称方阵是**满秩**的.

由以上例子可知，利用定义计算矩阵的秩，需要由高阶到低阶考虑矩阵的子式，当矩阵的行数与列数较高时，按定义求秩是非常麻烦的.

由于行阶梯矩阵的秩很容易判断（事实上也刚好等于它的非零行的行数），而任意矩阵都可以经过有限次初等行变换化为阶梯形矩阵，所以可以考虑利用初等变换来帮助求矩阵的秩——这种方法称之为**初等变换法**.

以下先介绍一个定理.

定理 3.2 如果 $\boldsymbol{A}\to\boldsymbol{B}$，则 $\mathrm{R}(\boldsymbol{A})=\mathrm{R}(\boldsymbol{B})$.

证明 以下先对三种初等行变换分别证明.

(1) 若 $\boldsymbol{A}\xrightarrow{r_i\leftrightarrow r_j}\boldsymbol{B}$. 则 $\boldsymbol{B}$ 中任一个式子或为 $\boldsymbol{A}$ 中的一个子式，或经过适当的行变换可成为 $\boldsymbol{A}$ 的一个子式，反之亦然. 故两者最多只能有符号差别，而是否为零的性质不变，因此 $\mathrm{R}(\boldsymbol{A})=\mathrm{R}(\boldsymbol{B})$.

(2) 若 $\boldsymbol{A}\xrightarrow{\lambda r_i}\boldsymbol{C}(\lambda\neq 0)$，则 $\boldsymbol{C}$ 中任一子式或为 $\boldsymbol{A}$ 的一个子式，或为 $\boldsymbol{A}$ 中相应子式的 λ 倍，反之亦然. 由于 $\lambda\neq 0$，因而两者是否为零的性质不变，因此，$\mathrm{R}(\boldsymbol{A})=\mathrm{R}(\boldsymbol{C})$.

(3) 若 $\boldsymbol{A}\xrightarrow{r_i+\lambda r_j}\boldsymbol{G}$，设 $\mathrm{R}(\boldsymbol{A})=r$，现考虑 $\boldsymbol{G}$ 中任一个 $r+1$ 阶子式（若有的话）M，则 M 有 3 种可能.

① M 不包含 $\boldsymbol{G}$ 中的第 i 行元素，这时 M 为 $\boldsymbol{A}$ 的一个 $r+1$ 阶子式，故 $M=0$.

② M 包含 $\boldsymbol{G}$ 中的第 i 行元素，同时也包含 $\boldsymbol{G}$ 中的第 j 行元素，这时可由行列式的性质 (6) 知，$M=0$.

③ M 包含 $\boldsymbol{G}$ 中的第 i 行元素，但不包含 $\boldsymbol{G}$ 中的第 j 行元素，此时

$$M=\begin{vmatrix}\vdots & \vdots & & \vdots\\ a_{i,t_1}+\lambda a_{j,t_1} & a_{i,t_2}+\lambda a_{j,t_2} & \cdots & a_{i,t_{r+1}}+\lambda a_{j,t_{r+1}}\\ \vdots & \vdots & & \vdots\end{vmatrix}$$

$$=\begin{vmatrix}\vdots & \vdots & & \vdots\\ a_{i,t_1} & a_{i,t_2} & \cdots & a_{i,t_{r+1}}\\ \vdots & \vdots & & \vdots\end{vmatrix}+\lambda\begin{vmatrix}\vdots & \vdots & & \vdots\\ a_{j,t_1} & a_{j,t_2} & \cdots & a_{j,t_{r+1}}\\ \vdots & \vdots & & \vdots\end{vmatrix}\overset{\text{记为}}{=}M_1+\lambda M_2.$$

其中，M_1 为 A 的一个 $r+1$ 阶子式，故 $M_1=0$. 而 M_2 经适当的行变换后为 $\boldsymbol{A}$ 的一个 $r+1$ 阶子式，由行列式性质 (2) 知，$M_2=0$，从而 $M=0$.

综合可知 $\boldsymbol{G}$ 中所有 $r+1$ 阶子式全部为零，所以 $\mathrm{R}(\boldsymbol{G})\leqslant r=\mathrm{R}(\boldsymbol{A})$.

另一方面，$\boldsymbol{G}$ 经过 $r_i+(-\lambda)r_j$ 得到 $\boldsymbol{A}$，同理可得 $\mathrm{R}(\boldsymbol{A})\leqslant\mathrm{R}(\boldsymbol{G})$.

从而有：$\mathrm{R}(\boldsymbol{A})=\mathrm{R}(\boldsymbol{G})$.

至此，已经证明了初等行变换不会改变矩阵的秩. 同理可证初等列变换也不改变矩阵的秩，定理得证.

定理 3.2 给出了求矩阵的秩的一个常用的方法：将矩阵通过初等行（列）变换化为阶梯形，阶梯形矩阵的秩等于其非零行的行数，而所得的阶梯形矩阵的秩即为原矩阵的秩.

例 3.5 设矩阵

$$\boldsymbol{A}=\begin{bmatrix}2 & k & -1\\ k & -1 & 1\\ 4 & 5 & -5\end{bmatrix},\quad \text{求 } \mathrm{R}(\boldsymbol{A}).$$

解

$$A\xrightarrow[r_3+r_1\times(-5)]{r_2+r_1}\begin{bmatrix}2 & k & -1\\ k+2 & k & 0\\ -6 & -5k+5 & 0\end{bmatrix}\xrightarrow{r_3+5r_2}\begin{bmatrix}2 & k & -1\\ k+2 & k-1 & 0\\ 5k+4 & 0 & 0\end{bmatrix}$$

$$\xrightarrow{c_1\leftrightarrow c_3}\begin{bmatrix}-1 & k & 2\\ 0 & k-1 & k+2\\ 0 & 0 & 5k+4\end{bmatrix}.$$

可见，当 $k\neq1$，且 $k\neq-4/5$ 时，$\mathrm{R}(\boldsymbol{A})=3$. 当 $k=-4/5$ 时，$\mathrm{R}(\boldsymbol{A})=2$；当 $k=1$ 时，$\mathrm{R}(\boldsymbol{A})=2$.

例 3.6 设

$$\boldsymbol{A}=\begin{bmatrix}1 & -1 & 2 & 1 & 0\\ 2 & -2 & 4 & -2 & 0\\ 3 & 0 & 6 & -1 & 1\\ 0 & 3 & 0 & 0 & 1\end{bmatrix},$$

求 $\mathrm{R}(\boldsymbol{A})$，并求出其一个最高阶非零子式.

解

$$\boldsymbol{A}\xrightarrow[r_3+r_1\times(-3)]{r_2+r_1\times(-2)}\begin{bmatrix}1 & -1 & 2 & 1 & 0\\ 0 & 0 & 0 & -4 & 0\\ 0 & 3 & 0 & -4 & 1\\ 0 & 3 & 0 & 0 & 1\end{bmatrix}\xrightarrow{r_2\leftrightarrow r_4}\begin{bmatrix}1 & -1 & 2 & 1 & 0\\ 0 & 3 & 0 & 0 & 1\\ 0 & 3 & 0 & -4 & 1\\ 0 & 0 & 0 & -4 & 0\end{bmatrix}$$

$$\xrightarrow{r_3+r_2\times(-1)}\begin{bmatrix}1 & -1 & 2 & 1 & 0\\ 0 & 3 & 0 & 0 & 1\\ 0 & 0 & 0 & -4 & 0\\ 0 & 0 & 0 & -4 & 0\end{bmatrix}\xrightarrow{r_4+r_3\times(-1)}\begin{bmatrix}1 & -1 & 2 & 1 & 0\\ 0 & 3 & 0 & 0 & 1\\ 0 & 0 & 0 & -4 & 0\\ 0 & 0 & 0 & 0 & 0\end{bmatrix}=\boldsymbol{B}.$$

可见，阶梯形矩阵 $\boldsymbol{B}$ 的非零行有 3 行. 因此 $\mathrm{R}(\boldsymbol{A})=3$，$\boldsymbol{A}$ 的一个非零最高阶子式为

$$\begin{vmatrix}2 & 1 & 0\\ 4 & -2 & 0\\ 0 & 0 & 1\end{vmatrix}=\begin{vmatrix}2 & 1\\ 4 & -2\end{vmatrix}=-8.$$

第三节　线性方程组的解

本节用秩的概念和初等变换的方法求解非齐次线性方程组 $\boldsymbol{Ax}=\boldsymbol{b}$ 和齐次线性组 $\boldsymbol{Ax}=\boldsymbol{0}$.

例 3.7 解线性方程组

$$\begin{cases}2x_1+3x_2-x_3+5x_4=0\\ 3x_1+x_2+2x_3-7x_4=0\\ 4x_1+x_2-3x_3+6x_4=0\\ x_1-2x_2+4x_3-7x_4=0\end{cases}$$

解　这是一个齐次线性方程组. 由第一节知，求解线性方程组相当于对其增广矩阵（这里仅对系数矩阵即可）进行初等行变换，将它化为阶梯形，然后给出相应的阶梯形方程组（与原方程组同解），便可求出其解.

$$A=\begin{bmatrix}2&3&-1&5\\3&1&2&-7\\4&1&-3&6\\1&-2&4&-7\end{bmatrix}\xrightarrow{r_1\leftrightarrow r_4}\begin{bmatrix}1&-2&4&-7\\3&1&2&-7\\4&1&-3&6\\2&3&-1&5\end{bmatrix}\xrightarrow[\substack{r_3+r_1\times(-4)\\r_4+r_1\times(-2)}]{r_2+r_1\times(-3)}\begin{bmatrix}1&-2&4&-7\\0&7&-10&14\\0&9&-19&34\\0&7&-9&19\end{bmatrix}$$

$$\xrightarrow[r_4+r_2\times(-1)]{r_3+r_2\times(-1)}\begin{bmatrix}1&-2&4&-7\\0&7&-10&14\\0&2&-9&20\\0&0&1&5\end{bmatrix}\xrightarrow{r_2+r_3\times(-3)}\begin{bmatrix}1&-2&4&-7\\0&1&17&-46\\0&2&-9&20\\0&0&1&5\end{bmatrix}\xrightarrow{r_3+r_2\times(-2)}$$

$$\begin{bmatrix}1&-2&4&-7\\0&1&17&-46\\0&0&-43&112\\0&0&1&5\end{bmatrix}\xrightarrow{r_3\leftrightarrow r_4}\begin{bmatrix}1&-2&4&-7\\0&1&17&-46\\0&0&1&5\\0&0&-43&112\end{bmatrix}\xrightarrow{r_4+r_3\times 43}\begin{bmatrix}1&-2&4&-7\\0&1&17&-46\\0&0&1&5\\0&0&0&327\end{bmatrix}$$

其对应的线性方程组为

$$\begin{cases}x_1-2x_2+4x_3-7x_4=0\\ \quad x_2+17x_3-46x_4=0\\ \qquad\qquad x_3+5x_4=0\\ \qquad\qquad 327x_4=0\end{cases},$$

由最后一个方程得 $x_4=0$. 依次往上一个方程回代得 $x_3=0$，$x_2=0$ 和 $x_1=0$. 可见方程组仅有零解.

例 3.8 解齐次线性方程组

$$\begin{cases}2x_1+3x_2-x_3=0\\x_1-2x_2+3x_3=0.\\4x_1-x_2+5x_3=0\end{cases}$$

解 由于齐次线性方程组右端的常数向量为零向量，故只需用系数矩阵来进行初等行变换即可.

$$A=\begin{bmatrix}2&3&-1\\1&-2&3\\4&-1&5\end{bmatrix}\xrightarrow{r_1\leftrightarrow r_2}\begin{bmatrix}1&-2&3\\2&3&-1\\4&-1&5\end{bmatrix}$$

$$\xrightarrow[r_3+r_1\times(-4)]{r_2+r_1\times(-1)}\begin{bmatrix}1&-2&3\\0&7&-7\\0&7&-7\end{bmatrix}\xrightarrow{r_3+r_2}\begin{bmatrix}1&-2&3\\0&7&-7\\0&0&0\end{bmatrix}$$

$$\xrightarrow{r_1\times(1/7)}\begin{bmatrix}1&-2&3\\0&1&-1\\0&0&0\end{bmatrix}\xrightarrow{r_1+r_2\times 2}\begin{bmatrix}1&0&1\\0&1&-1\\0&0&0\end{bmatrix}$$

由此得对应的阶梯形方程组：

$$\begin{cases}x_1\quad +x_3=0\\ \quad x_2-x_3=0\end{cases}.$$

此方程组中独立方程只有 2 个，而未知量的个数却有 3 个，这样的齐次线性方程组不满足 Gramer法则的条件，从而有非零解，解之得

$$\begin{cases} x_1 = -x_3 \\ x_2 = x_3 \end{cases},$$

其中，x_3 为自由未知量（其可取任意实数值）. 故方程组的解可表示为

$$\begin{bmatrix} x_1 \\ x_2 \\ x_3 \end{bmatrix} = \begin{bmatrix} -x_3 \\ x_3 \\ x_3 \end{bmatrix} = \begin{bmatrix} -1 \\ 1 \\ 1 \end{bmatrix} x_3 \ (x_3 \text{ 任意}).$$

当 x_3 取遍所有实数时. 就得到原方程组的全部解（无穷多组解），因此上述的解亦称为方程组的**通解**（或**一般解**）.

注 从例 3.7 和例 3.8 来看，导致它们当中一个只有零解，而另一个则有无穷多解的原因，主要是例 3.7 中，$R(\boldsymbol{A})=4$ 刚好等于矩阵的列数，也是变量的个数；例 3.8 中，$R(\boldsymbol{A}) = 2 < 3 = \boldsymbol{A}$ 的列数 = 变量的个数. 因此我们有如下定理.

定理 3.3 齐次线性方程组（3.3）$\boldsymbol{Ax}=\boldsymbol{0}(\boldsymbol{A}=\boldsymbol{A}_{m\times n})$ 有非零解$\Leftrightarrow R(\boldsymbol{A})<n$；或者说，$\boldsymbol{Ax}=\boldsymbol{0}$ 仅有零解$\Leftrightarrow R(\boldsymbol{A})=n$.

证明 必要性.

由于 $\boldsymbol{Ax}=\boldsymbol{0}$ 有非零解，即存在 $\boldsymbol{x_0}\neq\boldsymbol{0}$ 使得 $\boldsymbol{Ax}_0=\boldsymbol{0}$，以下用反证法证之.

若 $R(\boldsymbol{A})=n$，由定义，$\boldsymbol{A}$ 中至少有一个 n 阶子式 $D_n\neq 0$（必有 $m\geqslant n$）. 不妨设

$$D_n = \begin{vmatrix} a_{11} & \cdots & a_{1n} \\ \vdots & & \vdots \\ a_{n1} & \cdots & a_{nn} \end{vmatrix} \neq 0, \text{（不然可调换方程的位置）}$$

它所对应的方程为

$$\begin{cases} a_{11}x_1 + \cdots + a_{1n}x_n = 0 \\ \quad\cdots\cdots \\ a_{n1}x_1 + \cdots + a_{nn}x_n = 0 \end{cases} \tag{3.4}$$

由 Cramer 法则，方程组（3.4）仅有零解，而方程组（3.4）的解必是（3.3）的解. 又 $\boldsymbol{Ax_0}=\boldsymbol{0}$，所以 $\boldsymbol{x_0}=\boldsymbol{0}$ 必是（3.3）的解. 这与 $\boldsymbol{x_0}\neq\boldsymbol{0}$ 的假设条件矛盾，因此 $R(\boldsymbol{A})<n$.

充分性.

由于 $R(\boldsymbol{A})<n$. 设 $R(\boldsymbol{A})=r<n$，从而必可由初等行变换将 $\boldsymbol{A}$ 化为阶梯形矩阵，且阶梯形矩阵中刚好有 r 个非零行. 它所对应的方程组与方程组（3.3）同解，而且通过它仅能求出 r 个变量. 其余 $n-r$ 个变量为自由未知量，比如求出

$$\begin{cases} x_1 = b_{1,r+1}x_{r+1} + \cdots + b_{1n}x_n \\ \quad\cdots\cdots \\ x_r = b_{r,r+1}x_{r+1} + \cdots + b_{rn}x_n \end{cases}$$

由于 x_{r+1}，…，x_n 可任取，令 $x_{r+1}=1$，$x_{r+2}=\cdots=x_n=0$. 则 $x_1=b_{1,r+1}$，…，$x_r=b_{r,r+1}$，$x_{r+1}=1$，$x_{r+2}=\cdots=x_n=0$ 就是它的一组非零解.

通过求系数矩阵的秩可以判断齐次线性方程组 $\boldsymbol{Ax}=\boldsymbol{0}$ 是否有非零解及求出其解，由此可见矩阵的秩的重要性.

下面我们来介绍非齐次线性方程组 $\boldsymbol{Ax}=\boldsymbol{b}$ 的求解.

定理 3.4 设 $\boldsymbol{A}$ 为 $m\times n$ 矩阵，则 n 元非齐次线性方程组 $\boldsymbol{Ax}=\boldsymbol{b}$ 有解的充分必要条件为 $\mathrm{R}(\boldsymbol{A})=\mathrm{R}(\boldsymbol{A}\mid\boldsymbol{b})$.

证明 必要性（用反证法）.

设方程组 $\boldsymbol{Ax}=\boldsymbol{b}$ 有解，但 $\mathrm{R}(\boldsymbol{A})<\mathrm{R}(\boldsymbol{A}\mid\boldsymbol{b})$，则增广矩阵 $(\boldsymbol{A}\mid\boldsymbol{b})$ 的行阶梯形矩阵中最后一个非零行必将导出一个矛盾方程 $(0=d,\ d\neq0)$ 这与方程组有解矛盾，故 $\mathrm{R}(\boldsymbol{A})=\mathrm{R}(\boldsymbol{A}\mid\boldsymbol{b})$.

充分性. 设 $\mathrm{R}(\boldsymbol{A})=\mathrm{R}(\boldsymbol{A}\mid\boldsymbol{b})=s(s\leqslant n)$，则 $(\boldsymbol{A}\mid\boldsymbol{b})$ 的行阶梯形矩阵中含有 s 个非零行，把这 s 行的第一个非零元所对应的未知量作为非自由量，其余 $n-s$ 个作为自由未知量，并令这 $n-s$ 个自由未知量全为零，即可得到方程组的一个解.

注 定理 3.4 的证明实际上给出了判别线性方程组 $\boldsymbol{Ax}=\boldsymbol{b}$ 是否有解的方法. 若记 $\widetilde{\boldsymbol{A}}=(\boldsymbol{A}\mid\boldsymbol{b})$. 则上述定理的结果可简述如下.

（1）$\boldsymbol{Ax}=\boldsymbol{b}$ 有唯一解 $\Leftrightarrow \mathrm{R}(\boldsymbol{A})=\mathrm{R}(\widetilde{\boldsymbol{A}})=n$.

（2）$\boldsymbol{Ax}=\boldsymbol{b}$ 有无穷多解 $\Leftrightarrow \mathrm{R}(\boldsymbol{A})=\mathrm{R}(\widetilde{\boldsymbol{A}})<n$.

（3）$\boldsymbol{Ax}=\boldsymbol{b}$ 无解 $\Leftrightarrow \mathrm{R}(\boldsymbol{A})<\mathrm{R}(\widetilde{\boldsymbol{A}})$.

（4）$\boldsymbol{Ax}=\boldsymbol{0}$ 只有零解 $\Leftrightarrow \mathrm{R}(\boldsymbol{A})=n$.

（5）$\boldsymbol{Ax}=\boldsymbol{0}$ 有非零解 $\Leftrightarrow \mathrm{R}(\boldsymbol{A})<n$.

注 对于非齐次线性方程组，将增广矩阵 $\widetilde{\boldsymbol{A}}=(\boldsymbol{A}\mid\boldsymbol{b})$ 用初等行变换化为阶梯形矩阵，便可直接判断其是否有解. 若有解，进一步化为行最简形矩阵，由此可直接写出同解的最简阶梯形方程组，从而得出方程组的全部解. 其中要注意，当 $\mathrm{R}(\boldsymbol{A})=\mathrm{R}(\widetilde{\boldsymbol{A}})=s<n$ 时，$\widetilde{\boldsymbol{A}}$ 的行阶梯形矩阵中含有 s 个非零行，把这 s 行的第一个非零元所对应的未知量作为非自由量，其余 $n-s$ 个作为自由未知量即可.

对于齐次线性方程组，将其系数矩阵 $\boldsymbol{A}$ 化为行最简形矩阵，便可直接由同解的最简阶梯形方程组写出其全部解.

例 3.9 解线性方程组

$$\begin{cases}x_1-2x_2+2x_3-x_4=1\\2x_1-4x_2+8x_3=2\\-2x_1+4x_2-2x_3+3x_4=3\\3x_1-6x_2-6x_4=4\end{cases}$$

解 对增广矩阵 $\widetilde{\boldsymbol{A}}=(\boldsymbol{A}\mid\boldsymbol{b})$ 进行初等行变换化为行阶梯形矩阵.

$$\widetilde{\boldsymbol{A}}=(\boldsymbol{A}\mid\boldsymbol{b})=\left[\begin{array}{cccc|c}1&-2&2&-1&1\\2&-4&8&0&2\\-2&4&-2&3&3\\3&-6&0&-6&4\end{array}\right]\xrightarrow[r_4-3r_1]{\substack{r_2-2r_1\\r_3+2r_1}}\left[\begin{array}{cccc|c}1&-2&2&-1&1\\0&0&4&2&0\\0&0&2&1&5\\0&0&-6&-3&1\end{array}\right]$$

$$\xrightarrow[r_4+3r_3]{r_2\times\frac{1}{2}}\left[\begin{array}{cccc|c}1&-2&2&-1&1\\0&0&2&1&0\\0&0&2&1&5\\0&0&0&0&16\end{array}\right]\xrightarrow{r_3-r_2}\left[\begin{array}{cccc|c}1&-2&2&-1&1\\0&0&2&1&0\\0&0&0&0&5\\0&0&0&0&16\end{array}\right]$$

$$\xrightarrow[r_3\times\frac{1}{5}]{r_4-\frac{16}{5}r_3}\left[\begin{array}{cccc|c}1&-2&2&-1&1\\0&0&2&1&0\\0&0&0&0&1\\0&0&0&0&0\end{array}\right]$$

可知，$R(\boldsymbol{A})=2$，$R(\widetilde{\boldsymbol{A}})=3\Rightarrow R(\boldsymbol{A})<R(\widetilde{\boldsymbol{A}})$．由定理 3.4 知方程组无解．

例 3.10 解线性方程组

$$\begin{cases}x_1+5x_2-x_3-x_4=-1\\x_1-2x_2+x_3+3x_4=3\\3x_1+8x_2-x_3+x_4=1\\x_1-9x_2+3x_3+7x_4=7\end{cases}.$$

解 先对增广矩阵 $\widetilde{\boldsymbol{A}}=(\boldsymbol{A}\mid\boldsymbol{b})$ 施行初等行变换化为阶梯形矩阵．

$$\widetilde{\boldsymbol{A}}=(\boldsymbol{A}\mid\boldsymbol{b})=\left[\begin{array}{cccc|c}1&5&-1&-1&-1\\1&-2&1&3&3\\3&8&-1&1&1\\1&-9&3&7&7\end{array}\right]\xrightarrow[r_4-r_1]{\substack{r_2-r_1\\r_3-3r_1}}\left[\begin{array}{cccc|c}1&5&-1&-1&-1\\0&-7&2&4&4\\0&-7&2&4&4\\0&-14&4&8&8\end{array}\right]$$

$$\xrightarrow[r_4-2r_2]{r_3-r_2}\left[\begin{array}{cccc|c}1&5&-1&-1&-1\\0&-7&2&4&4\\0&0&0&0&0\\0&0&0&0&0\end{array}\right]\xrightarrow{r_2\times\left(-\frac{1}{7}\right)}\left[\begin{array}{cccc|c}1&5&-1&-1&-1\\0&1&-\frac{2}{7}&-\frac{4}{7}&-\frac{4}{7}\\0&0&0&0&0\\0&0&0&0&0\end{array}\right]=\boldsymbol{B}.$$

可知，$R(\boldsymbol{A}\mid\boldsymbol{b})=R(\boldsymbol{A})=2<4$（未知量个数），故方程组有无穷多解．再将上述阶梯形矩阵 $\boldsymbol{B}$ 化为行最简形矩阵，有

$$(\boldsymbol{A}\mid\boldsymbol{b})\xrightarrow{r}\boldsymbol{B}\xrightarrow{r_1-5r_2}\left[\begin{array}{cccc|c}1&0&\frac{3}{7}&\frac{13}{7}&\frac{13}{7}\\0&1&-\frac{2}{7}&-\frac{4}{7}&-\frac{4}{7}\\0&0&0&0&0\\0&0&0&0&0\end{array}\right].$$

该矩阵对应的同解方程组为

$$\begin{cases}x_1+\frac{3}{7}x_3+\frac{13}{7}x_4=\frac{13}{7}\\x_2-\frac{2}{7}x_3-\frac{4}{7}x_4=-\frac{4}{7}\end{cases},$$

解出 x_1，x_2 得

$$\begin{cases}x_1=-\dfrac{3}{7}x_3-\dfrac{13}{7}x_4+\dfrac{13}{7}\\ x_2=\dfrac{2}{7}x_3+\dfrac{4}{7}x_4-\dfrac{4}{7}\end{cases}.$$

取 x_3，x_4 为自由未知量，得方程组的通解为

$$\begin{cases}x_1=-\dfrac{3}{7}x_3-\dfrac{13}{7}x_4+\dfrac{13}{7}\\ x_2=\dfrac{2}{7}x_3+\dfrac{4}{7}x_4-\dfrac{4}{7}\\ x_3=x_3\\ x_4=x_4\end{cases}$$

或者

$$\begin{bmatrix}x_1\\x_2\\x_3\\x_4\end{bmatrix}=\begin{bmatrix}-3/7\\2/7\\1\\0\end{bmatrix}x_3+\begin{bmatrix}-13/7\\4/7\\0\\1\end{bmatrix}x_4+\begin{bmatrix}13/7\\-4/7\\0\\0\end{bmatrix},$$

（其中 x_3，x_4 为自由未知量），若令 $x_3=C_1$，$x_4=C_2$，则通解也可表示为

$$\begin{bmatrix}x_1\\x_2\\x_3\\x_4\end{bmatrix}=\begin{bmatrix}-3/7\\2/7\\1\\0\end{bmatrix}C_1+\begin{bmatrix}-13/7\\4/7\\0\\1\end{bmatrix}C_2+\begin{bmatrix}13/7\\-4/7\\0\\0\end{bmatrix}\quad (C_1,\ C_2\ 为任意常数).$$

例 3.11 λ 取何值时，线性方程组

$$\begin{cases}x_1-x_2+x_3=1\\ x_1+\lambda x_2+x_3=1\\ 2x_1+2\lambda x_2+(\lambda+4)\ x_3=3\end{cases}$$

无解，有唯一解，有无穷多解？在有解的情形下，求出其解．

解 方法一：将方程组的增广矩阵 $\widetilde{A}=(A\mid b)$ 用初等行变换化为阶梯形．

$$\widetilde{A}=(A|b)=\left[\begin{array}{ccc|c}1&-1&1&1\\1&\lambda&1&1\\2&2\lambda&\lambda+4&3\end{array}\right]\xrightarrow[r_3-2r_1]{r_2-r_1}\left[\begin{array}{ccc|c}1&-1&1&1\\0&\lambda+1&0&0\\0&2(\lambda+1)&\lambda+2&1\end{array}\right]$$

$$\xrightarrow{r_3-2r_1}\left[\begin{array}{ccc|c}1&-1&1&1\\0&\lambda+1&0&0\\0&0&\lambda+2&1\end{array}\right],$$

由此得

（1）当 $\lambda=-2$ 时，$R(A)=2$，$R(\widetilde{A})=3$. 由 $R(A)<R(\widetilde{A})$ 知方程组无解．

（2）当 $\lambda\neq-1$，且 $\lambda\neq-2$ 时，$R(A)=R(\widetilde{A})=3$. 故此时方程组有唯一解．同解方程组

$$\begin{cases}x_1-x_2+x_3=1\\(\lambda+1)\ x_2=0\\(\lambda+2)\ x_3=1\end{cases}$$

得原方程组的唯一解为：$x_1=\dfrac{\lambda+1}{\lambda+2}$，$x_2=0$，$x_3=\dfrac{1}{\lambda+2}$.

（3）当 $\lambda=-1$ 时 $\mathrm{R}(\boldsymbol{A})=\mathrm{R}(\widetilde{\boldsymbol{A}})=2$. 此时方程组有无穷多个解，由同解方程组

$$\begin{cases}x_1-x_2+x_3=1\\\qquad\qquad x_3=1\end{cases}$$

得原方程组的通解为

$$\begin{cases}x_1=C\\x_2=C\text{（其中 }C\text{ 为任意常数）}.\\x_3=1\end{cases}$$

方法二：因方程个数与未知量个数相等，故可用克莱姆法则.
为此首先计算系数行列式

$$|\boldsymbol{A}|=\begin{vmatrix}1&-1&1\\1&\lambda&1\\2&2\lambda&\lambda+4\end{vmatrix}=\begin{vmatrix}1&-1&1\\0&\lambda+1&0\\0&2(\lambda+1)&\lambda+2\end{vmatrix}=(\lambda+1)(\lambda+2).$$

（1）当 $\lambda\neq-1$，且 $\lambda\neq-2$ 时，$|\boldsymbol{A}|\neq0$，由克莱姆法则知方程组有唯一解，唯一解可用克莱姆法则求得（一般计算量较大），也可将增广矩阵 $\widetilde{\boldsymbol{A}}$ 化为阶梯形（见方法一之（2）求解）

（2）当 $\lambda=-2$ 时，原方程组为

$$\begin{cases}x_1-x_2+x_3=1\\x_1-2x_2+x_3=1\\2x_1-4x_2+2x_3=3\end{cases}$$

将其增广矩阵 $\widetilde{\boldsymbol{A}}=(\boldsymbol{A}\mid\boldsymbol{b})$ 用初等行变换化为阶梯形.

$$\widetilde{\boldsymbol{A}}=(\boldsymbol{A}\mid\boldsymbol{b})=\left[\begin{array}{ccc|c}1&-1&1&1\\1&-2&1&1\\2&-4&2&3\end{array}\right]\xrightarrow[r_3-2r_1]{r_2-r_1}\left[\begin{array}{ccc|c}1&-1&1&1\\0&-1&0&0\\0&-2&0&1\end{array}\right]$$

$$\xrightarrow{r_3-2r_1}\left[\begin{array}{ccc|c}1&-1&1&1\\0&-1&0&0\\0&0&0&1\end{array}\right].$$

由此知，$\mathrm{R}(\widetilde{\boldsymbol{A}})=3$，$\mathrm{R}(\boldsymbol{A})=2$. 由 $\mathrm{R}(\boldsymbol{A})<\mathrm{R}(\widetilde{\boldsymbol{A}})$ 知此时方程组无解.

（3）当 $\lambda=-1$ 时，原方程组变为

$$\begin{cases}x_1-x_2+x_3=1\\x_1-x_2+x_3=1\\2x_1-2x_2+3x_3=3\end{cases}$$

将其增广矩阵 $\widetilde{\boldsymbol{A}}$ 用初等行变换化为阶梯形

$$\widetilde{A}=\begin{bmatrix}1&-1&1&1\\1&-1&1&1\\2&-2&3&3\end{bmatrix}\longrightarrow\begin{bmatrix}1&-1&1&1\\0&0&1&1\\0&0&0&0\end{bmatrix}.$$

由此知 $R(\widetilde{A})=R(A)=2$，故原方程组有无穷多个解.

由与原方程组同解的线性方程组为

$$\begin{cases}x_1-x_2+x_3=1\\x_3=1\end{cases}$$

可知，原方程组的解为

$$\begin{cases}x_1=C\\x_2=C\ (\text{其中 } C \text{ 为任一常数}).\\x_3=1\end{cases}$$

注 本例中方法一较方法二简便.

第四节 初等矩阵

定义 3.4 对单位矩阵 E 施行一次初等变换得到的矩阵称为**初等矩阵**. 它有 3 种形式.

(1) 将 E 的第 i 行（列）与第 j 行（列）互换而得到的矩阵，记为 $E(i, j)$. 即

$$E(i,j)=\begin{bmatrix}1&&&&&&&&\\&\ddots&&&&&&&\\&&1&&&&&&\\&&&0&\cdots&1&&&\\&&&&1&&&&\\&&&\vdots&\ddots&\vdots&&&\\&&&&&1&&&\\&&&1&\cdots&0&&&\\&&&&&&1&&\\&&&&&&&\ddots&\\&&&&&&&&1\end{bmatrix}\begin{matrix}\\\\\\ i\text{行}\\\\\\\\ j\text{行}\\\\\\\\\end{matrix}$$

i 列　　　　j 列

(2) 将 E 的第 i 行（列）乘以非零常数 k 得到的矩阵，记为 $E(i(k))$. 即

$$E(i(k))=\begin{bmatrix}1&&&&\\&\ddots&&&\\&&k&&\\&&&\ddots&\\&&&&1\end{bmatrix}i\text{行}$$

i 列

(3) 将 E 的第 j 行乘以数 k 加到第 i 行上，或将 E 的第 i 列乘以数 k 加到第 j 列上得到的矩阵. 记为 $E(i+j(k), j)$,

$$
E(i+j(k),j)=\begin{bmatrix}
1 & & & & & & \\
 & \ddots & & & & & \\
 & & 1 & \cdots & k & & \\
 & & & \ddots & \vdots & & \\
 & & & & 1 & & \\
 & & & & & \ddots & \\
 & & & & & & 1
\end{bmatrix}\begin{matrix} \\ \\ i\text{行} \\ \\ j\text{行} \\ \\ \\ \end{matrix}
$$

$$\qquad\qquad i\text{列}\qquad j\text{列}$$

不难验证，初等矩阵具有如下性质.

性质 初等矩阵为可逆矩阵，且它们的逆矩阵仍为初等矩阵. 具体地说有：

(1) $\boldsymbol{E}(i,j)$ 可逆，且 $\boldsymbol{E}^{-1}(i,j)=\boldsymbol{E}(i,j)$；

(2) $\boldsymbol{E}(i(k))$ 可逆，且 $\boldsymbol{E}^{-1}(i(k))=\boldsymbol{E}(i(1/k))$；

(3) $\boldsymbol{E}(i+j(k),j)$ 可逆，且 $\boldsymbol{E}^{-1}(i+j(k),j)=\boldsymbol{E}(i+j(-k),j)$.

定理 3.5 对矩阵 $\boldsymbol{A}_{m\times n}$ 施行一次初等行变换相当于在 $\boldsymbol{A}_{m\times n}$ 的左边乘一个相应的 m 阶初等矩阵；对 $\boldsymbol{A}_{m\times n}$ 施行一次初等列变换相当于在 $\boldsymbol{A}_{m\times n}$ 的右边乘一个相应的 n 阶初等矩阵.

证明 将矩阵 $\boldsymbol{A}_{m\times n}$ 按行分块，且记为 $\boldsymbol{A}$ 的第 i 行为 $\boldsymbol{\beta}_i(i=1,2,\cdots,m)$. 即

$$
\boldsymbol{A}=\begin{bmatrix}\boldsymbol{\beta}_1\\ \boldsymbol{\beta}_2\\ \vdots\\ \boldsymbol{\beta}_m\end{bmatrix}
$$

(1) 矩阵 $\boldsymbol{A}_{m\times n}$ 左乘一个 m 阶初等矩阵 $\boldsymbol{E}(i,j)$. 即

$$
\boldsymbol{E}(i,j)\boldsymbol{A}=\begin{bmatrix}
1 & & & & & & & & \\
 & \ddots & & & & & & & \\
 & & 1 & & & & & & \\
 & & & 0 & \cdots & 1 & & & \\
 & & & & 1 & & & & \\
 & & & \vdots & \ddots & \vdots & & & \\
 & & & & & 1 & & & \\
 & & & 1 & \cdots & 0 & & & \\
 & & & & & & 1 & & \\
 & & & & & & & \ddots & \\
 & & & & & & & & 1
\end{bmatrix}\begin{bmatrix}\boldsymbol{\beta}_1\\ \boldsymbol{\beta}_2\\ \vdots\\ \boldsymbol{\beta}_i\\ \\ \vdots\\ \\ \boldsymbol{\beta}_j\\ \\ \vdots\\ \boldsymbol{\beta}_m\end{bmatrix}=\begin{bmatrix}\boldsymbol{\beta}_1\\ \boldsymbol{\beta}_2\\ \vdots\\ \boldsymbol{\beta}_j\\ \\ \vdots\\ \\ \boldsymbol{\beta}_i\\ \\ \vdots\\ \boldsymbol{\beta}_m\end{bmatrix}
$$

$$\qquad i\qquad\qquad j$$

这相当于对矩阵 $\boldsymbol{A}$ 施行初等行变换 $r_i\leftrightarrow r_j$.

(2) 矩阵 $\boldsymbol{A}_{m\times n}$ 左乘一个 m 阶初等矩阵 $\boldsymbol{E}(i(k))(k\neq 0)$. 得

$$E(i(k))A=\begin{bmatrix}1&&&&&\\&\ddots&&&&\\&&1&&&\\&&&k&&\\&&&&1&\\&&&&&\ddots&\\&&&&&&1\end{bmatrix}\begin{bmatrix}\beta_1\\\vdots\\\beta_i\\\vdots\\\beta_m\end{bmatrix}=\begin{bmatrix}\beta_1\\\vdots\\k\beta_i\\\vdots\\\beta_m\end{bmatrix}$$

$$i$$

这相当于对矩阵 A 施行初等行变换 kr_i.

（3）矩阵 $A_{m\times n}$左乘一个 m 阶初等矩阵 $E(i+j(k),j)(i<j)$，得

$$E(i+j(k),j)A\overset{i}{\underset{j}{=}}\begin{bmatrix}1&&&&&\\&\ddots&&&&\\&&1&\cdots&k&\\&&&\ddots&\vdots&\\&&&&1&\\&&&&&\ddots&\\&&&&&&1\end{bmatrix}\begin{bmatrix}\beta_1\\\vdots\\\beta_i\\\vdots\\\beta_j\\\vdots\\\beta_m\end{bmatrix}=\begin{bmatrix}\beta_1\\\vdots\\\beta_i+k\beta_j\\\vdots\\\beta_j\\\vdots\\\beta_m\end{bmatrix}$$

$$i\qquad j$$

这相当于对矩阵 A 施行初等行变换 i_i+kr_j.

至此有关初等行变换结论已得证.

若将矩阵 $A_{m\times n}$按列分块，类似讨论可证得有关初等列变换的结论.

推论 3.2 设 $A_{m\times n}$是秩为 r 的矩阵，则存在 m 阶初等矩阵 P_1，P_2，…，P_s，n 阶初等矩阵 Q_1，Q_2，…，Q_t 使得

$$P_s\cdots P_2P_1AQ_1Q_2\cdots Q_t=\begin{bmatrix}E_r&O\\O&O\end{bmatrix}.$$

若记 $P_s\cdots P_2P_1=P$；$Q_1Q_2\cdots Q_t=Q$，根据初等矩阵均可逆和有限个同阶可逆矩阵的乘积还是可逆矩阵知，P 和 Q 均为可逆矩阵，从而推论 3.2 可表述如下.

推论 3.3 设 $A_{m\times n}$是秩为 r 的矩阵，则存在 m 阶可逆矩阵 P，n 阶可逆矩阵 Q，使得

$$PAQ=\begin{bmatrix}E_r&O\\O&O\end{bmatrix}.$$

例 3.12 设

$$A=\begin{bmatrix}1&0&-1&0\\-2&4&2&-8\\3&-6&-3&12\end{bmatrix},$$

对 A 施行初等行变换、初等列变换可化为标准形.

$$A\xrightarrow[r_2+2r_1]{r_3+\frac{3}{2}r_2}\begin{bmatrix}1&0&-1&0\\0&4&0&-8\\0&0&0&0\end{bmatrix}\xrightarrow{\frac{1}{4}r_2}\begin{bmatrix}1&0&-1&0\\0&1&0&-2\\0&0&0&0\end{bmatrix}$$

$$\xrightarrow[c_4+2c_2]{c_3+c_1}\begin{bmatrix}1&0&0&0\\0&1&0&0\\0&0&0&0\end{bmatrix}=\begin{bmatrix}\boldsymbol{E}_2&\boldsymbol{O}\\\boldsymbol{O}&\boldsymbol{O}\end{bmatrix}.$$

这些初等行变换、初等列变换所对应的初等矩阵为

$$\boldsymbol{E}_3=\begin{bmatrix}1&0&0\\0&1&0\\0&0&1\end{bmatrix}\xrightarrow{r_3+\frac{3}{2}r_2}\begin{bmatrix}1&0&0\\0&1&0\\0&3/2&1\end{bmatrix}\overset{\text{记为}}{=}\boldsymbol{P}_1,$$

$$\boldsymbol{E}_3=\begin{bmatrix}1&0&0\\0&1&0\\0&0&1\end{bmatrix}\xrightarrow{r_2+2r_1}\begin{bmatrix}1&0&0\\2&1&0\\0&0&1\end{bmatrix}\overset{\text{记为}}{=}\boldsymbol{P}_2,$$

$$\boldsymbol{E}_3=\begin{bmatrix}1&0&0\\0&1&0\\0&0&1\end{bmatrix}\xrightarrow{\frac{1}{4}r_2}\begin{bmatrix}1&0&0\\0&1/4&0\\0&0&1\end{bmatrix}\overset{\text{记为}}{=}\boldsymbol{P}_3,$$

$$\boldsymbol{E}_4=\begin{bmatrix}1&0&0&0\\0&1&0&0\\0&0&1&0\\0&0&0&1\end{bmatrix}\xrightarrow{c_3+c_1}\begin{bmatrix}1&0&1&0\\0&1&0&0\\0&0&1&0\\0&0&0&1\end{bmatrix}\overset{\text{记为}}{=}\boldsymbol{Q}_1,$$

$$\boldsymbol{E}_4=\begin{bmatrix}1&0&0&0\\0&1&0&0\\0&0&1&0\\0&0&0&1\end{bmatrix}\xrightarrow{c_4+2c_2}\begin{bmatrix}1&0&0&0\\0&1&0&2\\0&0&1&0\\0&0&0&1\end{bmatrix}\overset{\text{记为}}{=}\boldsymbol{Q}_2.$$

由推论 3.2 有

$$\boldsymbol{P}_3\boldsymbol{P}_2\boldsymbol{P}_1\boldsymbol{A}\boldsymbol{Q}_1\boldsymbol{Q}_2=\begin{bmatrix}\boldsymbol{E}_2&\boldsymbol{O}\\\boldsymbol{O}&\boldsymbol{O}\end{bmatrix}.$$

记 $\boldsymbol{P}_3\boldsymbol{P}_2\boldsymbol{P}_1=\boldsymbol{P}$；$\boldsymbol{Q}_1\boldsymbol{Q}_2=\boldsymbol{Q}$，就有

$$\boldsymbol{PAQ}=\begin{bmatrix}\boldsymbol{E}_2&\boldsymbol{O}\\\boldsymbol{O}&\boldsymbol{O}\end{bmatrix}.$$

推论 3.4 设 $\boldsymbol{A}$ 是 n 阶可逆矩阵，则 $\boldsymbol{A}$ 可表示为初等矩阵的乘积，从而有：$\boldsymbol{A}$ 是可逆矩阵$\Leftrightarrow\boldsymbol{A}$ 可表示为初等矩阵的乘积.

证明 $\boldsymbol{A}$ 是 n 阶可逆矩阵，有 $\mathrm{R}(\boldsymbol{A})=n$，由推论 3.2 知

$$\boldsymbol{P}_s\cdots\boldsymbol{P}_2\boldsymbol{P}_1\boldsymbol{A}\boldsymbol{Q}_1\boldsymbol{Q}_2\cdots\boldsymbol{Q}_t=\boldsymbol{E}$$

故

$$\boldsymbol{A}=\boldsymbol{P}_1^{-1}\boldsymbol{P}_2^{-1}\cdots\boldsymbol{P}_s^{-1}\boldsymbol{Q}_t^{-1}\cdots\boldsymbol{Q}_2^{-1}\boldsymbol{Q}_1^{-1}$$

而 $\boldsymbol{P}_i^{-1}$，$\boldsymbol{Q}_j^{-1}$（$i=1, 2, \cdots, s$；$j=1, 2, \cdots, t$）也均为初等矩阵，故推论得证.

推论 3.5 可逆矩阵 $\boldsymbol{A}$ 仅施行初等行（或列）变换即可化为单位矩阵.

证明 由推论 3.4 知

$$\boldsymbol{A}=\boldsymbol{P}_1^{-1}\boldsymbol{P}_2^{-1}\cdots\boldsymbol{P}_s^{-1}\boldsymbol{Q}_t^{-1}\cdots\boldsymbol{Q}_2^{-1}\boldsymbol{Q}_1^{-1}\tag{3.5}$$

两边左乘 $\boldsymbol{Q}_1\boldsymbol{Q}_2\cdots\boldsymbol{Q}_t\boldsymbol{P}_s\cdots\boldsymbol{P}_2\boldsymbol{P}_1$ 得

$$\boldsymbol{Q}_1\boldsymbol{Q}_2\cdots\boldsymbol{Q}_t\boldsymbol{P}_s\cdots\boldsymbol{P}_2\boldsymbol{P}_1\boldsymbol{A}=\boldsymbol{E}\tag{3.6}$$

这表明 $\boldsymbol{A}$ 可仅施行初等行变换化为单位矩阵.

在式（3.5）两边右乘 $Q_1Q_2\cdots Q_tP_s\cdots P_2P_1$ 得

$$AQ_1Q_2\cdots Q_tP_s\cdots P_2P_1=E$$

这表明 A 可仅施行初等列变换化为单位矩阵.

利用推论 3.5 可得出求矩阵的逆矩阵的另一种常用的方法——初等变换法求逆矩阵.

设 A 是 n 阶可逆矩阵，则式（3.6）成立. 两边右乘 A^{-1} 得

$$Q_1Q_2\cdots Q_tP_s\cdots P_2P_1E=A^{-1} \tag{3.7}$$

式（3.6）和式（3.7）表明：如施行若干次初等行变换将 A 化为单位矩阵 E. 则同样的初等行变换施行到单位矩阵 E 上就得到 A^{-1}，从而构造一个 $n\times 2n$ 矩阵（$A\mid E$）. 就有

$$Q_1Q_2\cdots Q_tP_s\cdots P_2P_1(A\mid E)=(E\mid A^{-1}) \tag{3.8}$$

此式表明对（$A\mid E$）施行初等行变换，当将它的左半部矩阵 A 化为单位矩阵 E 时，那么它的右半部分的单位矩阵就同时化为 A^{-1}. 即有

$$(A\mid E)\xrightarrow{\text{初等行变换}}(E\mid A^{-1}) \tag{3.9}$$

同理可推导出

$$\left(\frac{A}{E}\right)\xrightarrow{\text{初等列变换}}\left(\frac{E}{A^{-1}}\right) \tag{3.10}$$

例 3.13 设

$$A=\begin{bmatrix}1&2&2\\3&1&0\\-1&-1&-1\end{bmatrix}，求 A^{-1}.$$

解

$$(A\mid E)=\left[\begin{array}{ccc|ccc}1&2&2&1&0&0\\3&1&0&0&1&0\\-1&-1&-1&0&0&1\end{array}\right]\xrightarrow[r_3+r_1]{r_2-3r_1}\left[\begin{array}{ccc|ccc}1&2&2&1&0&0\\0&-5&-6&-3&1&0\\0&1&1&1&0&1\end{array}\right]$$

$$\xrightarrow{r_2\leftrightarrow r_3}\left[\begin{array}{ccc|ccc}1&2&2&1&0&0\\0&1&1&1&0&1\\0&-5&-6&-3&1&0\end{array}\right]\xrightarrow[r_3+5r_2]{r_1-2r_2}\left[\begin{array}{ccc|ccc}1&0&0&-1&0&-2\\0&1&1&1&0&1\\0&0&-1&2&1&5\end{array}\right]$$

$$\xrightarrow{(-1)\times r_3}\left[\begin{array}{ccc|ccc}1&0&0&-1&0&-2\\0&1&1&1&0&1\\0&0&1&-2&-1&-5\end{array}\right]\xrightarrow{r_2-r_3}\left[\begin{array}{ccc|ccc}1&0&0&-1&0&-2\\0&1&0&3&1&6\\0&0&1&-2&-1&-5\end{array}\right]=(E\mid A^{-1})$$

所以 $A^{-1}=\begin{bmatrix}-1&0&-2\\3&1&6\\-2&-1&-5\end{bmatrix}$.

设矩阵 A 可逆，则求解矩阵方程 $AX=B$ 等价于求矩阵 $X=A^{-1}B$，为此，根据 $A^{-1}(A\mid B)=(E\mid A^{-1}B)$，可采用类似于初等行变换求矩阵的逆的方法，构造矩阵（$A\mid B$），对其施行初等行变换将矩阵 A 化为 E，则上述的初等行变换同时也将其中的矩阵 B 化为 $A^{-1}B$，即

$$(A\mid B)\xrightarrow{\text{初等行变换}}(E\mid A^{-1}B)$$

这就给出了用初等行变换求解矩阵方程 $AX=B$ 的方法.

同理，求解矩阵方程 $XA=B$，等价于求矩阵 $X=BA^{-1}$，亦可利用初等列变换求解矩阵 BA^{-1}，即

$$\begin{pmatrix} \boldsymbol{A} \\ \hline \boldsymbol{B} \end{pmatrix} \xrightarrow{\text{初等列变换}} \begin{pmatrix} \boldsymbol{E} \\ \hline \boldsymbol{BA}^{-1} \end{pmatrix}.$$

例 3.14 设

$$\boldsymbol{A}=\begin{bmatrix} 1 & 2 & 3 \\ 2 & 2 & 1 \\ 3 & 4 & 3 \end{bmatrix},\ \boldsymbol{B}=\begin{bmatrix} 2 & 5 \\ 3 & 1 \\ 4 & 3 \end{bmatrix},$$

解矩阵方程 $\boldsymbol{AX}=\boldsymbol{B}$.

解 因为

$$|\boldsymbol{A}|=\begin{vmatrix} 1 & 2 & 3 \\ 2 & 2 & 1 \\ 3 & 4 & 3 \end{vmatrix}=\begin{vmatrix} 1 & 2 & 3 \\ 0 & -2 & -5 \\ 0 & -2 & -6 \end{vmatrix}=2\neq 0,$$

所以 $\boldsymbol{A}$ 可逆，因此 $\boldsymbol{X}=\boldsymbol{A}^{-1}\boldsymbol{B}$.

以下用初等行变换求 $\boldsymbol{A}^{-1}\boldsymbol{B}$.

$$(\boldsymbol{A}\mid\boldsymbol{B})=\left[\begin{array}{ccc|cc} 1 & 2 & 3 & 2 & 5 \\ 2 & 2 & 1 & 3 & 1 \\ 3 & 4 & 3 & 4 & 3 \end{array}\right]\xrightarrow[r_3-3r_1]{r_2-2r_1}\left[\begin{array}{ccc|cc} 1 & 2 & 3 & 2 & 5 \\ 0 & -2 & -5 & -1 & -9 \\ 0 & -2 & -6 & -2 & -12 \end{array}\right]$$

$$\xrightarrow[r_3-r_2]{r_1+r_2}\left[\begin{array}{ccc|cc} 1 & 0 & -2 & 1 & -4 \\ 0 & -2 & -5 & -1 & -9 \\ 0 & 0 & -1 & -1 & -3 \end{array}\right]\xrightarrow[r_2-5r_3]{r_1-2r_3}\left[\begin{array}{ccc|cc} 1 & 0 & 0 & 3 & 2 \\ 0 & -2 & 0 & 4 & 6 \\ 0 & 0 & -1 & -1 & -3 \end{array}\right]$$

$$\xrightarrow[r_3\times(-1)]{r_2\times\left(-\frac{1}{2}\right)}\left[\begin{array}{ccc|cc} 1 & 0 & 0 & 3 & 2 \\ 0 & 1 & 0 & -2 & -3 \\ 0 & 0 & 1 & 1 & 3 \end{array}\right]=(E\mid A^{-1}B).$$

因此得

$$\boldsymbol{X}=\boldsymbol{A}^{-1}\boldsymbol{B}=\begin{bmatrix} 3 & 2 \\ -2 & -3 \\ 1 & 3 \end{bmatrix}.$$

例 3.15 设

$$\boldsymbol{A}=\begin{bmatrix} 2 & 2 & 0 \\ 2 & 1 & 3 \\ 0 & 1 & 0 \end{bmatrix},$$

求解矩阵方程 $\boldsymbol{AX}=\boldsymbol{A}+\boldsymbol{X}$.

解 因为 $\boldsymbol{AX}=\boldsymbol{A}+\boldsymbol{X}\Leftrightarrow(\boldsymbol{A}-\boldsymbol{E})\boldsymbol{X}=\boldsymbol{A}$，而

$$|\boldsymbol{A}-\boldsymbol{E}|=\begin{vmatrix} 1 & 2 & 0 \\ 2 & 0 & 3 \\ 0 & 1 & -1 \end{vmatrix}=\begin{vmatrix} 1 & 2 & 0 \\ 0 & -4 & 3 \\ 0 & 1 & -1 \end{vmatrix}=1\neq 0,$$

所以 $\boldsymbol{A}-\boldsymbol{E}$ 可逆．从而 $\boldsymbol{X}=(\boldsymbol{A}-\boldsymbol{E})^{-1}\boldsymbol{A}$.

以下用初等行变换来求 $(\boldsymbol{A}-\boldsymbol{E})^{-1}$.

$$(\boldsymbol{A}-\boldsymbol{E}\mid\boldsymbol{A})=\left[\begin{array}{ccc|ccc} 1 & 2 & 0 & 2 & 2 & 0 \\ 2 & 0 & 3 & 2 & 1 & 3 \\ 0 & 1 & -1 & 0 & 1 & 0 \end{array}\right]\xrightarrow[r_2\leftrightarrow r_3]{r_2-2r_1}\left[\begin{array}{ccc|ccc} 1 & 2 & 0 & 2 & 2 & 0 \\ 0 & 1 & -1 & 0 & 1 & 0 \\ 0 & -4 & 3 & -2 & -3 & 3 \end{array}\right]$$

$$\xrightarrow[r_3\times(-1)]{r_3+4r_2}\left[\begin{array}{ccc|ccc}1&2&0&2&2&0\\0&1&-1&0&1&0\\0&0&1&2&-1&-3\end{array}\right]\xrightarrow[r_1-2r_2]{r_2+r_3}\left[\begin{array}{ccc|ccc}1&0&0&-2&2&6\\0&1&0&2&0&-3\\0&0&1&2&-1&-3\end{array}\right]$$

由此，得

$$\boldsymbol{X}=(\boldsymbol{A}-\boldsymbol{E})^{-1}\boldsymbol{A}=\begin{bmatrix}-2&2&6\\2&0&-3\\2&-1&-3\end{bmatrix}$$

习 题 三

1. 求矩阵的行最简形及标准形：

（1）$\begin{bmatrix}1&0&2&-1\\2&0&3&1\\3&0&4&3\end{bmatrix}$；（2）$\begin{bmatrix}0&2&-3&1\\0&3&-4&-3\\0&4&-7&-1\end{bmatrix}$；（3）$\begin{bmatrix}1&-1&3&-4&3\\3&-3&5&-4&1\\2&-2&3&-2&0\\3&-3&4&-2&-1\end{bmatrix}$.

2. 求下列矩阵的秩，并各求一个最高阶非零子式：

（1）$\begin{bmatrix}2&-3&8&2\\2&12&-2&12\\1&3&1&4\end{bmatrix}$；（2）$\begin{bmatrix}3&2&-1&-3&-1\\2&-1&3&1&-3\\7&0&5&-1&-8\end{bmatrix}$；

（3）$\begin{bmatrix}1&2&3&4&5\\0&0&-1&-2&-3\\0&0&0&0&4\\0&0&1&2&-1\end{bmatrix}$.

3. 已知

$$\boldsymbol{A}_n=\begin{bmatrix}a&1&\cdots&1\\1&a&\cdots&1\\\vdots&\vdots&&\vdots\\1&1&\cdots&a\end{bmatrix}，求其秩.$$

4. 从矩阵 $\boldsymbol{A}$ 中划去一行，得到矩阵 $\boldsymbol{B}$，问 $\boldsymbol{A}$，$\boldsymbol{B}$ 的秩关系如何？

5. 设 $\boldsymbol{A}$，$\boldsymbol{B}$ 是 $m\times n$ 矩阵，证明 $\boldsymbol{A}\sim\boldsymbol{B}$ 的充分必要条件是 $\mathrm{R}(\boldsymbol{A})=\mathrm{R}(\boldsymbol{B})$.

6. 求解下列齐次线性方程组：

（1）$\begin{cases}x_1-x_2+x_3-x_4=0\\x_1-x_2-x_3+x_4=0\\x_1-x_2-2x_3+x_4=0\end{cases}$；（2）$\begin{cases}x_1+x_2+x_3=0\\2x_1-x_2+x_3=0\\2x_1-3x_2-x_3=0\\3x_1+6x_2+7x_3=0\end{cases}$；

（3）$\begin{cases}x_1-x_2+5x_3-x_4=0\\x_1+x_2-2x_3+3x_4=0\\3x_1-x_2+8x_3+x_4=0\\x_1+3x_2-9x_3+7x_4=0\end{cases}$；（4）$\begin{cases}3x_1+4x_2-5x_3+7x_4=0\\2x_1-3x_2+3x_3-2x_4=0\\4x_1+11x_2-13x_3+16x_4=0\\7x_1-2x_2+x_3+3x_4=0\end{cases}$.

7. 求解下列非齐次线性方程组：

(1) $\begin{cases}4x_1+2x_2-x_3=2\\3x_1-x_2+2x_3=10\\11x_1+3x_2=8\end{cases}$;　　(2) $\begin{cases}2x+3y+z=4\\x-2y+4z=-5\\3x+8y-2z=13\\4x-y+9z=-6\end{cases}$;

(3) $\begin{cases}2x_1+7x_2+3x_3+x_4=6\\3x_1+5x_2+2x_3+2x_4=4\\9x_1+4x_2+x_3+7x_4=2\end{cases}$.

8. 利用矩阵的初等变换，求下列方阵的逆阵：

(1) $\begin{bmatrix}1&2&3\\4&5&8\\3&4&6\end{bmatrix}$;　　(2) $\begin{bmatrix}3&-2&0&-1\\0&2&2&1\\1&-2&-3&-2\\0&1&2&1\end{bmatrix}$.

9. 当 k 为何值时，线性方程组

$$\begin{cases}x_1+x_2+kx_3=4\\-x_1+kx_2+x_3=k^2\\x_1-x_2+2x_3=-4\end{cases},$$

(1) 有唯一解；(2) 无解；(3) 有无穷多组解，并写出解的一般形式.

10. 设 $A=\begin{bmatrix}0&2&1\\2&-1&3\\-3&3&-4\end{bmatrix}$,　　$B=\begin{bmatrix}1&2&3\\2&-3&1\end{bmatrix}$.

求 X，使得 $XA=B$.

11. 设 $A=\begin{bmatrix}1&-1&0\\0&1&-1\\-1&0&1\end{bmatrix}$,　　且 $AX=2X+A$，求 X.

测试题三

一、单项选择题（$4\times4=16$ 分）

1. 若非齐次线性方程组 $Ax=b$ 中方程的个数少于未知量的个数，则（　　）.

(A) $Ax=b$ 必有无穷多解　　(B) $Ax=O$ 必有非零解

(C) $Ax=O$ 仅有零解　　(D) $Ax=O$ 一定无解

2. 若方程组

$$\begin{cases}x_1+2x_2-x_3=\lambda-1\\3x_2-x_3=\lambda-2\\\lambda x_2-x_3=(\lambda-3)(\lambda-4)+\lambda-2\end{cases}$$

有无穷多解，则 λ 等于（　　）.

(A) 3　　(B) 1　　(C) 2　　(D) 5

3. 齐次线性方程组 $\begin{cases}\lambda x_1+x_2+\lambda^2x_3=0\\x_1+\lambda x_2+x_3=0\\x_1+x_2+\lambda x_3=0\end{cases}$ 的系数矩阵记为 A，若存在 3 阶非零矩阵 B，使得

$AB=0$，则（　　）．

（A）$\lambda=-2$ 且 $|B|=0$　　　（B）$\lambda=-2$ 且 $|B|\neq 0$

（C）$\lambda=1$ 或 $|B|=0$　　　（D）$\lambda=1$ 且 $|B|\neq 0$

4. 设非齐次线性方程组 $Ax=b$，有 $R(A)=R(\widetilde{A})=r$，$\widetilde{A}$ 为增广矩阵，则与此方程组同解的方程组为（　　）．

（A）$A^{T}x=b$　　　（B）$QAx=b$，Q 为初等方阵

（C）$PAx=Pb$，P 为可逆矩阵　　　（D）$Ax=b$ 中前 r 个方程组成的方程组

二、填空题（$4\times4=16$ 分）

1. n 元齐次线性方程组 $Ax=0$ 仅有零解的充分必要条件是________．

2. 若 n 元线性方程组 $Ax=b$ 有解，$R(A)=r$，则当________时，有唯一解；当________时，有无穷多解．

3. 设

$$A=\begin{bmatrix}2&0&4\\-1&1&a\\1&2&6\end{bmatrix},\ R(A)=2,\ 则\ a=\_\_\_\_\_\_\_\_.$$

4. 已知线性方程组

$$\begin{bmatrix}1&2&1\\2&3&a+2\\1&a&-2\end{bmatrix}\begin{bmatrix}x_1\\x_2\\x_3\end{bmatrix}=\begin{bmatrix}1\\3\\0\end{bmatrix}$$

无解，则 $a=$________．

三、计算题（$10\times5=50$ 分）

1. 求矩阵 A 的秩 $R(A)$．其中

$$A=\begin{bmatrix}0&16&-7&-5&5\\1&-5&2&1&-1\\-1&-11&5&4&-4\\2&6&-3&-3&7\end{bmatrix}.$$

2. 已知矩阵

$$A=\begin{bmatrix}1&1&-1\\2&1&0\\1&-1&0\end{bmatrix},\ 求矩阵\ A\ 的逆矩阵.$$

3. 求解齐次线性方程组：$\begin{cases}x_1-x_2+5x_3-x_4=0\\x_1+x_2-2x_3+3x_4=0\\3x_1-x_2+8x_3+x_4=0\\x_1+3x_2-9x_3+7x_4=0\end{cases}$．

4. 求解非齐次线性方程组：$\begin{cases}2x_1-x_2+x_4=-1\\x_1+3x_2-7x_3+4x_4=3\\3x_1-2x_2+x_3+x_4=-2\end{cases}$．

5. 求 λ 的值，使齐次线性方程组

$$\begin{cases}(\lambda+3)x_1+x_2+2x_3=0\\ \lambda x_1+(\lambda-1)x_2+x_3=0\\ 3(\lambda+1)x_1+\lambda x_2+(\lambda+3)x_3=0\end{cases}$$，有非零解，并求其通解．

四、综合题（$9\times2=18$ 分）

1. 设

$$\boldsymbol{A}=\begin{bmatrix}1&-1&2\\2&1&3\\4&k&1\end{bmatrix}$$，当 k 取何值时，$\mathrm{R}(\boldsymbol{A})=3$？当 k 取何值时，$\mathrm{R}(\boldsymbol{A})<3$？

2. 设有线性方程组

$$\begin{cases}(2-\lambda)x_1+2x_2-2x_3=1\\ 2x_1+(5-\lambda)x_2-4x_3=2\\ -2x_1-4x_2+(5-\lambda)x_3=-\lambda-1\end{cases},$$

问 λ 为何值时，此方程组有唯一解、无解或无穷多解？并在有无穷多解的情形时求其通解．

第四章　n 维向量与线性方程组的解的结构

n 元线性方程组的一个解是一个 n 维向量，因此当方程组有无穷多解时，要弄清楚解与解之间的关系，就必须研究 n 维向量之间的关系．向量之间最基本、最重要的一种关系是所谓线性相关或线性无关．在这一章中，我们首先介绍向量组的线性相关和线性无关等基本概念，并研究其基本性质，然后利用向量和矩阵的知识讨论线性方程组的解的结构．当然，建立向量的理论，不仅仅是为了讨论线性方程组，向量作为一种重要的数学工具，它在数学及其他学科中都有重要应用．

第一节　向量组的线性相关性

一、n 维向量及其线性运算

定义 4.1　数域 F 上的 n 个有次序的数 a_1，a_2，…，a_n 所组成的有序数组（a_1，a_2，…，a_n）称为数域 F 上的 n **维向量**，这 n 个数称为该向量的 n 个**分量**，第 i 个数 a_i 称为第 i 个分量．

向量常用小写希腊字母 $\boldsymbol{\alpha}$，$\boldsymbol{\beta}$，$\boldsymbol{\gamma}$，…来表示，向量通常写成一行 $\boldsymbol{\alpha}=(a_1,\ a_2,\ \cdots,\ a_n)$ 称之为**行向量**．

向量有时也写成一列 $\boldsymbol{\alpha}=\begin{bmatrix}a_1\\a_2\\\vdots\\a_n\end{bmatrix}=(a_1,\ a_2,\ \cdots,\ a_n)^{\mathrm{T}}$，称之为**列向量**.

注　在解析几何中，我们把既有大小又有方向的量称为向量，并把可随意平行移动的有向线段作为向量的几何形象．引入坐标系后，又定义了向量的坐标表示式，此即上面定义的 3 维向量．因此，当 $n\leqslant 3$ 时，n 维向量可以把有向线段作为其几何形象．当 $n>3$ 时，n 维向量没有直观的几何形象．

若干个同维数的列向量（或行向量）所组成的集合称为向量组．

所有 n 维向量的集合

$$\mathbf{R}^n=\{(x_1,\ x_2,\ \cdots,\ x_n)^{\mathrm{T}}\mid x_i\in\mathbf{R}\}$$

称为 n 维向量空间．

二、向量的线性表示

定义 4.2　给定向量组 $\boldsymbol{A}$：$\boldsymbol{\alpha}_1$，$\boldsymbol{\alpha}_2$，…，$\boldsymbol{\alpha}_s$ 和向量 $\boldsymbol{\beta}$，若存在一组数 k_1，k_2，…，k_s，使

$$\boldsymbol{\beta}=k_1\boldsymbol{\alpha}_1+k_2\boldsymbol{\alpha}_2+\cdots+k_s\boldsymbol{\alpha}_s$$

则称向量 $\boldsymbol{\beta}$ 是向量组 $\boldsymbol{A}$ 的**线性组合**，又称向量 $\boldsymbol{\beta}$ 能由向量组 $\boldsymbol{A}$：$\boldsymbol{\alpha}_1$，$\boldsymbol{\alpha}_2$，…，$\boldsymbol{\alpha}_s$ 线性表示．

注（1）$\boldsymbol{\beta}$ 能由向量组 $\boldsymbol{\alpha}_1$，$\boldsymbol{\alpha}_2$，…，$\boldsymbol{\alpha}_s$ 唯一线性表示的充分必要条件是线性方程组 $\boldsymbol{\alpha}_1x_1+\boldsymbol{\alpha}_2x_2+\cdots+\boldsymbol{\alpha}_sx_s=\boldsymbol{\beta}$ 有唯一解．

(2) $\boldsymbol{\beta}$ 能由向量组 $\boldsymbol{\alpha}_1$，$\boldsymbol{\alpha}_2$，…，$\boldsymbol{\alpha}_s$ 线性表示且表示不唯一的充分必要条件是线性方程组 $\boldsymbol{\alpha}_1x_1+\boldsymbol{\alpha}_2x_2+\cdots+\boldsymbol{\alpha}_sx_s=\boldsymbol{\beta}$ 有无穷多个解.

(3) $\boldsymbol{\beta}$ 不能由向量组 $\boldsymbol{\alpha}_1$，$\boldsymbol{\alpha}_2$，…，$\boldsymbol{\alpha}_s$ 线性表示的充分必要条件是线性方程组 $\boldsymbol{\alpha}_1x_1+\boldsymbol{\alpha}_2x_2+\cdots+\boldsymbol{\alpha}_sx_s=\boldsymbol{\beta}$ 无解.

例 4.1 设 $\boldsymbol{\alpha}_1=(2,\ -4,\ 1,\ -1)^{\mathrm{T}}$，$\boldsymbol{\alpha}_2=(-3,\ -1,\ 2,\ -5/2)^{\mathrm{T}}$，如果满足 $3\boldsymbol{\alpha}_1-2(\boldsymbol{\beta}+\boldsymbol{\alpha}_2)=0$，求 $\boldsymbol{\beta}$.

解 由题设条件，有 $3\boldsymbol{\alpha}_1-2\boldsymbol{\beta}-2\boldsymbol{\alpha}_2=\mathbf{0}$，则有

$$\begin{aligned}\boldsymbol{\beta}&=-\frac{1}{2}(2\boldsymbol{\alpha}_2-3\boldsymbol{\alpha}_1)=-\boldsymbol{\alpha}_2+\frac{3}{2}\boldsymbol{\alpha}_1\\&=-(-3,-1,2,-5/2)^{\mathrm{T}}+\frac{3}{2}(2,-4,1,-1)^{\mathrm{T}}\\&=(6,-5,-1/2,1)^{\mathrm{T}}\end{aligned}$$

例 4.2 设 $\boldsymbol{\alpha}_1=(1,\ 0,\ 2,\ -1)$，$\boldsymbol{\alpha}_2=(3,\ 0,\ 4,\ 1)$，$\boldsymbol{\beta}=(-1,\ 0,\ 0,\ -3)$. 问 $\boldsymbol{\beta}$ 是否可由 $\boldsymbol{\alpha}_1$，$\boldsymbol{\alpha}_2$ 线性表示.

解 设 $\boldsymbol{\beta}=k_1\boldsymbol{\alpha}_1+k_2\boldsymbol{\alpha}_2$，可求得 $k_1=2$，$k_2=-1$，所以有 $\boldsymbol{\beta}=2\boldsymbol{\alpha}_1-\boldsymbol{\alpha}_2$，因此 $\boldsymbol{\beta}$ 可由 $\boldsymbol{\alpha}_1$，$\boldsymbol{\alpha}_2$ 线性表示.

例 4.3 证明：向量 $\boldsymbol{\beta}=(-1,\ 1,\ 5)$ 是向量 $\boldsymbol{\alpha}_1=(1,\ 2,\ 3)$，$\boldsymbol{\alpha}_2=(0,\ 1,\ 4)$，$\boldsymbol{\alpha}_3=(2,\ 3,\ 6)$ 的线性组合，并具体将 $\boldsymbol{\beta}$ 用 $\boldsymbol{\alpha}_1$，$\boldsymbol{\alpha}_2$，$\boldsymbol{\alpha}_3$ 表示出来.

证明 设 $\boldsymbol{\beta}=\lambda_1\boldsymbol{\alpha}_1+\lambda_2\boldsymbol{\alpha}_2+\lambda_3\boldsymbol{\alpha}_3$，其中 λ_1，λ_2，λ_3 为待定常数，则有

$$\begin{aligned}(-1,1,5)&=\lambda_1(1,2,3)+\lambda_2(0,1,4)+\lambda_3(2,3,6)\\&=(\lambda_1,2\lambda_1,3\lambda_1)+(0,\lambda_2,4\lambda_2)+(2\lambda_3,3\lambda_3,6\lambda_3)\\&=(\lambda_1+2\lambda_3,2\lambda_1+\lambda_2+3\lambda_3,3\lambda_1+4\lambda_2+6\lambda_3).\end{aligned}$$

由于两个向量相等的充要条件是它们的分量分别对应相等，因此可得方程组

$$\begin{cases}\lambda_1+2\lambda_3=-1\\2\lambda_1+\lambda_2+3\lambda_3=1\\3\lambda_1+4\lambda_2+6\lambda_3=5\end{cases}$$

解得 $\lambda_1=1$，$\lambda_2=2$，$\lambda_3=-1$.

于是 $\boldsymbol{\beta}$ 可以表示为 $\boldsymbol{\alpha}_1$，$\boldsymbol{\alpha}_2$，$\boldsymbol{\alpha}_3$ 的线性组合，它的表示式为 $\boldsymbol{\beta}=\boldsymbol{\alpha}_1+2\boldsymbol{\alpha}_2-\boldsymbol{\alpha}_3$.

定义 4.3 给定向量组 $\boldsymbol{A}$：$\boldsymbol{\alpha}_1$，$\boldsymbol{\alpha}_2$，…，$\boldsymbol{\alpha}_s$，如果存在不全为零的数 k_1，k_2，…，k_s，使

$$k_1\boldsymbol{\alpha}_1+k_2\boldsymbol{\alpha}_2+\cdots+k_s\boldsymbol{\alpha}_s=\mathbf{0}$$

则称向量组 $\boldsymbol{A}$ **线性相关**，否则称向量组 $\boldsymbol{A}$ **线性无关**.

例 4.4 设有向量组 $\boldsymbol{\alpha}_1+\boldsymbol{\alpha}_2$，$\boldsymbol{\alpha}_2+\boldsymbol{\alpha}_3$，$\boldsymbol{\alpha}_3+\boldsymbol{\alpha}_4$，$\boldsymbol{\alpha}_4+\boldsymbol{\alpha}_1$，判定该向量组的线性相关性.

解 取一组不全为零的常数 1，-1，1，-1 就有

$$(\boldsymbol{\alpha}_1+\boldsymbol{\alpha}_2)-(\boldsymbol{\alpha}_2+\boldsymbol{\alpha}_3)+(\boldsymbol{\alpha}_3+\boldsymbol{\alpha}_4)-(\boldsymbol{\alpha}_4+\boldsymbol{\alpha}_1)=\mathbf{0}$$

所以 $\boldsymbol{\alpha}_1+\boldsymbol{\alpha}_2$，$\boldsymbol{\alpha}_2+\boldsymbol{\alpha}_3$，$\boldsymbol{\alpha}_3+\boldsymbol{\alpha}_4$，$\boldsymbol{\alpha}_4+\boldsymbol{\alpha}_1$ 线性相关.

例 4.5 设有 3 个向量（列向量）：

$$\boldsymbol{\alpha}_1=\begin{bmatrix}1\\0\\1\end{bmatrix},\ \boldsymbol{\alpha}_2=\begin{bmatrix}-1\\2\\2\end{bmatrix},\ \boldsymbol{\alpha}_2=\begin{bmatrix}1\\2\\4\end{bmatrix},$$

判断 $\boldsymbol{\alpha}_1$，$\boldsymbol{\alpha}_2$，$\boldsymbol{\alpha}_3$ 的线性相关性.

解 因为 $2\boldsymbol{\alpha}_1+\boldsymbol{\alpha}_2-\boldsymbol{\alpha}_3=\mathbf{0}$，因此 $\boldsymbol{\alpha}_1$，$\boldsymbol{\alpha}_2$，$\boldsymbol{\alpha}_3$ 线性相关.

定理 4.1 设列向量组 $\boldsymbol{\alpha}_j=\begin{bmatrix}a_{1j}\\a_{2j}\\\vdots\\a_{nj}\end{bmatrix}$，$(j=1, 2, \cdots, r)$，则向量组 $\boldsymbol{\alpha}_1, \boldsymbol{\alpha}_2, \cdots, \boldsymbol{\alpha}_r$ 线性相关的充要条件是齐次线性方程组 $\boldsymbol{AX}=\mathbf{0}$ 有非零解，其中

$$\boldsymbol{A}=(\boldsymbol{\alpha}_1, \boldsymbol{\alpha}_2, \cdots, \boldsymbol{\alpha}_r)=\begin{bmatrix}a_{11}&a_{12}&\vdots&a_{1r}\\a_{21}&a_{22}&\vdots&a_{2r}\\\vdots&\vdots&&\vdots\\a_{n1}&a_{n2}&\vdots&a_{nr}\end{bmatrix},\ \boldsymbol{X}=\begin{bmatrix}x_1\\x_2\\\vdots\\x_r\end{bmatrix}.$$

证明 设 $x_1\boldsymbol{\alpha}_1+x_2\boldsymbol{\alpha}_2+\cdots+x_r\boldsymbol{\alpha}_r=\mathbf{0}$，即

$$x_1\begin{bmatrix}a_{11}\\a_{21}\\\vdots\\a_{n1}\end{bmatrix}+x_2\begin{bmatrix}a_{12}\\a_{22}\\\vdots\\a_{n2}\end{bmatrix}+\cdots+x_r\begin{bmatrix}a_{1r}\\a_{2r}\\\vdots\\a_{nr}\end{bmatrix}=\begin{bmatrix}0\\0\\\vdots\\0\end{bmatrix}$$

若向量组 $\boldsymbol{\alpha}_1, \boldsymbol{\alpha}_2, \cdots, \boldsymbol{\alpha}_r$ 线性相关，就必有不全为零的数 $x_1, x_2, \cdots, x_r$，使齐次线性方程组 $\boldsymbol{AX}=\mathbf{0}$ 有非零解；反之，如果齐次线性方程组 $\boldsymbol{AX}=\mathbf{0}$ 有非零解，也就是有不全为零的数 $x_1, x_2, \cdots, x_r$ 使上式成立，则向量组 $\boldsymbol{\alpha}_1, \boldsymbol{\alpha}_2, \cdots, \boldsymbol{\alpha}_r$ 线性相关.

推论 向量组 $\boldsymbol{\alpha}_1, \boldsymbol{\alpha}_2, \cdots, \boldsymbol{\alpha}_r$ 线性无关的充要条件是齐次线性方程组 $\boldsymbol{AX}=\mathbf{0}$ 只有零解.

例 4.6 讨论 n 维向量组

$$\boldsymbol{\varepsilon}_1=(1, 0, \cdots, 0)^{\mathrm{T}},\ \boldsymbol{\varepsilon}_2=(0, 1, \cdots, 0)^{\mathrm{T}},\ \cdots,\ \boldsymbol{\varepsilon}_n=(0, 0, \cdots, 1)^{\mathrm{T}}$$

的线性相关性.

解 n 维向量组构成的矩阵

$$\boldsymbol{E}=(\boldsymbol{\varepsilon}_1, \boldsymbol{\varepsilon}_2, \cdots, \boldsymbol{\varepsilon}_n)=\begin{bmatrix}1&0&\vdots&0\\0&1&\vdots&0\\\vdots&\vdots&\vdots&\vdots\\0&0&\vdots&1\end{bmatrix}$$

是 n 阶单位矩阵. 齐次线性方程组 $\boldsymbol{EX}=\mathbf{0}$，由 $|\boldsymbol{E}|=1\neq0$，$\boldsymbol{EX}=\mathbf{0}$ 只有零解，故该向量组是线性无关的.

例 4.7 已知 $\boldsymbol{a}_1=\begin{bmatrix}1\\1\\1\end{bmatrix}$，$\boldsymbol{a}_2=\begin{bmatrix}0\\2\\5\end{bmatrix}$，$\boldsymbol{a}_3=\begin{bmatrix}2\\4\\7\end{bmatrix}$，试讨论向量组 $\boldsymbol{a}_1, \boldsymbol{a}_2, \boldsymbol{a}_3$ 的线性相关性.

解 求齐次线性方程组 $\boldsymbol{AX}=\mathbf{0}$ 的解，由高斯消元法，对矩阵 $\boldsymbol{A}=(\boldsymbol{a}_1, \boldsymbol{a}_2, \boldsymbol{a}_3)$ 施行初等行变换化成行阶梯形矩阵，可同时看出矩阵 $\boldsymbol{A}$ 的秩.

$$(\boldsymbol{\alpha}_1, \boldsymbol{\alpha}_2, \boldsymbol{\alpha}_3)=\begin{bmatrix}1&0&2\\1&2&4\\1&5&7\end{bmatrix}\xrightarrow[r_3-r_1]{r_2-r_1}\begin{bmatrix}1&0&2\\0&2&2\\0&5&5\end{bmatrix}\xrightarrow{r_1-\frac{5}{2}r_2}\begin{bmatrix}1&0&2\\0&2&2\\0&0&0\end{bmatrix}$$

$\boldsymbol{AX}=\mathbf{0}$ 有非零解，故向量组 $\boldsymbol{\alpha}_1, \boldsymbol{\alpha}_2, \boldsymbol{\alpha}_3$，线性相关.

例 4.8 证明：若向量组 $\boldsymbol{\alpha}, \boldsymbol{\beta}, \boldsymbol{\gamma}$ 线性无关，则向量组 $\boldsymbol{\alpha}+\boldsymbol{\beta}, \boldsymbol{\beta}+\boldsymbol{\gamma}, \boldsymbol{\gamma}+\boldsymbol{\alpha}$ 亦线性无关.

证明 设有一组数 k_1, k_2, k_3，使

$$k_1(\boldsymbol{\alpha}+\boldsymbol{\beta})+k_2(\boldsymbol{\beta}+\boldsymbol{\gamma})+k_3(\boldsymbol{\gamma}+\boldsymbol{\alpha})=\mathbf{0}$$

成立，整理得 $(k_1+k_3)\boldsymbol{\alpha}+(k_1+k_2)\boldsymbol{\beta}+(k_2+k_3)\boldsymbol{\gamma}=\mathbf{0}$，由 $\boldsymbol{\alpha}$，$\boldsymbol{\beta}$，$\boldsymbol{\gamma}$ 线性无关，故

$$\begin{cases}k_1+k_3=0\\k_1+k_2=0\\k_2+k_3=0\end{cases}$$

因为 $\begin{vmatrix}1&0&1\\1&1&0\\0&1&1\end{vmatrix}=2\neq0$，故方程组仅有零解，即 $k_1=k_2=k_3=0$.

因而向量组 $\boldsymbol{\alpha}+\boldsymbol{\beta}$，$\boldsymbol{\beta}+\boldsymbol{\gamma}$，$\boldsymbol{\gamma}+\boldsymbol{\alpha}$ 线性无关.

定理 4.2 若向量组 $\boldsymbol{\alpha}_1$，$\boldsymbol{\alpha}_2$，…，$\boldsymbol{\alpha}_r$ 线性无关，而 $\boldsymbol{\beta}$，$\boldsymbol{\alpha}_1$，$\boldsymbol{\alpha}_2$，…，$\boldsymbol{\alpha}_r$ 线性相关，则 $\boldsymbol{\beta}$ 可由 $\boldsymbol{\alpha}_1$，$\boldsymbol{\alpha}_2$，…，$\boldsymbol{\alpha}_r$ 线性表示，且表示法唯一.

证明 因为 $\boldsymbol{\beta}$，$\boldsymbol{\alpha}_1$，$\boldsymbol{\alpha}_2$，…，$\boldsymbol{\alpha}_r$ 线性相关，则存在不全为零的数 k，k_1，k_2，…，k_r，使

$$k\boldsymbol{\beta}+k_1\boldsymbol{\alpha}_1+k_2\boldsymbol{\alpha}_2+\cdots+k_r\boldsymbol{\alpha}_r=\mathbf{0},$$

其中 $k\neq0$（如果 $k=0$，则由 $\boldsymbol{\alpha}_1$，$\boldsymbol{\alpha}_2$，…，$\boldsymbol{\alpha}_r$ 线性无关，又使得 k，k_1，k_2，…，k_r，必须全为零，这与 k，k_1，k_2，…，k_r，不全为零矛盾）

于是 $\boldsymbol{\beta}$ 可由 $\boldsymbol{\alpha}_1$，$\boldsymbol{\alpha}_2$，…，$\boldsymbol{\alpha}_r$ 线性表示，且 $\boldsymbol{\beta}=-\dfrac{k_1}{k}\boldsymbol{\alpha}_1-\dfrac{k_2}{k}\boldsymbol{\alpha}_2-\cdots-\dfrac{k_r}{k}\boldsymbol{\alpha}_r$.

再证表示法唯一，设有两种表示法：

$$\boldsymbol{\beta}=l_1\boldsymbol{\alpha}_1+l_2\boldsymbol{\alpha}_2+\cdots+l_r\boldsymbol{\alpha}_r,$$
$$\boldsymbol{\beta}=h_1\boldsymbol{\alpha}_1+h_2\boldsymbol{\alpha}_2+\cdots+h_r\boldsymbol{\alpha}_r,$$

于是 $(l_1-h_1)\boldsymbol{\alpha}_1+(l_2-h_2)\boldsymbol{\alpha}_2+\cdots+(l_r-h_r)\boldsymbol{\alpha}_r=\mathbf{0}$. 因为向量组 $\boldsymbol{\alpha}_1$，$\boldsymbol{\alpha}_2$，…，$\boldsymbol{\alpha}_r$ 线性无关，所以必有 $l_i-h_i=0$，即 $l_i=h_i$，$i=1, 2, \cdots, r$，故 $\boldsymbol{\beta}$ 可由 $\boldsymbol{\alpha}_1$，$\boldsymbol{\alpha}_2$，…，$\boldsymbol{\alpha}_r$ 线性表示，且表示法唯一.

定理 4.3 向量组 $\boldsymbol{\alpha}_1$，$\boldsymbol{\alpha}_2$，…，$\boldsymbol{\alpha}_s(s\geqslant2)$ 线性相关的充分必要条件是向量组中至少有一个向量可由其余 $s-1$ 个向量线性表示.

证明 必要性

设向量组 $\boldsymbol{\alpha}_1$，$\boldsymbol{\alpha}_2$，…，$\boldsymbol{\alpha}_s$ 线性相关，即存在不全为零的数 k_1，k_2，…，k_s，使

$$k_1\boldsymbol{\alpha}_1+k_2\boldsymbol{\alpha}_2+\cdots+k_s\boldsymbol{\alpha}_s=\mathbf{0}.$$

不妨设，$k_1\neq0$，则有 $\boldsymbol{\alpha}_1=-\dfrac{k_2}{k_1}\boldsymbol{\alpha}_2-\dfrac{k_3}{k_1}\boldsymbol{\alpha}_3-\cdots-\dfrac{k_s}{k_1}\boldsymbol{\alpha}_s$，所以必要性成立.

充分性 不妨设 $\boldsymbol{\alpha}_1$ 可由 $\boldsymbol{\alpha}_2$，$\boldsymbol{\alpha}_3$，…，$\boldsymbol{\alpha}_s$ 线性表示，即 $\boldsymbol{\alpha}_1=l_2\boldsymbol{\alpha}_2+l_3\boldsymbol{\alpha}_3+\cdots+l_s\boldsymbol{\alpha}_s$，于是有 $-\boldsymbol{\alpha}_1+l_2\boldsymbol{\alpha}_2+l_3\boldsymbol{\alpha}_3+\cdots+l_s\boldsymbol{\alpha}_s=\mathbf{0}$，成立. 因为 -1，l_2，l_3，$\cdots l_s$ 不全为零，故向量组 $\boldsymbol{\alpha}_1$，$\boldsymbol{\alpha}_2$，…，$\boldsymbol{\alpha}_s$ 线性相关.

推论 4.1 向量组 $\boldsymbol{\alpha}_1$，$\boldsymbol{\alpha}_2$，…，$\boldsymbol{\alpha}_s(s\geqslant2)$ 线性无关的充分必要条件是向量组中任一向量不能由其余 $s-1$ 个向量线性表示.

定理 4.4 如果向量组 $\boldsymbol{\alpha}_1$，$\boldsymbol{\alpha}_2$，…，$\boldsymbol{\alpha}_m$ 中有一部分向量线性相关，则整个向量组 $\boldsymbol{\alpha}_1$，$\boldsymbol{\alpha}_2$，…，$\boldsymbol{\alpha}_m$ 线性相关.

证明 不妨设 $\boldsymbol{\alpha}_1$，$\boldsymbol{\alpha}_2$，…，$\boldsymbol{\alpha}_j(j<m)$ 线性相关，由线性相关的定义，存在不全为零的数 k_1，k_2，…，k_j，使

$$k_1\boldsymbol{\alpha}_1+k_2\boldsymbol{\alpha}_2+\cdots+k_j\boldsymbol{\alpha}_j=\mathbf{0}$$

从而有不全为零的数 k_1，k_2，…，k_j，0，…0，使得

$$k_1\boldsymbol{\alpha}_1+k_2\boldsymbol{\alpha}_2+\cdots+k_j\boldsymbol{\alpha}_j+0\boldsymbol{\alpha}_{j+1}+\cdots+0\boldsymbol{\alpha}_m=\mathbf{0}$$

故 $\boldsymbol{\alpha}_1$，$\boldsymbol{\alpha}_2$，…，$\boldsymbol{\alpha}_m$ 线性相关．

推论 4.2 如果向量组 $\boldsymbol{\alpha}_1$，$\boldsymbol{\alpha}_2$，…，$\boldsymbol{\alpha}_m$ 线性无关，则该向量组中一部分向量组线性无关．

第二节 向量组的秩

定义 4.4 设向量组为 $\boldsymbol{A}$，若

（1）在 $\boldsymbol{A}$ 中有 r 个向量 $\boldsymbol{\alpha}_1$，$\boldsymbol{\alpha}_2$，…，$\boldsymbol{\alpha}_r$ 线性无关；

（2）$\boldsymbol{A}$ 中的任意 $r+1$ 个向量线性相关．

称 $\boldsymbol{\alpha}_1$，$\boldsymbol{\alpha}_2$，…，$\boldsymbol{\alpha}_r$ 向量组为 $\boldsymbol{A}$ 的一个**极大（最大）线性无关组**，称 r 为向量组 $\boldsymbol{A}$ 的**秩**，记作：$\mathrm{R}(\boldsymbol{A})=r$，有时也记为 $\mathrm{rank}\boldsymbol{A}=r$.

例如，向量组 $\boldsymbol{\alpha}_1=\begin{bmatrix}1\\0\end{bmatrix}$，$\boldsymbol{\alpha}_2=\begin{bmatrix}0\\1\end{bmatrix}$，$\boldsymbol{\alpha}_3=\begin{bmatrix}1\\1\end{bmatrix}$，$\boldsymbol{\alpha}_4=\begin{bmatrix}2\\2\end{bmatrix}$的秩为 2.

由 $\boldsymbol{\alpha}_1$，$\boldsymbol{\alpha}_2$ 线性无关⇒$\boldsymbol{\alpha}_1$，$\boldsymbol{\alpha}_2$ 是向量组的一个极大无关组；同时由 $\boldsymbol{\alpha}_1$，$\boldsymbol{\alpha}_3$ 线性无关⇒$\boldsymbol{\alpha}_1$，$\boldsymbol{\alpha}_3$ 也是向量组的一个极大无关组．因此可见，一个向量组的极大线性无关组一般不是唯一的．

定理 4.5 设 $\mathbf{R}(\boldsymbol{A}_{m\times n})=r\geqslant 1$，则 $\boldsymbol{A}$ 的行向量组（列向量组）的秩为 r.

证明 只证“行的情形”：

$\mathbf{R}(\boldsymbol{A})=r\Rightarrow\boldsymbol{A}$ 中某个 $D_r\neq 0$，而 $\boldsymbol{A}$ 中所有 $D_{r+1}=0$，从而 $\boldsymbol{A}$ 中 D_r 所在的 r 个行向量线性无关，$\boldsymbol{A}$ 中任意的 $r+1$ 个行向量线性相关．

例 4.9 向量组 T：$\boldsymbol{\beta}_1=\begin{bmatrix}1\\0\\-2\end{bmatrix}$，$\boldsymbol{\beta}_2=\begin{bmatrix}3\\2\\0\end{bmatrix}$，$\boldsymbol{\beta}_3=\begin{bmatrix}-2\\-1\\1\end{bmatrix}$，$\boldsymbol{\beta}_4=\begin{bmatrix}2\\3\\5\end{bmatrix}$，求 T 的一个极大无关组．

解 构造矩阵 $\boldsymbol{A}=(\boldsymbol{\beta}_1\quad\boldsymbol{\beta}_2\quad\boldsymbol{\beta}_3\quad\boldsymbol{\beta}_4)=\begin{bmatrix}1&3&-2&2\\0&2&-1&3\\-2&0&1&5\end{bmatrix}$，求得 $\mathbf{R}(\boldsymbol{A})=2$.

矩阵 $\boldsymbol{A}$ 中位于 1、2 行 1、2 列的二阶子式 $\begin{vmatrix}1&3\\0&2\end{vmatrix}=2\neq 0$，故 $\boldsymbol{\beta}_1$，$\boldsymbol{\beta}_2$ 是 $\boldsymbol{T}$ 的一个极大无关组．

例 4.10 向量组 T：$\boldsymbol{\alpha}_1=\begin{bmatrix}1\\1\\1\\3\end{bmatrix}$，$\boldsymbol{\alpha}_2=\begin{bmatrix}-1\\-3\\5\\1\end{bmatrix}$，$\boldsymbol{\alpha}_3=\begin{bmatrix}3\\2\\-1\\c+2\end{bmatrix}$，$\boldsymbol{\alpha}_4=\begin{bmatrix}-2\\-6\\10\\c\end{bmatrix}$，求向量组 $\boldsymbol{T}$ 的一个极大无关组．

解 对矩阵 $\boldsymbol{A}=[\boldsymbol{\alpha}_1\quad\boldsymbol{\alpha}_2\quad\boldsymbol{\alpha}_3\quad\boldsymbol{\alpha}_4]$ 进行初等行变换可得

$$\boldsymbol{A}=\begin{bmatrix}1&-1&3&-2\\1&-3&2&-6\\1&5&-1&10\\3&1&c+2&c\end{bmatrix}\xrightarrow{\text{行}}\begin{bmatrix}1&-1&3&-2\\0&-2&-1&-4\\0&6&-4&12\\0&4&c-7&c+6\end{bmatrix}$$

$$\xrightarrow{\text{行}}\begin{bmatrix}1&-1&3&-2\\0&-2&-1&-4\\0&0&-7&0\\0&0&c-9&c-2\end{bmatrix}\xrightarrow{\text{行}}\begin{bmatrix}1&-1&3&-2\\0&-2&-1&-4\\0&0&-7&0\\0&0&0&c-2\end{bmatrix}=\boldsymbol{B}$$

(1) $c\neq 2$：$\mathrm{R}(\boldsymbol{A})=\mathrm{R}(\boldsymbol{B})=4$，$B$ 的1、2、3、4列线性无关$\Rightarrow\boldsymbol{A}$ 的1、2、3、4列线性无关，故 α_1，α_2，α_3，α_4 是 $\boldsymbol{T}$ 的一个极大无关组；

(2) $c=2$：$\mathrm{R}(\boldsymbol{A})=\mathrm{R}(\boldsymbol{B})=3$，$\boldsymbol{B}$ 的1、2、3列线性无关$\Rightarrow\boldsymbol{A}$ 的1、2、3列线性无关，故 $\boldsymbol{\alpha}_1$，$\boldsymbol{\alpha}_2$，$\boldsymbol{\alpha}_3$ 是 $\boldsymbol{T}$ 的一个极大无关组.

第三节　线性方程组的解的结构

一、齐次线性方程组解的结构

设有齐次线性方程组

$$\begin{cases} a_{11}x_1+a_{12}x_2+\cdots+a_{1n}x_n=0 \\ a_{21}x_1+a_{22}x_2+\cdots+a_{2n}x_n=0 \\ \cdots\cdots \\ a_{m1}x_1+a_{m2}x_2+\cdots+a_{mn}x_n=0 \end{cases} \tag{4.1}$$

若记

$$\boldsymbol{A}=\begin{bmatrix} a_{11} & a_{12} & \cdots & a_{1n} \\ a_{21} & a_{22} & \cdots & a_{2n} \\ \vdots & \vdots & & \vdots \\ a_{m1} & a_{m2} & \cdots & a_{mn} \end{bmatrix},\ \boldsymbol{X}=\begin{bmatrix} x_1 \\ x_2 \\ \vdots \\ x_n \end{bmatrix}$$

则方程组（4.1）可写为向量方程

$$\boldsymbol{AX}=\boldsymbol{0} \tag{4.2}$$

称方程（4.2）的解 $\boldsymbol{X}=\begin{bmatrix} x_1 \\ x_2 \\ \vdots \\ x_n \end{bmatrix}$ 为方程组（4.1）的**解向量**.

齐次线性方程组解的性质如下。

性质 4.1　若 $\boldsymbol{\xi}_1$，$\boldsymbol{\xi}_2$ 为方程组（4.2）的解，则 $\boldsymbol{\xi}_1+\boldsymbol{\xi}_2$ 也是该方程组的解.

证明　设 $\boldsymbol{\xi}_1$，$\boldsymbol{\xi}_2$ 为方程组（4.2）的解，则 $A\boldsymbol{\xi}_1=0$，$A\boldsymbol{\xi}_2=\boldsymbol{0}$. 从而

$$\boldsymbol{A}(\boldsymbol{\xi}_1+\boldsymbol{\xi}_2)=\boldsymbol{A}\boldsymbol{\xi}_1+\boldsymbol{A}\boldsymbol{\xi}_2=\boldsymbol{0}$$

即 $\boldsymbol{\xi}_1+\boldsymbol{\xi}_2$ 也是方程组（4.2）的解.

性质 4.2　若 $\boldsymbol{\xi}_1$ 为方程组（4.2）的解，k 为实数，则 $k\boldsymbol{\xi}_1$ 也是该方程组的解.

证明　设 $\boldsymbol{\xi}_1$ 为方程组（4.2）的解，则 $\boldsymbol{A}\boldsymbol{\xi}_1=\boldsymbol{0}$. 从而

$$\boldsymbol{A}(k\boldsymbol{\xi}_1)=k\cdot\boldsymbol{A}\boldsymbol{\xi}_1=\boldsymbol{0}$$

即 $k\boldsymbol{\xi}_1$ 也是方程组（4.2）的解.

定义 4.5　如果齐次线性方程组 $\boldsymbol{AX}=\boldsymbol{0}$ 的有限个解 $\boldsymbol{\eta}_1$，$\boldsymbol{\eta}_2$，$\cdots$，$\boldsymbol{\eta}_t$ 满足：

(1) $\boldsymbol{\eta}_1$，$\boldsymbol{\eta}_2$，$\cdots$，$\boldsymbol{\eta}_t$ 线性无关；

(2) $\boldsymbol{AX}=\boldsymbol{0}$ 的任意一个解均可由 $\boldsymbol{\eta}_1$，$\boldsymbol{\eta}_2$，$\cdots$，$\boldsymbol{\eta}_t$ 线性表示.

则称 $\boldsymbol{\eta}_1$，$\boldsymbol{\eta}_2$，$\cdots$，$\boldsymbol{\eta}_t$ 是齐次线性方程组 $\boldsymbol{AX}=\boldsymbol{0}$ 的一个**基础解系**.

注　方程组 $\boldsymbol{AX}=\boldsymbol{0}$ 的一个基础解系即为其解空间的一个基，易见方程组 $\boldsymbol{AX}=\boldsymbol{0}$ 基础解系不是唯一的，其解空间也不是唯一的.

按上述定义，若 $\boldsymbol{\eta}_1$，$\boldsymbol{\eta}_2$，⋯，$\boldsymbol{\eta}_t$ 是齐次线性方程组 $\boldsymbol{AX}=\boldsymbol{0}$ 的一个基础解系，则 $\boldsymbol{AX}=\boldsymbol{0}$ 的通解可表示为

$$\boldsymbol{X}=k_1\boldsymbol{\eta}_1+k_2\boldsymbol{\eta}_2+\cdots+k_t\boldsymbol{\eta}_t$$

其中 k_1，k_2，⋯，k_t 为任意常数.

当一个齐次线性方程组只有零解时，该方程组没有基础解系；而当一个齐次线性方程组有非零解时，是否一定有基础解系呢？如果有的话，怎样去求它的基础解系？下面的定理回答了这两个问题.

定理 4.6 对齐次线性方程组 $\boldsymbol{AX}=\boldsymbol{0}$，若 $\mathrm{R}(\boldsymbol{A})=r<n$，则该方程组的基础解系一定存在，且每个基础解系中所含解向量的个数均等于 $n-r$，其中 n 是方程组所含未知量的个数.

（证略）

注 若已知 $\boldsymbol{\eta}_1$，$\boldsymbol{\eta}_2$，⋯，$\boldsymbol{\eta}_{n-r}$是线性方程组 $\boldsymbol{AX}=\boldsymbol{0}$ 的一个基础解系，则 $\boldsymbol{AX}=\boldsymbol{0}$ 的全部解可表为

$$\boldsymbol{x}=c_1\boldsymbol{\eta}_1+c_2\boldsymbol{\eta}_2+\cdots+c_{n-r}\boldsymbol{\eta}_{n-r}, \tag{4.3}$$

其中 c_1，c_2，⋯，c_{n-r}为任意实数. 称表达式（4.3）线性方程组 $\boldsymbol{AX}=\boldsymbol{0}$ 的**通解**.

例 4.11 求下列齐次线性方程组的一个基础解系

$$\begin{cases}2x_1+x_2-2x_3+3x_4=0\\3x_1+2x_2-x_3+2x_4=0\\x_1+x_2+x_3-x_4=0\end{cases}$$

解 对此方程组的系数矩阵作如下初等行变换

$$\boldsymbol{A}=\begin{bmatrix}2&1&-2&3\\3&2&-1&2\\1&1&1&-1\end{bmatrix}\xrightarrow[r_2-3r_3]{r_1-2r_3}\begin{bmatrix}0&-1&-4&5\\0&-1&-4&5\\1&1&1&-1\end{bmatrix}$$

$$\xrightarrow{r_1-r_2}\begin{bmatrix}0&0&0&0\\0&-1&-4&5\\1&1&1&-1\end{bmatrix}\xrightarrow{r_1\leftrightarrow r_3}\begin{bmatrix}1&1&1&-1\\0&-1&-4&5\\0&0&0&0\end{bmatrix}$$

$$\xrightarrow{r_1+r_2}\begin{bmatrix}1&0&-3&4\\0&-1&-4&5\\0&0&0&0\end{bmatrix}\xrightarrow{(-1)\ r_2}\begin{bmatrix}1&0&-3&4\\0&1&4&-5\\0&0&0&0\end{bmatrix}$$

于是得原方程组的同解方程组为

$$\begin{cases}x_1=3x_3-4x_4\\x_2=-4x_3+5x_4\end{cases}$$

把 x_3，x_4 看作自由未知量，并依次令$(x_3,\ x_4)^{\mathrm{T}}=(1,\ 0)^{\mathrm{T}}$ 和$(x_3,\ x_4)^{\mathrm{T}}=(0,\ 1)^{\mathrm{T}}$. 因此得基础解系为 $\boldsymbol{\eta}_1=(3,\ -4,\ 1,\ 0)^{\mathrm{T}}$，$\boldsymbol{\eta}_2=(-4,\ 5,\ 0,\ 1)^{\mathrm{T}}$.

例 4.12 求齐次线性方程组

$$\begin{cases}x_1+x_2-x_3-x_4=0\\2x_1-5x_2+3x_3+2x_4=0\\7x_1-7x_2+3x_3+x_4=0\end{cases}$$

的基础解系与通解.

解 对系数矩阵 $\boldsymbol{A}$ 作初等行变换，化为行最简矩阵

$$A=\begin{bmatrix}1&1&-1&1\\2&-5&3&2\\7&-7&3&1\end{bmatrix}\to\begin{bmatrix}1&0&-2/7&-3/7\\0&1&-5/7&-4/7\\0&0&0&0\end{bmatrix}$$

得到原方程组的同解方程组

$$\begin{cases}x_1=\dfrac{2}{7}x_3+\dfrac{3}{7}x_4\\x_2=\dfrac{5}{7}x_3+\dfrac{4}{7}x_4\end{cases}$$

分别令$\begin{bmatrix}x_3\\x_4\end{bmatrix}=\begin{bmatrix}1\\0\end{bmatrix}$，$\begin{bmatrix}0\\1\end{bmatrix}$，即得基础解系

$$\boldsymbol{\eta}_1=\begin{bmatrix}2/7\\5/7\\1\\0\end{bmatrix},\ \boldsymbol{\eta}_2=\begin{bmatrix}3/7\\4/7\\0\\1\end{bmatrix}$$

并由此得到通解

$$\begin{bmatrix}x_1\\x_2\\x_3\\x_4\end{bmatrix}=C_1\begin{bmatrix}2/7\\5/7\\1\\0\end{bmatrix}+C_2\begin{bmatrix}3/7\\4/7\\0\\1\end{bmatrix},\ (C_1,\ C_2\in\mathrm{R}).$$

例 4.13 用基础解系表示如下线性方程组的通解.

$$\begin{cases}x_1+x_2+x_3+4x_4-3x_5=0\\x_1-x_2+3x_3-2x_4-x_5=0\\2x_1+x_2+3x_3+5x_4-5x_5=0\\3x_1+x_2+5x_3+6x_4-7x_5=0\end{cases}$$

解 $m=4$，$n=5$，$m<n$，因此所给方程组有无穷多个解．对系数矩阵 $\boldsymbol{A}$ 施行初等行变换

$$A=\begin{bmatrix}1&1&1&4&-3\\1&-1&3&-2&-1\\2&1&3&5&-5\\3&1&5&6&-7\end{bmatrix}\to\begin{bmatrix}1&1&1&4&-3\\0&-2&2&-6&2\\0&-1&1&-3&1\\0&-2&2&-6&2\end{bmatrix}\to\begin{bmatrix}1&0&2&1&-2\\0&0&0&0&0\\0&1&-1&3&-1\\0&0&0&0&0\end{bmatrix}$$

即原方程组与下面方程组同解

$$\begin{cases}x_1=-2x_3-x_4+2x_5\\x_2=x_3-3x_4+x_5\end{cases}$$

其中 x_3，x_4，x_5 为自由未知量.

令自由未知量$\begin{bmatrix}x_3\\x_4\\x_5\end{bmatrix}$取值分别为$\begin{bmatrix}1\\0\\0\end{bmatrix}$，$\begin{bmatrix}0\\1\\0\end{bmatrix}$，$\begin{bmatrix}0\\0\\1\end{bmatrix}$则可得方程组的解分别为

$$\boldsymbol{\eta}_1=(-2,\ 1,\ 1,\ 0,\ 0)^{\mathrm{T}},\ \boldsymbol{\eta}_2=(-1,\ -3,\ 0,\ 1,\ 0)^{\mathrm{T}},\ \boldsymbol{\eta}_1=(2,\ 1,\ 0,\ 0,\ 1)^{\mathrm{T}},$$

$\boldsymbol{\eta}_1$，$\boldsymbol{\eta}_2$，$\boldsymbol{\eta}_3$ 就是所给方程组的一个基础解系.

因此，方程组的通解为 $\boldsymbol{\eta}=c_1\boldsymbol{\eta}_1+c_2\boldsymbol{\eta}_2+c_3\boldsymbol{\eta}_3$（$c_1$，$c_2$，$c_3$ 为任意常数）.

例 4.14 求解下列齐次线性方程组

$$\begin{cases}x_1+x_2-x_3+2x_4+x_5=0\\x_3+3x_4-x_5=0\\2x_3+x_4-2x_5=0\end{cases}$$

解 对方程组的系数矩阵作如下初等行变换

$$A=\begin{bmatrix}1&1&-1&2&1\\0&0&1&3&-1\\0&0&2&1&-2\end{bmatrix}\xrightarrow{r_3-2r_2}\begin{bmatrix}1&1&-1&2&1\\0&0&1&3&-1\\0&0&0&5&0\end{bmatrix}$$

$$\xrightarrow{(-\frac{1}{5})\ r}\begin{bmatrix}1&1&-1&2&1\\0&0&1&3&-1\\0&0&0&1&0\end{bmatrix}$$

这个矩阵不符合要求，因为它已经不可能仅用初等行变换变成所要求的左上角为单位块的形状了，这时必须借助于列对调.

$$\begin{bmatrix}1&1&-1&2&1\\0&0&1&3&-1\\0&0&0&1&0\end{bmatrix}\xrightarrow{c_2\leftrightarrow c_3}\begin{bmatrix}1&-1&1&2&1\\0&1&0&3&-1\\0&0&0&1&0\end{bmatrix}\xrightarrow{c_3\leftrightarrow c_4}\begin{bmatrix}1&-1&2&1&1\\0&1&3&0&-1\\0&0&1&0&0\end{bmatrix}$$

$$\xrightarrow{r_1+r_2}\begin{bmatrix}1&0&5&1&0\\0&1&3&0&-1\\0&0&1&0&0\end{bmatrix}\xrightarrow[r_2-3r_3]{r_1-5r_3}\begin{bmatrix}1&0&0&1&0\\0&1&0&0&-1\\0&0&1&0&0\end{bmatrix}$$

矩阵的秩等于3，未知数个数 $n=5$，因此基础解系应含有2个向量，分别令自由变量 $x_2=1$，$x_5=0$ 及 $x_2=0$，$x_5=1$. 得到基础解系

$$\boldsymbol{\eta}_1=(-1,1,0,0,0)^{\mathrm{T}},\ \boldsymbol{\eta}_2=(0,0,1,0,1)^{\mathrm{T}}$$

于是原方程组的通解为 $c_1\boldsymbol{\eta}_1+c_2\boldsymbol{\eta}_2$，其中 c_1，c_2 为任意数.

二、非齐次线性方程组解的结构

设有非齐次线性方程组

$$\begin{cases}a_{11}x_1+a_{12}x_2+\cdots+a_{1n}x_n=b_1\\a_{21}x_1+a_{22}x_2+\cdots+a_{2n}x_n=b_2\\\cdots\cdots\\a_{m1}x_1+a_{m2}x_2+\cdots+a_{mn}x_n=b_m\end{cases}\tag{4.4}$$

它也可写作向量方程

$$\boldsymbol{AX}=\boldsymbol{b}\tag{4.5}$$

性质 4.3 设 $\boldsymbol{\eta}_1$，$\boldsymbol{\eta}_2$ 是非齐次线性方程组 $\boldsymbol{AX}=\boldsymbol{b}$ 的解，则 $\boldsymbol{\eta}_1-\boldsymbol{\eta}_2$ 是对应的齐次线性方程组 $\boldsymbol{AX}=\boldsymbol{0}$ 的解.

证明 设 $\boldsymbol{\eta}_1$，$\boldsymbol{\eta}_2$ 是非齐次线性方程组 $\boldsymbol{AX}=\boldsymbol{b}$ 的解，则 $\boldsymbol{A\eta}_1=\boldsymbol{b}$，$\boldsymbol{A\eta}_2=\boldsymbol{b}$，从而

$$\boldsymbol{A}(\boldsymbol{\eta}_1-\boldsymbol{\eta}_2)=\boldsymbol{A\eta}_1-\boldsymbol{A\eta}_2=\boldsymbol{b}-\boldsymbol{b}=\boldsymbol{0}$$

即 $\boldsymbol{\eta}_1-\boldsymbol{\eta}_2$ 是对应的齐次线性方程组 $\boldsymbol{AX}=\boldsymbol{0}$ 的解.

性质 4.4 设 $\boldsymbol{\eta}$ 是非齐次线性方程组 $\boldsymbol{AX}=\boldsymbol{b}$ 的解，$\boldsymbol{\xi}$ 为对应的齐次线性方程组 $\boldsymbol{AX}=\boldsymbol{0}$ 的解，则 $\boldsymbol{\xi}+\boldsymbol{\eta}$ 是非齐次线性方程组 $\boldsymbol{AX}=\boldsymbol{b}$ 的解.

证明 设 $\boldsymbol{\eta}$ 是非齐次线性方程组 $\boldsymbol{AX}=\boldsymbol{b}$ 的解，则 $\boldsymbol{A\eta}=\boldsymbol{b}$. 另设 $\boldsymbol{\xi}$ 为对应的齐次线性方程组 $\boldsymbol{AX}=\boldsymbol{0}$ 的解，则 $\boldsymbol{A\xi}=\boldsymbol{0}$，从而

$$A(\boldsymbol{\xi}+\boldsymbol{\eta})=A\boldsymbol{\xi}+A\boldsymbol{\eta}=\boldsymbol{b}$$

即 $\boldsymbol{\xi}+\boldsymbol{\eta}$ 是非齐次线性方程组 $\boldsymbol{AX}=\boldsymbol{b}$ 的解.

定理 4.7 设 $\boldsymbol{\eta}^*$ 是非齐次线性方程组 $\boldsymbol{AX}=\boldsymbol{b}$ 的一个解，$\boldsymbol{\xi}$ 是对应齐次线性方程组 $\boldsymbol{AX}=\boldsymbol{0}$ 的通解，则 $\boldsymbol{x}=\boldsymbol{\xi}+\boldsymbol{\eta}^*$ 是非齐次线性方程组 $\boldsymbol{AX}=\boldsymbol{b}$ 的通解.

证明 根据非齐次线性方程组解的性质，只需证明 $\boldsymbol{AX}=\boldsymbol{b}$ 的任一解 $\boldsymbol{\eta}$ 一定能表示为 $\boldsymbol{\eta}^*$ 与 $\boldsymbol{AX}=\boldsymbol{0}$ 的某一解 $\boldsymbol{\xi}_1$ 的和，为此取 $\boldsymbol{\xi}_1=\boldsymbol{\eta}-\boldsymbol{\eta}^*$. 由性质 4.3 知，$\boldsymbol{\xi}_1$ 是 $\boldsymbol{AX}=\boldsymbol{0}$ 的一个解，故 $\boldsymbol{\eta}=\boldsymbol{\xi}1+\boldsymbol{\eta}^*$，即 $\boldsymbol{AX}=\boldsymbol{b}$ 的任一解均能表示为该方程组的一个解 $\boldsymbol{\eta}^*$ 与其对应的齐次线性方程组某一个解之和.

例 4.15 求下列方程组的通解.

$$\begin{cases}x_1+x_2+x_3+3x_4+x_5=7\\3x_1+x_2+2x_3+x_4-3x_5=-2\\2x_2+x_3+2x_4+6x_5=23\end{cases}$$

解 $$\tilde{A}=\begin{bmatrix}1&1&1&1&1&7\\3&1&2&1&-3&-2\\0&2&1&2&6&23\end{bmatrix}\to\begin{bmatrix}1&0&1/2&0&-2&-9/2\\0&1&1/2&1&3&23/2\\0&0&0&0&0&0\end{bmatrix}$$

由 $\mathrm{R}(\boldsymbol{A})=\mathrm{R}(\tilde{\boldsymbol{A}})$ 知方程组有解.

又 $\mathrm{R}(\boldsymbol{A})=2$，$n-r=3$，所以方程组有无穷多解. 且原方程组等价于方程组

$$\begin{cases}x_1=-\dfrac{x_3}{2}+2x_5-\dfrac{9}{2}\\[2mm]x_2=-\dfrac{x_3}{2}-x_4-3x_5+\dfrac{23}{2}\end{cases}$$

令 $\begin{bmatrix}x_3\\x_4\\x_5\end{bmatrix}=\begin{bmatrix}1\\0\\0\end{bmatrix},\begin{bmatrix}0\\1\\0\end{bmatrix},\begin{bmatrix}0\\0\\1\end{bmatrix}$ 分别代入等价方程组对应的齐次方程组中求得基础解系

$$\boldsymbol{\xi}_1=\begin{bmatrix}-1/2\\-1/2\\1\\0\\0\end{bmatrix},\ \boldsymbol{\xi}_2=\begin{bmatrix}0\\-1\\0\\1\\0\end{bmatrix},\ \boldsymbol{\xi}_3=\begin{bmatrix}2\\-3\\0\\0\\1\end{bmatrix}$$

求特解：令 $x_3=x_4=x_5=0$，得 $x_1=-9/2$，$x_2=23/2$.

故所求通解为 $\boldsymbol{x}=C_1\begin{bmatrix}-1/2\\-1/2\\1\\0\\0\end{bmatrix}+C_2\begin{bmatrix}0\\-1\\0\\1\\0\end{bmatrix}+C_3\begin{bmatrix}2\\-3\\0\\0\\1\end{bmatrix}+\begin{bmatrix}-9/2\\23/2\\0\\0\\0\end{bmatrix}$

其中 C_1，C_2，C_3 为任意常数.

例 4.16 求解下列非齐次线性方程组

$$\begin{cases}x_1+x_2-3x_3-x_4=1\\3x_1-x_2-3x_3+4x_4=4\\x_1+5x_2-9x_3-8x_4=0\end{cases}$$

解 对方程组的增广矩阵作如下初等行变换

$$\widetilde{A}=(A\mid b)=\left[\begin{array}{cccc|c}1&1&-3&-1&1\\3&-1&-3&4&4\\1&5&-9&8&0\end{array}\right]\xrightarrow[r_3-r_1]{r_2-3r_1}\left[\begin{array}{cccc|c}1&1&-3&-1&1\\0&-4&6&7&1\\0&4&-6&-7&-1\end{array}\right]$$

$$\xrightarrow{r_3+r_2}\left[\begin{array}{cccc|c}1&1&-3&-1&1\\0&-4&6&7&1\\0&0&0&0&0\end{array}\right]\xrightarrow{\left(-\frac{1}{4}\right)r_2}\left[\begin{array}{cccc|c}1&1&-3&-1&1\\0&1&-3/2&-7/4&-1/4\\0&0&0&0&0\end{array}\right]$$

$$\xrightarrow{r_1-r_2}\left[\begin{array}{cccc|c}1&0&-3/2&3/4&5/4\\0&1&-3/2&-7/4&-1/4\\0&0&0&0&0\end{array}\right]$$

在上面的初等变换中没有作过列对换，因此可立即求出特解 $\boldsymbol{\gamma}$ 和对应齐次线性方程组的基础解系：

$$\boldsymbol{\gamma}=\begin{bmatrix}5/4\\-1/4\\0\\0\end{bmatrix},\quad \boldsymbol{\eta}_1=\begin{bmatrix}3/2\\3/2\\1\\0\end{bmatrix},\quad \boldsymbol{\eta}_2=\begin{bmatrix}-3/4\\7/4\\0\\1\end{bmatrix}.$$

原方程组的解为 $\boldsymbol{x}=\boldsymbol{\gamma}+c_1\boldsymbol{\eta}_1+c_2\boldsymbol{\eta}_2$，其中 c_1，c_2 为任意常数．

例 4.17 求解下列线性方程组

$$\begin{cases}x_1+2x_2-x_3+3x_4+x_5=2\\2x_1+4x_2-2x_3+6x_4+3x_5=6\\-x_1-2x_2+x_3-x_4+3x_5=4\end{cases}$$

解 对方程组的增广矩阵作如下初等变换

$$\widetilde{A}=(A\mid b)=\left[\begin{array}{ccccc|c}1&2&-1&3&1&2\\2&4&-2&6&3&6\\-1&-2&1&-1&3&4\end{array}\right]$$

$$\xrightarrow[r_3+r_1]{r_2-2r_1}\left[\begin{array}{ccccc|c}1&2&-1&3&1&2\\0&0&0&0&1&2\\0&0&0&2&4&6\end{array}\right]\xrightarrow{\frac{1}{2}r_3}\left[\begin{array}{ccccc|c}1&2&-1&3&1&2\\0&0&0&0&1&2\\0&0&0&1&2&3\end{array}\right]$$

$$\xrightarrow[c_3\leftrightarrow c_5]{c_2\leftrightarrow c_4}\left[\begin{array}{ccccc|c}1&3&1&2&-1&2\\0&0&1&0&0&2\\0&1&2&0&0&3\end{array}\right]\xrightarrow{r_2\leftrightarrow r_3}\left[\begin{array}{ccccc|c}1&3&1&2&-1&2\\0&1&2&0&0&3\\0&0&1&0&0&2\end{array}\right]$$

$$\xrightarrow{r_1-3r_2}\left[\begin{array}{ccccc|c}1&0&-5&2&-1&-7\\0&1&2&0&0&3\\0&0&1&0&0&2\end{array}\right]\xrightarrow[r_2-2r_3]{r_1+5r_3}\left[\begin{array}{ccccc|c}1&0&0&2&-1&3\\0&1&0&0&0&-1\\0&0&1&0&0&2\end{array}\right]$$

在上面初等变换的整个过程中，我们进行了两次列对换，第一次是第 2 列与第 4 列对换，第二次是第3列与第5列对换.

$$秩(\widetilde{A})=秩(A)=3$$

未知数个数 $n=5$，因此基础解系应含有2个解向量，分别取自由变量

$$x_2=0,\ x_3=0;\ x_2=1,\ x_3=0;\ x_2=0,\ x_3=1.$$

得特解 $\boldsymbol{\gamma}$ 以及基础解系 $\boldsymbol{\eta}_1$，$\boldsymbol{\eta}_2$：

$$\boldsymbol{\gamma}=(3,\ 0,\ 0,\ -1,\ 2)^{\mathrm{T}},\quad \boldsymbol{\eta}_1=(-2,\ 1,\ 0,\ 0,\ 0)^{\mathrm{T}},\quad \boldsymbol{\eta}_2=(1,\ 0,\ 1,\ 0,\ 0)^{\mathrm{T}}.$$

于是原线性方程组的通解为 $\boldsymbol{x}=\boldsymbol{\gamma}+c_1\boldsymbol{\eta}_1+c_2\boldsymbol{\eta}_2$，其中 c_1，c_2 为任意常数.

习　题　四

1. 设 $\boldsymbol{v}_1=(1,\ 1,\ 0)^{\mathrm{T}}$，$\boldsymbol{v}_2=(0,\ 1,\ 1)^{\mathrm{T}}$，$\boldsymbol{v}_3=(3,\ 4,\ 0)^{\mathrm{T}}$，求 $\boldsymbol{v}_1-\boldsymbol{v}_2$ 及 $3\boldsymbol{v}_1+2\boldsymbol{v}_2-\boldsymbol{v}_3$.

2. 设 $3(\boldsymbol{\alpha}_1-\boldsymbol{\alpha})+2(\boldsymbol{\alpha}_2+\boldsymbol{\alpha})=5(\boldsymbol{\alpha}_3+\boldsymbol{\alpha})$，其中 $\boldsymbol{\alpha}_1=(2,\ 5,\ 1,\ 3)^{\mathrm{T}}$，$\boldsymbol{\alpha}_2=(10,\ 1,\ 5,\ 10)^{\mathrm{T}}$，$\boldsymbol{\alpha}_3=(4,\ 1,\ -1,\ 1)^{\mathrm{T}}$，求 $\boldsymbol{\alpha}$.

3. 试问下列向量 $\boldsymbol{\beta}$ 能否由其余向量线性表示？若能，写出其线性表示式：

(1) $\boldsymbol{\alpha}_1=(1,\ 2)^{\mathrm{T}}$，$\boldsymbol{\alpha}_2=(-1,\ 0)^{\mathrm{T}}$，$\boldsymbol{\beta}=(3,\ 4)^{\mathrm{T}}$；

(2) $\boldsymbol{\alpha}_1^{\mathrm{T}}=(1,\ 0,\ 2)^{\mathrm{T}}$，$\boldsymbol{\alpha}_2^{\mathrm{T}}=(2,\ -8,\ 0)$，$\boldsymbol{\beta}=(1,\ 2,\ -1)$.

4. 设有向量 $\boldsymbol{\alpha}_1=\begin{bmatrix}1+\lambda\\1\\1\end{bmatrix}$，$\boldsymbol{\alpha}_2=\begin{bmatrix}1\\1+\lambda\\1\end{bmatrix}$，$\boldsymbol{\alpha}_3=\begin{bmatrix}1\\1\\1+\lambda\end{bmatrix}$，$\boldsymbol{\beta}=\begin{bmatrix}0\\\lambda\\\lambda^2\end{bmatrix}$. 试问当 λ 取何值时，

(1) $\boldsymbol{\beta}$ 可由 $\boldsymbol{\alpha}_1$，$\boldsymbol{\alpha}_2$，$\boldsymbol{\alpha}_3$ 线性表示，且表达式唯一；

(2) $\boldsymbol{\beta}$ 可由 $\boldsymbol{\alpha}_1$，$\boldsymbol{\alpha}_2$，$\boldsymbol{\alpha}_3$ 线性表示，且表达式不唯一；

(3) $\boldsymbol{\beta}$ 不能由 $\boldsymbol{\alpha}_1$，$\boldsymbol{\alpha}_2$，$\boldsymbol{\alpha}_3$ 线性表示.

5. 设有向量 $\boldsymbol{\alpha}_1=\begin{bmatrix}1\\1\\0\end{bmatrix}$，$\boldsymbol{\alpha}_2=\begin{bmatrix}5\\3\\2\end{bmatrix}$，$\boldsymbol{\alpha}_3=\begin{bmatrix}1\\3\\-1\end{bmatrix}$，$\boldsymbol{\alpha}_4=\begin{bmatrix}-2\\2\\-3\end{bmatrix}$，$\boldsymbol{A}$ 是三阶矩阵且有 $\boldsymbol{A\alpha}_1=\boldsymbol{\alpha}_2$，$\boldsymbol{A\alpha}_2=\boldsymbol{\alpha}_3$，$\boldsymbol{A\alpha}_3=\boldsymbol{\alpha}_4$，试求 $\boldsymbol{A\alpha}_4$.

6. 问 a 取何值时向量组 $\boldsymbol{\alpha}_1=\begin{bmatrix}a\\1\\1\end{bmatrix}$，$\boldsymbol{\alpha}_2=\begin{bmatrix}1\\a\\-1\end{bmatrix}$，$\boldsymbol{\alpha}_3=\begin{bmatrix}1\\-1\\a\end{bmatrix}$线性相关.

7. 设向量组 $\boldsymbol{\alpha}_1=(6,\ k+1,\ 3)^{\mathrm{T}}$，$\boldsymbol{\alpha}_2=(k,\ 2,\ -2)^{\mathrm{T}}$，$\boldsymbol{\alpha}_3=(k,\ 1,\ 0)^{\mathrm{T}}$.

(1) k 为何值时，$\boldsymbol{\alpha}_1$，$\boldsymbol{\alpha}_2$ 线性相关？线性无关？

(2) k 为何值时，$\boldsymbol{\alpha}_1$，$\boldsymbol{\alpha}_2$，$\boldsymbol{\alpha}_3$ 线性相关？线性无关？

(3) 当 $\boldsymbol{\alpha}_1$，$\boldsymbol{\alpha}_2$，$\boldsymbol{\alpha}_3$ 线性相关时，将 $\boldsymbol{\alpha}_3$ 由 $\boldsymbol{\alpha}_1$，$\boldsymbol{\alpha}_2$ 线性表示.

8. 设有两个向量组

$$\boldsymbol{\alpha}_1=\begin{bmatrix}1\\2\\-1\\3\end{bmatrix},\ \boldsymbol{\alpha}_2=\begin{bmatrix}2\\5\\a\\8\end{bmatrix},\ \boldsymbol{\alpha}_3=\begin{bmatrix}-1\\0\\3\\1\end{bmatrix};\ \boldsymbol{\beta}_1=\begin{bmatrix}1\\a\\a^2-5\\7\end{bmatrix},\ \boldsymbol{\beta}_2=\begin{bmatrix}3\\3+a\\3\\11\end{bmatrix},\ \boldsymbol{\beta}_3=\begin{bmatrix}0\\1\\6\\2\end{bmatrix},$$

如果 $\boldsymbol{\beta}_1$ 可由 $\boldsymbol{\alpha}_1$，$\boldsymbol{\alpha}_2$，$\boldsymbol{\alpha}_3$ 线性表示，试判断这两个向量组是否等价？并说明理由.

9. 求下列向量组的秩，并求一个极大无关组.

(1) $\boldsymbol{\alpha}_1=\begin{bmatrix}1\\2\\-1\\4\end{bmatrix}$，$\boldsymbol{\alpha}_2=\begin{bmatrix}9\\100\\10\\4\end{bmatrix}$，$\boldsymbol{\alpha}_3=\begin{bmatrix}-2\\-4\\2\\-8\end{bmatrix}$；

（2）$\boldsymbol{\alpha}_1^{\mathrm T}=(1,\ 2,\ 1,\ 3)$，$\boldsymbol{\alpha}_2^{\mathrm T}=(4,\ -1,\ -5,\ -6)$，$\boldsymbol{\alpha}_3^{\mathrm T}=(1,\ -3,\ -4,\ -7)$．

10. 设向量组 $\boldsymbol{\alpha}_1=\begin{bmatrix}a\\3\\1\end{bmatrix}$，$\boldsymbol{\alpha}_2=\begin{bmatrix}2\\b\\3\end{bmatrix}$，$\boldsymbol{\alpha}_3=\begin{bmatrix}1\\2\\1\end{bmatrix}$，$\boldsymbol{\alpha}_4=\begin{bmatrix}2\\3\\1\end{bmatrix}$的秩为2，求 a，b.

11. 已知3阶矩阵 $\boldsymbol{A}$ 与3维列向量 $\boldsymbol{x}$ 满足 $\boldsymbol{A}^3\boldsymbol{x}=3\boldsymbol{A}\boldsymbol{x}-\boldsymbol{A}^2\boldsymbol{x}$ 且向量组 $\boldsymbol{x}$，$\boldsymbol{A}\boldsymbol{x}$，$\boldsymbol{A}^2\boldsymbol{x}$ 线性无关，（1）记 $\boldsymbol{P}=(\boldsymbol{x},\ \boldsymbol{A}\boldsymbol{x},\ \boldsymbol{A}^2\boldsymbol{x})$ 求3阶矩阵 $\boldsymbol{B}$，使 $\boldsymbol{AP}=\boldsymbol{PB}$.（2）求 $|\boldsymbol{A}|$.

12. 求下列非齐次线性方程组的一个解及对应的齐次方程组的基础解系：

（1）$\begin{cases}x_1+x_2=5\\2x_1+x_2+x_3+2x_4=1\\5x_1+3x_2+2x_3+2x_4=3\end{cases}$；　（2）$\begin{cases}x_1-5x_2+2x_3-3x_4=11\\5x_1+3x_2+6x_3-x_4=-1\\2x_1+4x_2+2x_3+x_4=-6\end{cases}$.

13. 设四元非齐次线性方程组 $\boldsymbol{Ax}=\boldsymbol{b}$ 的系数矩阵 $\boldsymbol{A}$ 的秩为2，已知它的3个解向量为 $\boldsymbol{\eta}_1$，$\boldsymbol{\eta}_2$，$\boldsymbol{\eta}_3$，其中 $\boldsymbol{\eta}_1=\begin{bmatrix}4\\3\\2\\1\end{bmatrix}$，$\boldsymbol{\eta}_2=\begin{bmatrix}1\\3\\5\\1\end{bmatrix}$，$\boldsymbol{\eta}_3=\begin{bmatrix}-2\\6\\3\\2\end{bmatrix}$，求该方程组的通解．

14. 设 $\mathbf{R}^3$ 中的两组基为

$$\boldsymbol{\xi}_1=(1,\ 0,\ 0)^{\mathrm T},\ \boldsymbol{\xi}_2=(-1,\ 1,\ 0)^{\mathrm T},\ \boldsymbol{\xi}_3=(1,\ -2,\ 1)^{\mathrm T}$$
$$\boldsymbol{\eta}_1=(2,\ 0,\ 0)^{\mathrm T},\ \boldsymbol{\eta}_2=(-2,\ 1,\ 0)^{\mathrm T},\ \boldsymbol{\eta}_3=(4,\ -4,\ 1)^{\mathrm T}$$

（1）求 $\boldsymbol{\xi}_1$，$\boldsymbol{\xi}_2$，$\boldsymbol{\xi}_3$ 到 $\boldsymbol{\eta}_1$，$\boldsymbol{\eta}_2$，$\boldsymbol{\eta}_3$ 的过渡矩阵；

（2）已知向量 $\boldsymbol{\alpha}=(2,\ 3,\ -1)^{\mathrm T}$，求向量 $\boldsymbol{\alpha}$ 分别在基 $\boldsymbol{\xi}_1$，$\boldsymbol{\xi}_2$，$\boldsymbol{\xi}_3$ 和 $\boldsymbol{\eta}_1$，$\boldsymbol{\eta}_2$，$\boldsymbol{\eta}_3$ 下的坐标；

（3）求在这两组基下有相同坐标的非零向量．

15. 设 $\boldsymbol{\alpha}_1=(1,\ 1,\ 1)$，$\boldsymbol{\alpha}_2=(1,\ 2,\ 3)$，$\boldsymbol{\alpha}_3=(1,\ 3,\ t)$．

问：（1）当 t 为何值时，向量组 $\boldsymbol{\alpha}_1$，$\boldsymbol{\alpha}_2$，$\boldsymbol{\alpha}_3$ 线性无关；

（2）当 t 为何值时，向量组 $\boldsymbol{\alpha}_1$，$\boldsymbol{\alpha}_2$，$\boldsymbol{\alpha}_3$ 线性相关；

（3）当向量组 $\boldsymbol{\alpha}_1$，$\boldsymbol{\alpha}_2$，$\boldsymbol{\alpha}_3$ 线性相关时，将 $\boldsymbol{\alpha}_3$ 表为 $\boldsymbol{\alpha}_1$ 和 $\boldsymbol{\alpha}_2$ 的线性组合．

16. 设向量组

$\boldsymbol{\alpha}_1=(1,\ 1,\ 1,\ 3)^{\mathrm T}$，$\boldsymbol{\alpha}_2=(-1,\ -3,\ 5,\ 1)^{\mathrm T}$，$\boldsymbol{\alpha}_3=(3,\ 2,\ -1,\ p+2)^{\mathrm T}$，$\boldsymbol{\alpha}_4=(-2,\ -6,\ 10,\ p)^{\mathrm T}$

（1）p 为何值时，该向量组线性无关？并在此时将向量 $\boldsymbol{\alpha}=(4,\ 1,\ 6,\ 10)^{\mathrm T}$ 用 $\boldsymbol{\alpha}_1$，$\boldsymbol{\alpha}_2$，$\boldsymbol{\alpha}_3$，$\boldsymbol{\alpha}_4$ 线性表示．

（2）p 为何值时，该向量组线性相关？并在此时求它的秩和一个极大线性无关组．

17. 已知向量组 $\boldsymbol{\beta}_1=\begin{bmatrix}0\\1\\-1\end{bmatrix}$，$\boldsymbol{\beta}_2=\begin{bmatrix}a\\2\\1\end{bmatrix}$，$\boldsymbol{\beta}_3=\begin{bmatrix}b\\1\\0\end{bmatrix}$与向量组 $\boldsymbol{\alpha}_1=\begin{bmatrix}1\\2\\-3\end{bmatrix}$，$\boldsymbol{\alpha}_2=\begin{bmatrix}3\\0\\1\end{bmatrix}$，$\boldsymbol{\alpha}_3=\begin{bmatrix}9\\6\\-7\end{bmatrix}$具有相同的秩，且 $\boldsymbol{\beta}_3$ 可由 $\boldsymbol{\alpha}_1$，$\boldsymbol{\alpha}_2$，$\boldsymbol{\alpha}_3$ 线性表示，求 a，b 的值．

测试题四

一、选择题（每小题4分，5小题共20分）

1. 已知向量组 $\boldsymbol{\alpha}_1$，$\boldsymbol{\alpha}_2$，$\boldsymbol{\alpha}_3$，$\boldsymbol{\alpha}_4$ 线性无关，则下列向量组中线性无关的是（　　）．

(A) $\boldsymbol{\alpha}_1+\boldsymbol{\alpha}_2$, $\boldsymbol{\alpha}_2+\boldsymbol{\alpha}_3$, $\boldsymbol{\alpha}_3+\boldsymbol{\alpha}_4$, $\boldsymbol{\alpha}_4+\boldsymbol{\alpha}_1$

(B) $\boldsymbol{\alpha}_1-\boldsymbol{\alpha}_2$, $\boldsymbol{\alpha}_2-\boldsymbol{\alpha}_3$, $\boldsymbol{\alpha}_3-\boldsymbol{\alpha}_4$, $\boldsymbol{\alpha}_4-\boldsymbol{\alpha}_1$

(C) $\boldsymbol{\alpha}_1+\boldsymbol{\alpha}_2$, $\boldsymbol{\alpha}_2+\boldsymbol{\alpha}_3$, $\boldsymbol{\alpha}_3+\boldsymbol{\alpha}_4$, $\boldsymbol{\alpha}_4-\boldsymbol{\alpha}_1$

(D) $\boldsymbol{\alpha}_1+\boldsymbol{\alpha}_2$, $\boldsymbol{\alpha}_2+\boldsymbol{\alpha}_3$, $\boldsymbol{\alpha}_3-\boldsymbol{\alpha}_4$, $\boldsymbol{\alpha}_4-\boldsymbol{\alpha}_1$

2. 设 n 维向量组 $\boldsymbol{\alpha}_1$, $\boldsymbol{\alpha}_2$, …, $\boldsymbol{\alpha}_s$ 的秩为3，则（　　）.

(A) $\boldsymbol{\alpha}_1$, $\boldsymbol{\alpha}_2$, …, $\boldsymbol{\alpha}_s$ 中任意3个向量线性无关

(B) $\boldsymbol{\alpha}_1$, $\boldsymbol{\alpha}_2$, …, $\boldsymbol{\alpha}_s$ 中无零向量

(C) $\boldsymbol{\alpha}_1$, $\boldsymbol{\alpha}_2$, …, $\boldsymbol{\alpha}_s$ 中任意4个向量线性相关

(D) $\boldsymbol{\alpha}_1$, $\boldsymbol{\alpha}_2$, …, $\boldsymbol{\alpha}_s$ 中任意两个向量线性无关

3. 设 $\boldsymbol{A}$ 是 5×4 矩阵，若 $\boldsymbol{Ax}=\boldsymbol{b}$ 有解，$\boldsymbol{\eta}_1$，$\boldsymbol{\eta}_2$ 是其两个特解，导出组 $\boldsymbol{Ax}=\boldsymbol{0}$ 的基础解系是 $\boldsymbol{\alpha}_1$，$\boldsymbol{\alpha}_2$，则不正确的结论是（　　）.

(A) $\boldsymbol{Ax}=\boldsymbol{b}$ 的通解是 $k_1\boldsymbol{\alpha}_1+k_2\boldsymbol{\alpha}_2+\boldsymbol{\eta}_1$

(B) $\boldsymbol{Ax}=\boldsymbol{b}$ 的通解是 $k_1\boldsymbol{\alpha}_1+k_2\boldsymbol{\alpha}_2+(\boldsymbol{\eta}_1+\boldsymbol{\eta}_2)$

(C) $\boldsymbol{Ax}=\boldsymbol{b}$ 的通解是 $k_1(\boldsymbol{\alpha}_1+\boldsymbol{\alpha}_2)+k_2\boldsymbol{\alpha}_2+(\boldsymbol{\eta}_1+\boldsymbol{\eta}_2)/2$

(D) $\boldsymbol{Ax}=\boldsymbol{b}$ 的通解是 $k_1(\boldsymbol{\alpha}_1+\boldsymbol{\alpha}_2)+k_2(\boldsymbol{\alpha}_2-\boldsymbol{\alpha}_1)+2\boldsymbol{\eta}_1-\boldsymbol{\eta}_2$

4. 设 $\boldsymbol{\alpha}_1$，$\boldsymbol{\alpha}_2$，$\boldsymbol{\alpha}_3$ 是四元非齐次线性方程组 $\boldsymbol{Ax}=\boldsymbol{b}$ 的三个解向量，且 $\mathrm{R}(\boldsymbol{A})=3$，$\boldsymbol{\alpha}_1=(1, 2, 3, 4)^{\mathrm{T}}$，$\boldsymbol{\alpha}_2+\boldsymbol{\alpha}_3=(0, 1, 2, 3)^{\mathrm{T}}$，$C$ 表示任意常数，则线性方程组 $\boldsymbol{Ax}=\boldsymbol{b}$ 的解是（　　）.

(A) $(1, 2, 3, 4)^{\mathrm{T}}+C(1, 1, 1, 1)^{\mathrm{T}}$　　(B) $(1, 2, 3, 4)^{\mathrm{T}}+C(0, 1, 2, 3)^{\mathrm{T}}$

(C) $(1, 2, 3, 4)^{\mathrm{T}}+C(2, 3, 4, 5)^{\mathrm{T}}$　　(D) $(1, 2, 3, 4)^{\mathrm{T}}+C(0, 1, 2, 3)^{\mathrm{T}}$

5. 齐次线性方程组 $\begin{cases}\lambda x_1+x_2+\lambda^2x_3=0\\ x_1+\lambda x_2+x_3=0\\ x_1+x_2+\lambda x_3=0\end{cases}$ 的系数矩阵记为 $\boldsymbol{A}$，若存在三阶矩阵 $\boldsymbol{B}\neq\boldsymbol{0}$ 使得 $\boldsymbol{AB}=\boldsymbol{0}$，则（　　）.

(A) $\lambda=-2$ 且 $|\boldsymbol{B}|=0$　　(B) $\lambda=-2$ 且 $|\boldsymbol{B}|\neq0$

(C) $\lambda=1$ 且 $|\boldsymbol{B}|=0$　　(D) $\lambda=1$ 且 $|\boldsymbol{B}|\neq0$

二、填空题（每小题4分，5小题共20分）

1. 设 $\boldsymbol{\alpha}_1=(1, 1, 0)^{\mathrm{T}}$，$\boldsymbol{\alpha}_2=(0, 1, 1)^{\mathrm{T}}$，$\boldsymbol{\alpha}_3=(3, 4, 0)^{\mathrm{T}}$，则 $3\boldsymbol{\alpha}_1+2\boldsymbol{\alpha}_2-\boldsymbol{\alpha}_3=$__________.

2. 设 $3(\boldsymbol{\alpha}_1-\boldsymbol{\alpha})+2(\boldsymbol{\alpha}_2+\boldsymbol{\alpha})=5(\boldsymbol{\alpha}_3+\boldsymbol{\alpha})$，其中 $\boldsymbol{\alpha}_1=(2, 5, 1, 3)^{\mathrm{T}}$，$\boldsymbol{\alpha}_2=(10, 1, 5, 10)^{\mathrm{T}}$，$\boldsymbol{\alpha}_3=(4, 1, -1, 1)^{\mathrm{T}}$，则 $\boldsymbol{\alpha}=$__________.

3. 已知 $\boldsymbol{\alpha}_1=(1, 1, 2, 1)^{\mathrm{T}}$，$\boldsymbol{\alpha}_2=(1, 0, 0, 2)^{\mathrm{T}}$，$\boldsymbol{\alpha}_3=(-1, -4, -8, k)^{\mathrm{T}}$ 线性相关，则 $k=$__________.

4. 已知向量组 $\boldsymbol{\alpha}_1=(1, 2, -1, 1)$，$\boldsymbol{\alpha}_2=(2, 0, t, 0)$，$\boldsymbol{\alpha}_3=(0, -4, 5, -2)$ 的秩为2，则 $t=$__________.

5. 已知向量组 $\boldsymbol{\alpha}_1=(1, 2, 3, 4)$，$\boldsymbol{\alpha}_2=(2, 3, 4, 5)$，$\boldsymbol{\alpha}_3=(3, 4, 5, 6)$，$\boldsymbol{\alpha}_4=(4, 5, 6, 7)$，则该向量组的秩为__________.

三、解答题（每小题10分，共60分）

1. 设 $\boldsymbol{\beta}=(1, 2, 7)^{\mathrm{T}}$，$\boldsymbol{\alpha}_1=(2, \lambda, 5\lambda)^{\mathrm{T}}$，$\boldsymbol{\alpha}_2=(\lambda, -1, -2\lambda)^{\mathrm{T}}$，$\boldsymbol{\alpha}_3=(-1, 1, 2)^{\mathrm{T}}$，

(1) λ 为何值时，$\boldsymbol{\beta}$ 不能由 $\boldsymbol{\alpha}_1$，$\boldsymbol{\alpha}_2$，$\boldsymbol{\alpha}_3$ 线性表示；

（2）λ 为何值时，$\boldsymbol{\beta}$ 能由 $\boldsymbol{\alpha}_1$，$\boldsymbol{\alpha}_2$，$\boldsymbol{\alpha}_3$ 唯一的线性表示；

（3）λ 为何值时，$\boldsymbol{\beta}$ 能由 $\boldsymbol{\alpha}_1$，$\boldsymbol{\alpha}_2$，$\boldsymbol{\alpha}_3$ 线性表示，但表示方法不唯一．

2. 求向量组 $\boldsymbol{\alpha}_1=\begin{bmatrix}1\\0\\4\end{bmatrix}$，$\boldsymbol{\alpha}_2=\begin{bmatrix}2\\1\\5\end{bmatrix}$，$\boldsymbol{\alpha}_3=\begin{bmatrix}1\\1\\0\end{bmatrix}$，$\alpha_4=\begin{bmatrix}1\\0\\-1\end{bmatrix}$的极大无关组和秩，并用极大无关组表示向量组中其余向量．

3. 求齐次线性方程组$\begin{cases}x_1-x_2+3x_3-x_4=0\\2x_1-x_2-x_3+4x_4=0\\3x_1-2x_2+2x_3+3x_4=0\\x_1-4x_3+5x_4=0\end{cases}$的基础解系和通解．

4. 设向量 $\boldsymbol{\beta}$ 可由向量组 $\boldsymbol{\alpha}_1$，$\boldsymbol{\alpha}_2$，…，$\boldsymbol{\alpha}_s$ 线性表示，证明：$\boldsymbol{\alpha}_1$，$\boldsymbol{\alpha}_2$，…，$\boldsymbol{\alpha}_s$ 线性无关的充分必要条件是 $\boldsymbol{\beta}$ 由 $\boldsymbol{\alpha}_1$，$\boldsymbol{\alpha}_2$，…，$\boldsymbol{\alpha}_s$ 线性表示的表示方法唯一．

5. 讨论 k 取何值时，线性方程组$\begin{cases}x_1+kx_2+x_3=1\\x_1-x_2+x_3=1\\kx_1+x_2+2x_3=1\end{cases}$，（1）无解；（2）有唯一解；（3）有无穷多解，并求方程组的通解．

6. 设 $\boldsymbol{\alpha}_1=(3,1,1,5)^{\mathrm{T}}$，$\boldsymbol{\alpha}_2=(2,1,1,4)^{\mathrm{T}}$，$\boldsymbol{\alpha}_3=(1,2,1,3)^{\mathrm{T}}$，$\boldsymbol{\alpha}_4=(5,2,2,9)^{\mathrm{T}}$，$\boldsymbol{\beta}=(2,6,2,d)^{\mathrm{T}}$

（1）试求 $\boldsymbol{\alpha}_1$，$\boldsymbol{\alpha}_2$，$\boldsymbol{\alpha}_3$，$\boldsymbol{\alpha}_4$ 的极大无关组；

（2）d 为何值时，$\boldsymbol{\beta}$ 可由 $\boldsymbol{\alpha}_1$，$\boldsymbol{\alpha}_2$，$\boldsymbol{\alpha}_3$，$\boldsymbol{\alpha}_4$ 的极大无关组线性表示，并写出表达式．

第五章　矩阵的特征值与特征向量

特征值与特征向量是重要的数学概念，在科学与技术、经济与管理以及数学本身等很多方面都有广泛的应用．例如，工程技术中的振动问题和稳定性问题，在数值上大都归结为矩阵的特征值与特征向量问题．在数学上，诸如求解线性微分方程组和矩阵的对角化等问题，也都要用到矩阵的特征值与特征向量．

本章主要讨论：方阵的特征值与特征向量；相似矩阵；向量内积及对称矩阵的相似对角化等问题．

第一节　方阵的特征值与特征向量

一、特征值与特征向量的定义及求法

定义 5.1　设 A 为 n 阶方阵，若数 λ 和 n 维的非零列向量 $\boldsymbol{x}$，使关系式

$$\boldsymbol{Ax}=\lambda\boldsymbol{x} \tag{5.1}$$

成立，则称数 λ 为方阵 $\boldsymbol{A}$ 的**特征值**，非零列向量 $\boldsymbol{x}$ 称为 $\boldsymbol{A}$ 的对应于特征值 λ 的**特征向量**．

注意：特征向量 $\boldsymbol{x}$ 一定为非零的．否则，对于任意 n 阶方阵和任意数 λ 都有 $A\boldsymbol{0}=\lambda\boldsymbol{0}$，这样就不会有什么“特征”了．

现在的问题是：对于给定的 n 阶方阵 $\boldsymbol{A}$，如何求出它的特征值和特征向量?

设非零列向量 $\boldsymbol{x}=(x_1, x_2, \cdots, x_n)^{\mathrm{T}}$，将式（5.1）改写成

$$(\lambda\boldsymbol{E}-\boldsymbol{A})\boldsymbol{x}=0,$$

由此式可知 $\boldsymbol{x}$ 是齐次线性方程组 $(\lambda\boldsymbol{E}-\boldsymbol{A})\boldsymbol{x}=\boldsymbol{0}$ 的非零解，故其系数矩阵的行列式应该等于零，即

$$|\lambda\boldsymbol{E}-\boldsymbol{A}|=0 \tag{5.2}$$

记
$$f(\lambda)=|\lambda\boldsymbol{E}-\boldsymbol{A}|=\begin{vmatrix}\lambda-a_{11} & -a_{12} & \cdots & -a_{1n}\\ -a_{21} & \lambda-a_{22} & \cdots & -a_{2n}\\ \vdots & \vdots & & \vdots\\ -a_{nn} & -a_{n2} & \cdots & \lambda-a_{nn}\end{vmatrix}$$

$$=\lambda^n-(a_{11}+a_{22}+\cdots+a_{nn})\lambda^{n-1}+\cdots+(-1)^n|\boldsymbol{A}| \tag{5.3}$$

这里，$f(\lambda)=|\lambda\boldsymbol{E}-\boldsymbol{A}|$ 是一个关于 λ 的 n 次多项式，称为方阵 $\boldsymbol{A}$ 的**特征多项式**；而 $|\lambda\boldsymbol{E}-\boldsymbol{A}|=0$ 是 λ 的一元 n 次方程，称为方阵 $\boldsymbol{A}$ 的**特征方程**．在复数范围内它有 n 个根 λ_1，λ_2，$\cdots$，λ_n，这 n 个根就是方阵 $\boldsymbol{A}$ 的**特征值**．将这 n 个根 λ_1，λ_2，$\cdots$，λ_n 分别代入齐次线性方程组 $(\lambda\boldsymbol{E}-\boldsymbol{A})\boldsymbol{x}=0$，就可以求出相应的非零特征向量 $\boldsymbol{x}$．于是求 $\boldsymbol{A}$ 的特征值和特征向量可以按以下步骤进行：

1. 计算 $\boldsymbol{A}$ 的特征多项式 $|\lambda\boldsymbol{E}-\boldsymbol{A}|$；

2. 求出特征方程 $|\lambda\boldsymbol{E}-\boldsymbol{A}|=0$ 的 n 个根（重根按重数计算）λ_1，λ_2，$\cdots$，λ_n；

3. 对每一个特征值 λ_i（$i=1, \cdots, n$），解齐次线性方程组 $(\lambda_i\boldsymbol{E}-\boldsymbol{A})\boldsymbol{x}=\boldsymbol{0}$，它的非零解

（通常取基础解系）就是属于 λ_i 的特征向量.

例 5.1 求方阵

$$A=\begin{bmatrix}-1&1&0\\-4&3&0\\1&0&2\end{bmatrix}$$

的特征值和特征向量.

解 A 的特征多项式为

$$|\lambda E-A|=\begin{vmatrix}\lambda+1&-1&0\\4&\lambda-3&0\\-1&0&\lambda-2\end{vmatrix}=(\lambda-2)(\lambda-1)^2,$$

所以 A 的特征值为 $\lambda_1=2$，$\lambda_2=\lambda_3=1$.

当 $\lambda_1=2$ 时，解齐次线性方程组 $(2E-A)x=0$. 由

$$2E-A=\begin{bmatrix}3&-1&0\\4&-1&0\\-1&0&0\end{bmatrix}\to\begin{bmatrix}1&0&0\\0&1&0\\0&0&0\end{bmatrix},$$

得基础解系

$$p_1=\begin{bmatrix}0\\0\\1\end{bmatrix}.$$

所以 k_1p_1（$k_1\neq0$）就是对应于 $\lambda_1=2$ 的全部特征向量.

当 $\lambda_2=\lambda_3=1$ 时，解齐次线性方程组 $(E-A)x=0$，由

$$E-A=\begin{bmatrix}2&-1&0\\4&-2&0\\-1&0&-1\end{bmatrix}\to\begin{bmatrix}1&0&1\\0&1&2\\0&0&0\end{bmatrix},$$

得基础解系 $p_2=\begin{bmatrix}-1\\-2\\1\end{bmatrix}$.

所以 k_2p_2（$k_2\neq0$）是对应于 $\lambda_2=\lambda_3=1$ 的全部特征向量.

例 5.2 求矩阵 $A=\begin{bmatrix}-2&1&1\\0&2&0\\-4&1&3\end{bmatrix}$ 的特征值和特征向量.

解 由

$$|\lambda E-A|=\begin{vmatrix}\lambda+2&-1&-1\\0&\lambda-2&0\\4&-1&\lambda-3\end{vmatrix}=(\lambda-2)\begin{vmatrix}\lambda+2&-1\\4&\lambda-3\end{vmatrix}$$

$$=(\lambda-2)(\lambda^2-\lambda-2)=(\lambda+1)(\lambda-2)^2$$

得 A 的特征值为 $\lambda_1=-1$，$\lambda_2=\lambda_3=2$.

当 $\lambda_1=-1$ 时，解方程组 $(E+A)x=0$. 由

$$E+A=\begin{bmatrix}1&-1&-1\\0&-3&0\\4&-1&-4\end{bmatrix}\to\begin{bmatrix}1&0&-1\\0&1&0\\0&0&0\end{bmatrix}$$

得基础解系

$$\boldsymbol{p}_1=\begin{bmatrix}1\\0\\1\end{bmatrix}.$$

所以 $k_1\boldsymbol{p}_1(k_1\neq 0)$ 是对应于 $\lambda_1=-1$ 的全部特征向量.

当 $\lambda_2=\lambda_3=2$ 时，解方程组 $(2\boldsymbol{E}-\boldsymbol{A})\boldsymbol{x}=0$. 由

$$2\boldsymbol{E}-\boldsymbol{A}=\begin{bmatrix}4&-1&-1\\0&0&0\\4&-1&-1\end{bmatrix}\to\begin{bmatrix}-4&1&1\\0&0&0\\0&0&0\end{bmatrix}$$

得基础解系

$$\boldsymbol{p}_2=\begin{bmatrix}0\\1\\-1\end{bmatrix},\ \boldsymbol{p}_3=\begin{bmatrix}1\\0\\4\end{bmatrix}.$$

所以对应于 $\lambda_2=\lambda_3=2$ 的全部特征向量为

$$k_2\boldsymbol{p}_2+k_3\boldsymbol{p}_3,\ (k_2,\ k_3\ \text{不同时为}\ 0).$$

以上例 5.1、例 5.2 都有二重特征值，而例 5.1 中的二重特征值对应两个线性相关的特征向量，例 5.2 中二重特征值对应两个线性无的特征向量，这对于下面将要学习的方阵对角化是十分重要的，希望引起读者的注意.

例 5.3 设 3 阶方阵 $\boldsymbol{A}$ 满足 $\boldsymbol{A}^2-2\boldsymbol{A}=\boldsymbol{0}$，且矩阵 $\boldsymbol{A}$ 的秩为 2，求 $\boldsymbol{A}$ 的特征值.

解 设 λ 是 $\boldsymbol{A}$ 的特征值，$\boldsymbol{x}$ 是 $\boldsymbol{A}$ 的关于 λ 所对应的特征向量，则有 $(\lambda\boldsymbol{E}-\boldsymbol{A})\boldsymbol{x}=\boldsymbol{0}$. 在 $\boldsymbol{A}^2-2\boldsymbol{A}=\boldsymbol{0}$ 的两端右乘 $\boldsymbol{x}$，得

$$\boldsymbol{A}^2\boldsymbol{x}-2\boldsymbol{A}\boldsymbol{x}=\boldsymbol{0}\Rightarrow\lambda^2\boldsymbol{x}-2\lambda\boldsymbol{x}=\boldsymbol{0},\ \text{即}\ \lambda(\lambda-2)\boldsymbol{x}=\boldsymbol{0}.$$

由于 $\boldsymbol{x}\neq 0$，所以 $\lambda(\lambda-2)=0$. 因此得 $\lambda=0$，$\lambda=2$.

又 $\boldsymbol{A}$ 的秩为 2，得 $\boldsymbol{A}$ 的特征值为 $\lambda_1=\lambda_2=0$，$\lambda_3=2$.

注 例 5.3 是一个抽象矩阵求特征值的问题，由所给的已知条件求出 λ，再根据约束条件（例如 $\boldsymbol{A}$ 的秩等于 2）确定 $\boldsymbol{A}$ 的特征值.

二、特征值与特征向量的性质

n 阶方阵 $\boldsymbol{A}$ 的特征值和特征向量具有以下一些性质.

性质 1 $\lambda_1+\cdots+\lambda_n=a_{11}+\cdots+a_{nn}$，$\lambda_1\cdots\lambda_n=|\boldsymbol{A}|$.（称 $\sum\limits_{i=1}^{n}a_{ii}$ 为 $\boldsymbol{A}$ 的迹，记为 $\mathrm{tr}\boldsymbol{A}$）

性质 2 若 $\boldsymbol{x}$ 是 $\boldsymbol{A}$ 的特征向量，则对 $k\neq 0$，$k\boldsymbol{x}$ 也是 $\boldsymbol{A}$ 的特征向量.

性质 3 若 $\boldsymbol{x}_1$，$\boldsymbol{x}_2$ 是 $\boldsymbol{A}$ 的属于 λ 的特征向量，则 $k_1\boldsymbol{x}_1+k_2\boldsymbol{x}_2$ 也是 $\boldsymbol{A}$ 的属于 λ 的特征向量.

性质 4 设 λ_1，λ_2，…，$\lambda_m(m\leqslant n)$ 是 $\boldsymbol{A}$ 的 m 个不同的特征值，$\boldsymbol{\beta}_1$，$\boldsymbol{\beta}_2$，…，$\boldsymbol{\beta}_m$ 为依次对应的特征向量，则 $\boldsymbol{\beta}_1$，$\boldsymbol{\beta}_2$，…，$\boldsymbol{\beta}_m$ 线性无关.

（证略）

第二节 相似矩阵

定义 5.2 设 $\boldsymbol{A}$、$\boldsymbol{B}$ 都是 n 阶方阵，若存在可逆矩阵 $\boldsymbol{P}$，使 $\boldsymbol{P}^{-1}\boldsymbol{A}\boldsymbol{P}=\boldsymbol{B}$，则称 $\boldsymbol{B}$ 和 $\boldsymbol{A}$ 是相似矩阵，记为 $\boldsymbol{A}\sim\boldsymbol{B}$.

注 相似矩阵具有自反性、对称性和传递性等特性（由定义 5.2 容易验证）.

关于相似矩阵的性质和关系，我们有以下一些结果.

定理 5.1 相似矩阵有相同的特征多项式，从而有相同的特征值.

证明 设 n 阶方阵 $\boldsymbol{A}$ 和 $\boldsymbol{B}$ 相似，故存在可逆矩阵 $\boldsymbol{P}$，使得 $\boldsymbol{P}^{-1}\boldsymbol{AP}=\boldsymbol{B}$，从而有

$$\begin{aligned}|\lambda\boldsymbol{E}-\boldsymbol{B}| &= |\boldsymbol{P}^{-1}(\lambda\boldsymbol{E})\boldsymbol{P}-\boldsymbol{P}^{-1}\boldsymbol{AP}| = |\boldsymbol{P}^{-1}(\lambda\boldsymbol{E}-\boldsymbol{A})\boldsymbol{P}| \\ &= |\boldsymbol{P}^{-1}||\lambda\boldsymbol{E}-\boldsymbol{A}||\boldsymbol{P}| = |\lambda\boldsymbol{E}-\boldsymbol{A}|\end{aligned}$$

即 $\boldsymbol{A}$ 和 $\boldsymbol{B}$ 有相同的特征多项式，从而有相同的特征值.

相似矩阵的一些其他性质.

(1) 相似矩阵的秩相等.（提示：相似矩阵一定等价，而等价的矩阵具有相同的秩）

(2) 相似矩阵的行列式相等.（提示：由 $\boldsymbol{A}$ 和 $\boldsymbol{B}$ 相似知，存在可逆矩阵 $\boldsymbol{P}$，使得 $\boldsymbol{P}^{-1}\boldsymbol{AP}=\boldsymbol{B}$，于此式两边取行列式即得）

(3) 相似矩阵具有相同的可逆性，当它们可逆时，它们的逆矩阵也相似.

证明 设 n 阶方阵 $\boldsymbol{A}$ 和 $\boldsymbol{B}$ 相似，则 $|\boldsymbol{A}|=|\boldsymbol{B}|$，故 $\boldsymbol{A}$ 与 $\boldsymbol{B}$ 具有相同的可逆性.

若 $\boldsymbol{A}$ 和 $\boldsymbol{B}$ 相似且都可逆，则存在可逆矩阵 $\boldsymbol{P}$，使得 $\boldsymbol{P}^{-1}\boldsymbol{AP}=\boldsymbol{B}$. 于是有

$$\boldsymbol{B}^{-1}=(\boldsymbol{P}^{-1}\boldsymbol{AP})^{-1}=\boldsymbol{P}^{-1}\boldsymbol{A}^{-1}\boldsymbol{P}\text{，这表明 }\boldsymbol{A}^{-1}\text{和 }\boldsymbol{B}^{-1}\text{相似.}$$

由定理 5.1 不难得出如下结果.

定理 5.2 若 $\boldsymbol{A}$ 相似于对角矩阵 $\boldsymbol{\Lambda}$，则 $\boldsymbol{\Lambda}$ 主对线上元素是 $\boldsymbol{A}$ 的 n 个特征值.

以下我们来介绍矩阵与对角矩阵相似的一些条件.

定理 5.3 n 阶方阵 $\boldsymbol{A}$ 能与对角矩阵 $\boldsymbol{\Lambda}$ 相似的充分必要条件是：$\boldsymbol{A}$ 有 n 个线性无关的特征向量.

定理 5.4 若 n 阶方阵 $\boldsymbol{A}$ 的 n 个特征值各不相同，则 $\boldsymbol{A}$ 与对角阵 $\boldsymbol{\Lambda}$ 相似.

（证略）

本节的重点是一般方阵能对角化的条件.

例 5.4 设矩阵

$$\boldsymbol{A}=\begin{bmatrix}-2&0&0\\2&x&2\\3&1&1\end{bmatrix},\ \boldsymbol{B}=\begin{bmatrix}-1&0&0\\0&2&0\\0&0&y\end{bmatrix}\text{，且 }\boldsymbol{A}\text{ 相似于 }\boldsymbol{B}\text{，求 }x\text{ 与 }y\text{ 的值.}$$

解 由于 $\boldsymbol{A}$ 相似于 $\boldsymbol{B}$，则由相似矩阵的性质 1 知，$\boldsymbol{A}$ 与 $\boldsymbol{B}$ 有相同的特征值，因而有 $\mathrm{tr}\boldsymbol{A}=\mathrm{tr}\boldsymbol{B}$，即有

$$-2+x+1=-1+2+y\Rightarrow x-y=2$$

再由 $|\lambda\boldsymbol{E}-\boldsymbol{A}|=0$，当 $\lambda=-1$ 时，

$$\begin{vmatrix}1&0&0\\-2&-x-1&-2\\-3&-1&-2\end{vmatrix}=2x+2-2=0.\ \text{得 }x=0\text{，从而 }y=-2$$

此类问题的求解可用性质 1：$\boldsymbol{A}$ 的迹 $\mathrm{tr}\boldsymbol{A}$ 等于 $\boldsymbol{A}$ 的所有特征值的和，与 $|\boldsymbol{A}|$ 等于 $\boldsymbol{A}$ 的所有特征值的积. 若以上两个方程相同，可以由 $|\lambda\boldsymbol{E}-\boldsymbol{A}|=0$，将对角矩阵 $\boldsymbol{B}$ 的主对角线上元素（即 $\boldsymbol{A}$ 的特征值）代入即得.

例 5.5 设矩阵

$$\boldsymbol{A}=\begin{bmatrix}3&2&-2\\-k&-1&k\\4&2&-3\end{bmatrix}$$

问当 k 为何值时，存在可逆矩阵 $\boldsymbol{P}$，使得 $\boldsymbol{P}^{-1}\boldsymbol{AP}=\boldsymbol{\Lambda}$? 并求出 $\boldsymbol{P}$ 和相应的对角矩阵.

解　由

$$|\lambda \boldsymbol{E}-\boldsymbol{A}|=\begin{vmatrix}\lambda-3 & -2 & 2\\ k & \lambda+1 & -k\\ -4 & -2 & \lambda+3\end{vmatrix}=\begin{vmatrix}\lambda-1 & -2 & 2\\ 0 & \lambda+1 & -k\\ \lambda-1 & -2 & \lambda+3\end{vmatrix}$$

$$=\begin{vmatrix}\lambda-1 & -2 & 2\\ 0 & \lambda+1 & -k\\ 0 & 0 & \lambda+1\end{vmatrix}=(\lambda-1)\ (\lambda+1)^2=0$$

得　$\lambda_1=\lambda_2=-1$，$\lambda_3=1$.

当$\lambda_1=\lambda_2=-1$时，

$$\lambda \boldsymbol{E}-\boldsymbol{A}=\begin{bmatrix}-4 & -2 & 2\\ k & 0 & -k\\ -4 & -2 & 2\end{bmatrix}\sim\begin{bmatrix}4 & 2 & -2\\ -k & 0 & k\\ 0 & 0 & 0\end{bmatrix}$$

显然当$k=0$时，$\mathrm{R}(\lambda \boldsymbol{E}-\boldsymbol{A})=1$，对应的特征向量为

$$\boldsymbol{\alpha}_1=\begin{bmatrix}-1\\ 2\\ 0\end{bmatrix},\ \boldsymbol{\alpha}_2=\begin{bmatrix}1\\ 0\\ 2\end{bmatrix}$$

当$\lambda_3=1$时，

$$\lambda \boldsymbol{E}-\boldsymbol{A}=\begin{bmatrix}-2 & -2 & 2\\ k & -2 & -k\\ -4 & -2 & 4\end{bmatrix}\sim\begin{bmatrix}1 & 0 & -1\\ 0 & 1 & 0\\ 0 & 0 & 0\end{bmatrix}$$

对应的特征向量为

$$\alpha_3=\begin{bmatrix}1\\ 0\\ 1\end{bmatrix}$$

因此当$k=0$时，令

$$\boldsymbol{P}=\begin{bmatrix}-1 & 1 & 1\\ 2 & 0 & 0\\ 0 & 2 & 1\end{bmatrix},\quad 则\quad \boldsymbol{P}^{-1}\boldsymbol{AP}=\begin{bmatrix}-1 & 0 & 0\\ 0 & -1 & 0\\ 0 & 0 & 1\end{bmatrix}.$$

解此类问题关键分析：$\boldsymbol{A}$应有二重特征值，并且二重特征值需对应两个线性无关的特征向量，从而由$\mathrm{R}(\lambda_2\boldsymbol{E}-\boldsymbol{A})=1$确定$k$，这是十分关键的一步.

例 5.6　设矩阵　$\boldsymbol{A}=\begin{bmatrix}1 & 2 & 2\\ 2 & 1 & 2\\ 2 & 2 & 1\end{bmatrix}$，求可逆矩阵$\boldsymbol{P}$和对角矩阵$\boldsymbol{\Lambda}$，使$\boldsymbol{P}^{-1}\boldsymbol{AP}=\boldsymbol{\Lambda}$.

解　由

$$|\lambda \boldsymbol{E}-\boldsymbol{A}|=\begin{vmatrix}\lambda-1 & -2 & -2\\ -2 & \lambda-1 & -2\\ -2 & -2 & \lambda-1\end{vmatrix}=-(\lambda-5)(\lambda+1)^2=0$$

得A的特征值为$\lambda_1=5$，$\lambda_2=\lambda_3=-1$.

当$\lambda_1=5$时，代入方程组（$\lambda\boldsymbol{E}-\boldsymbol{A}$）$\boldsymbol{x}=\boldsymbol{0}$，即

$$\begin{bmatrix}4 & -2 & -2\\ -2 & 4 & -2\\ -2 & -2 & 4\end{bmatrix}\begin{bmatrix}x_1\\ x_2\\ x_3\end{bmatrix}=\begin{bmatrix}0\\ 0\\ 0\end{bmatrix}$$

求得 $\lambda_1=5$ 时对应的一个特征向量为 $\boldsymbol{\alpha}_1=\begin{bmatrix}1\\1\\1\end{bmatrix}$.

当 $\lambda_2=\lambda_3=-1$ 时，代入方程组（$\lambda\boldsymbol{E}-\boldsymbol{A}$）$\boldsymbol{x}=\boldsymbol{0}$，即

$$\begin{bmatrix}-2&-2&-2\\-2&-2&-2\\-2&-2&-2\end{bmatrix}\begin{bmatrix}x_1\\x_2\\x_3\end{bmatrix}=\begin{bmatrix}0\\0\\0\end{bmatrix}$$

求得 $\lambda_2=\lambda_3=-1$ 时对应的特征向量为

$$\boldsymbol{\alpha}_2=\begin{bmatrix}-1\\1\\0\end{bmatrix},\ \boldsymbol{\alpha}_3=\begin{bmatrix}-1\\0\\1\end{bmatrix}$$

令矩阵 $\boldsymbol{P}=(\boldsymbol{\alpha}_1,\ \boldsymbol{\alpha}_2,\ \boldsymbol{\alpha}_3)$，则 $\boldsymbol{P}$ 为可逆矩阵，且 $\boldsymbol{P}^{-1}\boldsymbol{AP}=\begin{bmatrix}5&0&0\\0&-1&0\\0&0&-1\end{bmatrix}$.

第三节　向量的内积

由于方阵的相似对角化和二次型的化简等问题都涉及向量的内积等概念，本节介绍相关定义及其性质.

定义 5.3　设有 n 维向量

$$\boldsymbol{x}=\begin{bmatrix}x_1\\x_2\\\vdots\\x_n\end{bmatrix},\ \boldsymbol{y}=\begin{bmatrix}y_1\\y_2\\\vdots\\y_n\end{bmatrix}.$$

令 $[\boldsymbol{x},\ \boldsymbol{y}]=x_1y_1+x_2y_2+\cdots+x_ny_n$，则称 $[\boldsymbol{x},\ \boldsymbol{y}]$ 为向量 $\boldsymbol{x}$ 与 $\boldsymbol{y}$ 的**内积**.

注　内积的结果是一个数（或是一个多项式）.

不难验证，向量的内积具有下列一些运算性质.

设 $\boldsymbol{x}$，$\boldsymbol{y}$，$\boldsymbol{z}$ 为 n 维向量，λ 为实数. 则有：

(1) $[\boldsymbol{x},\ \boldsymbol{y}]=[\boldsymbol{y},\ \boldsymbol{x}]$；

(2) $[\lambda\boldsymbol{x},\ \boldsymbol{y}]=\lambda[\boldsymbol{y},\ \boldsymbol{x}]$；

(3) $[\boldsymbol{x}+\boldsymbol{y},\ \boldsymbol{z}]=[\boldsymbol{x},\ \boldsymbol{z}]+[\boldsymbol{y},\ \boldsymbol{z}]$.

定义 5.4　称 $\|x\|=\sqrt{[\boldsymbol{x},\ \boldsymbol{x}]}=\sqrt{x_1^2+x_2^2+\cdots+x_n^2}$ 为向量 $\boldsymbol{x}$ 的**范数**（或**长度**）.

注　向量的范数是一个数. 且具有如下性质：

(1) **非负性**　当 $\boldsymbol{x}\neq\boldsymbol{0}$ 时，$\|\boldsymbol{x}\|>0$，当 $\boldsymbol{x}=\boldsymbol{0}$ 时，$\|\boldsymbol{x}\|=0$；

(2) **齐次性**　$\|\lambda\boldsymbol{x}\|=\lambda\|\boldsymbol{x}\|$；

(3) **三角不等式**　$\|\boldsymbol{x}+\boldsymbol{y}\|\leqslant\|\boldsymbol{x}\|+\|\boldsymbol{y}\|$.

定义 5.5　称 $\|\boldsymbol{x}\|=\sqrt{[\boldsymbol{x},\ \boldsymbol{x}]}=1$ 时的向量 $\boldsymbol{x}$ 为**单位向量**.

注　将一个非零向量单位化的方法是：$\forall\,\boldsymbol{\alpha}\neq\boldsymbol{0}$，$\boldsymbol{e}=\dfrac{\boldsymbol{\alpha}}{\|\boldsymbol{\alpha}\|}$.

定义 5.6　当 $\|\boldsymbol{x}\|\neq0$，$\|\boldsymbol{y}\|\neq0$ 时，称

$$\theta = \arccos \frac{[\boldsymbol{x}, \boldsymbol{y}]}{\|\boldsymbol{x}\| \cdot \|\boldsymbol{y}\|}$$

为向量 x 与 y 的夹角.

定义 5.7 **正交向量组**是指一组两两正交的单位向量.

显然，**正交向量组是线性无关的**.

定义 5.8 设 n 维向量组 $\boldsymbol{e}_1, \boldsymbol{e}_2, \cdots, \boldsymbol{e}_r$ 是向量空间 $\boldsymbol{V}$ 的一个基，如果 $\boldsymbol{e}_1, \boldsymbol{e}_2, \cdots, \boldsymbol{e}_r$ 两两正交，且都是单位向量，则称 $\boldsymbol{e}_1, \boldsymbol{e}_2, \cdots, \boldsymbol{e}_r$ 是 $\boldsymbol{V}$ 的一个**标准正交基**.

一般地，利用向量空间 $\boldsymbol{V}$ 的一个极大线性无关向量组并通过**施密特正交化**的方法可以获得 $\boldsymbol{V}$ 的一个标准正交基.

设向量组 $\boldsymbol{\alpha}_1, \boldsymbol{\alpha}_2, \cdots, \boldsymbol{\alpha}_r$ 线性无关，用**施密特正交化**方法将其化为正交的单位向量组（或称标准正交向量组），具体做法如下.

先把向量组 $\boldsymbol{\alpha}_1, \boldsymbol{\alpha}_2, \cdots, \boldsymbol{\alpha}_r$ 正交化:

取 $\boldsymbol{\beta}_1 = \boldsymbol{\alpha}_1$,

$$\boldsymbol{\beta}_2 = \boldsymbol{\alpha}_2 - \frac{[\boldsymbol{\alpha}_2, \boldsymbol{\beta}_1]}{[\boldsymbol{\beta}_1, \boldsymbol{\beta}_1]}\boldsymbol{\beta}_1,$$

$$\boldsymbol{\beta}_3 = \boldsymbol{\alpha}_3 - \frac{[\boldsymbol{\alpha}_3, \boldsymbol{\beta}_1]}{[\boldsymbol{\beta}_1, \boldsymbol{\beta}_1]}\boldsymbol{\beta}_1 - \frac{[\boldsymbol{\alpha}_3, \boldsymbol{\beta}_2]}{[\boldsymbol{\beta}_2, \boldsymbol{\beta}_2]}\boldsymbol{\beta}_2,$$

……

$$\boldsymbol{\beta}_r = \boldsymbol{\alpha}_r - \frac{[\boldsymbol{\alpha}_r, \boldsymbol{\beta}_1]}{[\boldsymbol{\beta}_1, \boldsymbol{\beta}_1]}\boldsymbol{\beta}_1 - \frac{[\boldsymbol{\alpha}_r, \boldsymbol{\beta}_2]}{[\boldsymbol{\beta}_2, \boldsymbol{\beta}_2]}\boldsymbol{\beta}_2 - \cdots - \frac{[\boldsymbol{\alpha}_r, \boldsymbol{\beta}_{r-1}]}{[\boldsymbol{\beta}_{r-1}, \boldsymbol{\beta}_{r-1}]}\boldsymbol{\beta}_{r-1}.$$

此时向量组 $\boldsymbol{\beta}_1, \boldsymbol{\beta}_2, \cdots, \boldsymbol{\beta}_r$ 便是一个正交向量组.

再把向量组 $\boldsymbol{\beta}_1, \boldsymbol{\beta}_2, \cdots, \boldsymbol{\beta}_r$ 中的各个向量单位化:

令 $\boldsymbol{e}_1 = \dfrac{\boldsymbol{\beta}_1}{\|\boldsymbol{\beta}_1\|}, \boldsymbol{e}_2 = \dfrac{\boldsymbol{\beta}_2}{\|\boldsymbol{\beta}_2\|}, \boldsymbol{e}_3 = \dfrac{\boldsymbol{\beta}_3}{\|\boldsymbol{\beta}_3\|}, \cdots, \boldsymbol{e}_r = \dfrac{\boldsymbol{\beta}_r}{\|\boldsymbol{\beta}_r\|}$.

则所得的向量组 $\boldsymbol{e}_1, \boldsymbol{e}_2, \cdots, \boldsymbol{e}_r$ 就是一个标准正交化（正交规范化）向量组.

注 通常也将上述正交化过程简单地表示为

$$\boldsymbol{\beta}_1 = \boldsymbol{\alpha}_1, \boldsymbol{\beta}_2 = \boldsymbol{\alpha}_2 - [\boldsymbol{\alpha}_2, \boldsymbol{e}_1]\boldsymbol{e}_1; \boldsymbol{\beta}_3 = \boldsymbol{\alpha}_3 - [\boldsymbol{\alpha}_3, \boldsymbol{e}_1]\boldsymbol{e}_1 - [\boldsymbol{\alpha}_3, \boldsymbol{e}_2]\boldsymbol{e}_2, \cdots,$$

$\boldsymbol{\beta}_r = \boldsymbol{\alpha}_r - [\boldsymbol{\alpha}_r, \boldsymbol{e}_1]\boldsymbol{e}_1 - [\boldsymbol{\alpha}_r, \boldsymbol{e}_2]\boldsymbol{e}_2 - \cdots - [\boldsymbol{\alpha}_r, \boldsymbol{e}_{r-1}]\boldsymbol{e}_{r-1}$.（这里的 $\boldsymbol{e}_i$，$i=1, 2, \cdots, r$ 与上述相同）

定义 5.9 如果 n 阶方阵 $\boldsymbol{A}$ 满足

$$\boldsymbol{A}^{\mathrm{T}}\boldsymbol{A} = \boldsymbol{E}$$

则称 $\boldsymbol{A}$ 为**正交矩阵**.

例 5.7 已知向量 $\boldsymbol{\alpha}_3 = (1, 1, 1)^{\mathrm{T}}$，求一组非零向量 $\boldsymbol{\alpha}_1, \boldsymbol{\alpha}_2$，使 $\boldsymbol{\alpha}_1$ 与 $\boldsymbol{\alpha}_2, \boldsymbol{\alpha}_3$ 正交，并把 $\boldsymbol{\alpha}_1, \boldsymbol{\alpha}_2, \boldsymbol{\alpha}_3$ 化成 R^3 的一个标准正交基.

解 设所求的向量 $\boldsymbol{x}$，使 $[\boldsymbol{\alpha}_3, \boldsymbol{x}] = 0$，即

$$x_1 + x_2 + x_3 = 0,$$

它的基础解系为

$$\boldsymbol{\alpha}_1 = \begin{bmatrix} 1 \\ 0 \\ -1 \end{bmatrix}, \boldsymbol{\alpha}_2 = \begin{bmatrix} 0 \\ 1 \\ -1 \end{bmatrix}.$$

把它们标准正交化，为此，取

$$\boldsymbol{\beta}_1=\boldsymbol{\alpha}_1,\qquad \boldsymbol{e}_1=\frac{1}{\sqrt{2}}(1,\ 0,\ -1)^{\mathrm{T}},$$

$$\boldsymbol{\beta}_2=\boldsymbol{\alpha}_2-[\boldsymbol{\alpha}_2,\ \boldsymbol{e}_1]\boldsymbol{e}_1=(0,\ 1,\ -1)^{\mathrm{T}}-\frac{1}{\sqrt{2}}\cdot\frac{1}{\sqrt{2}}(1,\ 0,\ -1)^{\mathrm{T}}=\left(-\frac{1}{2},\ 1,\ -\frac{1}{2}\right)^{\mathrm{T}},$$

$$\boldsymbol{e}_2=\frac{2}{\sqrt{6}}\left(-\frac{1}{2},\ 1,\ -\frac{1}{2}\right)^{\mathrm{T}},\qquad \boldsymbol{e}_3=\frac{1}{\sqrt{3}}(1,\ 1,\ 1)^{\mathrm{T}}.$$

显然 $\boldsymbol{e}_1$，$\boldsymbol{e}_2$，$\boldsymbol{e}_3$ 是两两正交的单位向量，故 $\boldsymbol{e}_1$，$\boldsymbol{e}_2$，$\boldsymbol{e}_3$ 是 R^3 的一个标准正交基.

解本题的关键在于所求向量与已知向量正交，由它们的内积等于零，得出齐次线性方程组，其基础解系即为所求的向量，然后再把已知的 3 个向量施密特标准正交化.

例 5.8 验证矩阵

$$\boldsymbol{A}=\frac{1}{3}\begin{bmatrix}1 & 2 & 2\\ 2 & 1 & -2\\ 2 & -2 & 1\end{bmatrix}$$

是正交矩阵.

解

$$\text{因为 } \boldsymbol{A}^{\mathrm{T}}\boldsymbol{A}=\frac{1}{9}\begin{bmatrix}1 & 2 & 2\\ 2 & 1 & -2\\ 2 & -2 & 1\end{bmatrix}\begin{bmatrix}1 & 2 & 2\\ 2 & 1 & -2\\ 2 & -2 & 1\end{bmatrix}=\boldsymbol{E},$$

故 $\boldsymbol{A}$ 是正交矩阵.

第四节　实对称矩阵及其对角化

一、实对称矩阵的一些性质

实对称矩阵是一类很重要的矩阵，它具有一些特殊的性质，特别是，它可以正交相似于一个实对角阵. 下面我们来介绍它的一些性质.

性质 1　实对称矩阵的特征值为实数.

性质 2　实对称矩阵不同的特征值所对应的特征向量是正交的.

性质 3　设 λ_k 是实对称矩阵 $\boldsymbol{A}$ 的 k 重特征值，则矩阵 $\lambda\boldsymbol{E}-\boldsymbol{A}$ 的秩 $\mathrm{R}(\lambda\boldsymbol{E}-\boldsymbol{A})=n-k$，从而对应 k 重特征值 λ_k 恰有 k 个线性无关的特征向量.

性质 4　设 $\boldsymbol{A}$ 为 n 阶实对称矩阵，则必有正交矩阵 $\boldsymbol{P}$，使 $\boldsymbol{P}^{-1}\boldsymbol{A}\boldsymbol{P}=\boldsymbol{\Lambda}$，其中 $\boldsymbol{\Lambda}$ 是以 $\boldsymbol{A}$ 的 n 个特征值为对角元素的对角矩阵.

二、实对称矩阵的对角化

首先，由第二节所介绍的关于特征值与特征向量的性质 3 可知.

定理 5.5　设 $\boldsymbol{A}$ 是 n 阶实对称矩阵，λ_1，λ_2，$\cdots$，λ_n 是 $\boldsymbol{A}$ 的 n 个特征值（它们不必互不相同），那么存在正交阵 $\boldsymbol{T}$，使

$$\boldsymbol{T}^{-1}\boldsymbol{A}\boldsymbol{T}=\boldsymbol{T}^{\mathrm{T}}\boldsymbol{A}\boldsymbol{T}=\begin{bmatrix}\lambda_1 & & & \\ & \lambda_2 & & \\ & & \ddots & \\ & & & \lambda_n\end{bmatrix}.$$

定理并没有告诉我们怎样具体求出正交阵 $\boldsymbol{T}$，但是性质2保证了属于不同特征值的特征向量（他们一定可以取成实向量）一定正交，并且可以证明：对任意一个重数为 d（$\geqslant 1$）的特征值 λ，一定可以找到属于特征值 λ 的 d 个线性无关的特征向量，通过 Gram - Schmidt 正交化过程，找到 d 个属于特征值 λ 的两两正交的特征向量. 这样，我们可以得到 $\boldsymbol{A}$ 的 n 个两两正交的特征向量，再把它们单位化，就得到了 R^n 的一个标准正交基，他们仍然是 $\boldsymbol{A}$ 的 n 个线性无关的特征向量，作为列向量构成正交阵 $\boldsymbol{T}$.

例 5.9 设
$$\boldsymbol{A}=\begin{bmatrix} 2 & -1 \\ -1 & 2 \end{bmatrix},$$
求正交矩阵 $\boldsymbol{P}$ 和对角矩阵 $\boldsymbol{\Lambda}$，使 $\boldsymbol{P}^{-1}\boldsymbol{A}\boldsymbol{P}=\boldsymbol{P}^{\mathrm{T}}\boldsymbol{A}\boldsymbol{P}=\boldsymbol{\Lambda}$.

解 首先计算 $\boldsymbol{A}$ 的特征值，由
$$|\lambda \boldsymbol{E}-\boldsymbol{A}|=\begin{vmatrix} \lambda-2 & 1 \\ 1 & \lambda-2 \end{vmatrix}=(\lambda-1)(\lambda-3),$$
得 $\boldsymbol{A}$ 的特征值为 $\lambda_1=1$，$\lambda_2=3$.

再分别求出特征值 $\lambda_1=1$，$\lambda_2=3$ 所属的特征向量.

将 $\lambda_1=1$，$\lambda_2=3$ 分别代入关于 $\boldsymbol{x}=(x_1, x_2)^{\mathrm{T}}$ 的齐次线性方程组
$$(\lambda \boldsymbol{E}-\boldsymbol{A})\boldsymbol{x}=\boldsymbol{0},$$
可以求得属于特征值 $\lambda_1=1$ 的特征向量为 $\boldsymbol{\alpha}_1=(1, 1)^{\mathrm{T}}$，单位化得 $\boldsymbol{\beta}_1=\frac{1}{\sqrt{2}}(1, 1)^{\mathrm{T}}$.

而属于特征值 $\lambda_2=3$ 的特征向量为 $\boldsymbol{\alpha}_2=(1, -1)^{\mathrm{T}}$，单位化得 $\boldsymbol{\beta}_2=\frac{1}{\sqrt{2}}(1, -1)^{\mathrm{T}}$.

令 $\boldsymbol{P}=(\boldsymbol{\beta}_1, \boldsymbol{\beta}_2)=\frac{1}{\sqrt{2}}\begin{bmatrix} 1 & 1 \\ 1 & -1 \end{bmatrix}$，则 $\boldsymbol{P}$ 是正交矩阵，且
$$\boldsymbol{P}^{-1}\boldsymbol{A}\boldsymbol{P}=\boldsymbol{P}^{\mathrm{T}}\boldsymbol{A}\boldsymbol{P}=\begin{bmatrix} 1 & 0 \\ 0 & 3 \end{bmatrix}.$$

例 5.10 设矩阵
$$\boldsymbol{A}=\begin{bmatrix} 1 & 2 & 2 \\ 2 & 1 & 2 \\ 2 & 2 & 1 \end{bmatrix},$$
求正交矩阵 $\boldsymbol{P}$ 和对角阵 $\boldsymbol{\Lambda}$，使 $\boldsymbol{P}^{-1}\boldsymbol{A}\boldsymbol{P}=\boldsymbol{\Lambda}$.

解 由
$$|\boldsymbol{A}-\lambda \boldsymbol{E}|=\begin{vmatrix} 1-\lambda & 2 & 2 \\ 2 & 1-\lambda & 2 \\ 2 & 2 & 1-\lambda \end{vmatrix}=(\lambda-5)(1+\lambda)^2=0$$
得 $\boldsymbol{A}$ 的特征值为 $\lambda_1=5$，$\lambda_2=\lambda_3=-1$.

当 $\lambda_1=5$ 时，代入方程组 $(\boldsymbol{A}-\lambda \boldsymbol{E})\boldsymbol{x}=\boldsymbol{0}$，即
$$\begin{bmatrix} -4 & 2 & 2 \\ 2 & -4 & 2 \\ 2 & 2 & -4 \end{bmatrix}\begin{bmatrix} x_1 \\ x_2 \\ x_3 \end{bmatrix}=\begin{bmatrix} 0 \\ 0 \\ 0 \end{bmatrix},$$
解得 $\lambda_1=5$ 时一个特征向量为
$$\boldsymbol{\alpha}_1=\begin{bmatrix} 1 \\ 1 \\ 1 \end{bmatrix}.$$

当 $\lambda_2=\lambda_3=-1$ 时，代入方程组 $(\boldsymbol{A}-\lambda\boldsymbol{E})\boldsymbol{x}=\boldsymbol{0}$，即

$$\begin{bmatrix}2&2&2\\2&2&2\\2&2&2\end{bmatrix}\begin{bmatrix}x_1\\x_2\\x_3\end{bmatrix}=\begin{bmatrix}0\\0\\0\end{bmatrix},$$

解得 $\lambda_2=\lambda_3=-1$ 时对应的特征向量为

$$\boldsymbol{\alpha}_2=\begin{bmatrix}-1\\1\\0\end{bmatrix},\ \boldsymbol{\alpha}_3=\begin{bmatrix}-1\\0\\1\end{bmatrix}.$$

显然 $\boldsymbol{\alpha}_1$ 与 $\boldsymbol{\alpha}_2$，$\boldsymbol{\alpha}_3$ 正交，但 $\boldsymbol{\alpha}_2$，$\boldsymbol{\alpha}_3$ 是线性无关的，可以用施密特标准正交化把 $\boldsymbol{\alpha}_2$，$\boldsymbol{\alpha}_3$ 化成两两正交的单位向量，这样较麻烦，但 $\boldsymbol{\alpha}_2+\boldsymbol{\alpha}_3$ 与 $\boldsymbol{\alpha}_2-\boldsymbol{\alpha}_3$ 正交，并且是上面线性方程组的解，故只需单位化

$$\boldsymbol{P}_1=\frac{1}{\sqrt{3}}\begin{bmatrix}1\\1\\1\end{bmatrix},\ \boldsymbol{P}_2=\frac{1}{\sqrt{6}}\begin{bmatrix}-2\\1\\1\end{bmatrix},\ \boldsymbol{P}_3=\frac{1}{\sqrt{2}}\begin{bmatrix}0\\1\\-1\end{bmatrix},$$

令矩阵 $\boldsymbol{P}=(\boldsymbol{P}_1,\boldsymbol{P}_2,\boldsymbol{P}_3)$，则 $\boldsymbol{P}$ 为正交矩阵，且

$$\boldsymbol{P}^{-1}\boldsymbol{A}\boldsymbol{P}=\begin{bmatrix}5&0&0\\0&-1&0\\0&0&-1\end{bmatrix}.$$

习 题 五

1. 求下列矩阵的特征值和特征向量：

(1) $\begin{bmatrix}1&-1&1\\2&-2&2\\-1&1&1\end{bmatrix}$；　(2) $\begin{bmatrix}0&0&1\\0&1&0\\1&0&0\end{bmatrix}$；　(3) $\begin{bmatrix}-1&1&0\\-4&3&0\\1&0&2\end{bmatrix}$；

(4) $\begin{bmatrix}2&1&1\\-2&5&1\\-3&2&5\end{bmatrix}$.

2. 第1题中哪些矩阵能与对角矩阵相似？为什么？

3. 把下列向量组正交化：

(1) $\boldsymbol{\alpha}_1^{\mathrm{T}}=(1,\ 2-1)$，$\boldsymbol{\alpha}_2^{\mathrm{T}}=(-1,\ 3,\ 1)$ $\boldsymbol{\alpha}_3^{\mathrm{T}}=(4,\ -1,\ 0)$；

(2) $\boldsymbol{\alpha}_1^{\mathrm{T}}=(1,\ 1,\ 0,\ 0)$，$\boldsymbol{\alpha}_2^{\mathrm{T}}=(-1,\ 0,\ 0,\ 1)$ $\boldsymbol{\alpha}_3^{\mathrm{T}}=(1,\ 0,\ 1,\ 0)$，$\boldsymbol{\alpha}_3^{\mathrm{T}}=(1,\ -1,\ -1,\ 1)$.

4. 判断下列矩阵是否是正交矩阵：

(1) $\begin{bmatrix}1&-\frac{1}{2}&\frac{1}{3}\\-\frac{1}{2}&1&\frac{1}{2}\\\frac{1}{3}&\frac{1}{2}&-1\end{bmatrix}$；　(2) $\begin{bmatrix}\frac{1}{9}&-\frac{8}{9}&-\frac{4}{9}\\-\frac{8}{9}&\frac{1}{9}&-\frac{4}{9}\\-\frac{4}{9}&-\frac{4}{9}&\frac{7}{9}\end{bmatrix}$.

5. 设 $\boldsymbol{A}$，$\boldsymbol{B}$ 都是正交矩阵，证明 $\boldsymbol{AB}$ 也是正交矩阵.

6. 求出正交矩阵 $\boldsymbol{P}$ 使 $\boldsymbol{P}^{-1}\boldsymbol{A}\boldsymbol{P}=\boldsymbol{P}^{\mathrm{T}}\boldsymbol{A}\boldsymbol{P}$ 成为对角矩阵：

(1) $A=\begin{bmatrix}2&-2&0\\-2&1&-2\\0&-2&0\end{bmatrix}$;　(2) $A=\begin{bmatrix}3&1&2\\1&3&-2\\2&-2&0\end{bmatrix}$;　(3) $A=\begin{bmatrix}2&2&-2\\2&5&-4\\-2&-4&5\end{bmatrix}$.

7. 设

$$A=\begin{bmatrix}0&1&0&0\\0&0&1&0\\0&0&0&1\\-a&-b&-c&-d\end{bmatrix}.$$

(1) 求A的特征多项式;

(2) 如果λ是A的特征值，证明$(1, \lambda, \lambda^2, \lambda^3)^T$是属于$\lambda$的特征向量.

8. 设A与B相似，证明

(1) $|A|=|B|$; (2) A^T与B^T相似; (3) A可逆的充要条件为B可逆，且A^{-1}与B^{-1}相似.

9. 设三阶方阵A的特征值为$\lambda_1=1$, $\lambda_2=0$, $\lambda_3=-1$，对应的特征向量分别为

$$\alpha_1=(1, 2, 1)^T, \alpha_2=(2, -2, 1)^T, \alpha_3=(-2, -1, 2)^T,$$

求A.

10. 设$A=\begin{bmatrix}1&4&2\\0&-3&4\\0&4&3\end{bmatrix}$，求$A^{100}$.

11. 设$A=\begin{bmatrix}1&-2&-4\\-2&x&-2\\-4&-2&1\end{bmatrix}$与$B=\begin{bmatrix}5&0&0\\0&-4&0\\0&0&y\end{bmatrix}$相似，求$x$, y，并求正交矩阵P使$P^{-1}AP=B$.

12. 设三阶实对称矩阵A的三个特征值为$\lambda_1=-1$, $\lambda_2=\lambda_3=1$，对应于$\lambda_1=-1$的特征向量为$\eta_1=(0, 1, 1)^T$，求A.

13. 计算

(1) 设$A=\begin{bmatrix}3&-2\\-2&3\end{bmatrix}$，求$\varphi(A)=A^{10}-5A^9$;

(2) 设$A=\begin{bmatrix}2&1&2\\1&2&2\\2&2&1\end{bmatrix}$，求$\varphi(A)=A^{10}-6A^9+5A^8$.

测试题五

一、单项选择题 (4×4=16分)

1. 设$\lambda=2$是非奇异矩阵A的特征值，则矩阵$\left(\frac{1}{3}A^2\right)^{-1}$有一个特征值等于（　　）.

(A) $\frac{4}{3}$　　(B) $\frac{3}{4}$　　(C) $\frac{1}{2}$　　(D) $\frac{1}{4}$

2. 若n阶矩阵A的任意一行中n个元素的和都是a，则A有一个特征值等于（　　）.

(A) a　　(B) $-a$　　(C) 0　　(D) a^{-1}

3. 设 λ 是可逆矩阵 $\boldsymbol{A}$ 的一个特征值，则 $\boldsymbol{A}$ 的伴随矩阵 $\boldsymbol{A}^*$ 有一个特征值等于（　　）.

(A) $\lambda^{-1}|\boldsymbol{A}|^n$　　(B) $\lambda^{-1}|\boldsymbol{A}|$　　(C) $\lambda|A|$　　(D) $\lambda|\boldsymbol{A}|^n$

4. 设 λ_1，λ_2 是 n 阶矩阵 $\boldsymbol{A}$ 的特征值，$\boldsymbol{\xi}_1$，$\boldsymbol{\xi}_2$ 是 $\boldsymbol{A}$ 的分别属于 λ_1，λ_2 的特征向量，则（　　）.

(A) 当 $\lambda_1=\lambda_2$ 时，$\boldsymbol{\xi}_1$，$\boldsymbol{\xi}_2$ 一定成比例　　(B) 当 $\lambda_1=\lambda_2$ 时，$\boldsymbol{\xi}_1$，$\boldsymbol{\xi}_2$ 一定不成比例

(C) 当 $\lambda_1\neq\lambda_2$ 时，$\boldsymbol{\xi}_1$，$\boldsymbol{\xi}_2$ 一定成比例　　(D) 当 $\lambda_1\neq\lambda_2$ 时，$\boldsymbol{\xi}_1$，$\boldsymbol{\xi}_2$ 一定不成比例

二、填空题（4×4=16分）

1. 已知 $\boldsymbol{A}=\begin{bmatrix}3&2&3\\2&3&2\\2&2&3\end{bmatrix}$，则 $\boldsymbol{A}$ 的伴随矩阵 $\boldsymbol{A}^*$ 的特征值是__________.

2. 已知 $\boldsymbol{A}$ 是三阶不可逆矩阵，$\boldsymbol{A}^*$ 是 $\boldsymbol{A}$ 的伴随矩阵，$\boldsymbol{E}$ 是三阶单位矩阵，那么 $2\boldsymbol{A}^*+3\boldsymbol{E}$ 必有特征值__________.

3. 已知 $\boldsymbol{A}$ 是三阶方阵，其特征值分别为1，2，-3，则行列式 $|\boldsymbol{A}|$ 中对角线元素的代数余子式之和 $\boldsymbol{A}_{11}+\boldsymbol{A}_{22}+\boldsymbol{A}_{33}=$__________.

4. 设 $\boldsymbol{\alpha}=(1,\ -1,\ 2)^{\mathrm{T}}$，$\boldsymbol{\beta}=(1,\ a,\ 2)^{\mathrm{T}}$，$\boldsymbol{A}=\boldsymbol{E}+\boldsymbol{\alpha}\boldsymbol{\beta}^{\mathrm{T}}$，且 $\lambda=3$ 是矩阵 $\boldsymbol{A}$ 的特征值，则矩阵 $\boldsymbol{A}$ 属于特征值 $\lambda=3$ 的特征向量是__________.

三、计算题（10×4=40分）

1. 已知矩阵 $\boldsymbol{A}=\begin{bmatrix}1&4\\2&3\end{bmatrix}$，

（1）求 $\boldsymbol{A}$ 的特征值与特征向量；

（2）求可逆矩阵 $\boldsymbol{P}$，使 $\boldsymbol{P}^{-1}\boldsymbol{AP}$ 为对角矩阵.

2. 已知 $\boldsymbol{A}=\begin{bmatrix}2&-2&0\\-2&1&-2\\0&-2&0\end{bmatrix}$，求正交矩阵 $\boldsymbol{B}$，使 $\boldsymbol{B}^{\mathrm{T}}\boldsymbol{AB}$ 为对角矩阵.

3. 已知 $f(x)=x^2+2x+1$，且 $\boldsymbol{A}=\begin{bmatrix}1&2\\3&4\end{bmatrix}$，求 $f(\boldsymbol{A})$ 的特征值.

4. 已知 $\boldsymbol{\xi}=(1,\ 1,\ -1)^{\mathrm{T}}$ 是

$$\boldsymbol{A}=\begin{bmatrix}2&-1&2\\5&a&3\\-1&b&-2\end{bmatrix}$$

的一个特征向量，试确定参数 a，b.

四、综合题（16分）

1. 齐次线性方程组 $(\lambda_0\boldsymbol{E}-\boldsymbol{A})\boldsymbol{X}=\boldsymbol{0}$ 的解向量是否都是 $\boldsymbol{A}$ 属于 λ_0 的特征向量？

2. 如果 $\boldsymbol{X}_1$，$\boldsymbol{X}_2$，…，$\boldsymbol{X}_m$ 都是 $\boldsymbol{A}$ 属于 λ_0 的特征向量，问 $\boldsymbol{X}_1$，$\boldsymbol{X}_2$，…，$\boldsymbol{X}_m$ 的任意线性组合是否都是 $\boldsymbol{A}$ 属于 λ_0 的特征向量？

五、证明题（12分）

证明：一个列向量 $\boldsymbol{\alpha}$ 不可能是矩阵 $\boldsymbol{A}$ 的两个不同特征值的特征向量.

第六章　二次型及其标准形

在解析几何中，为了便于研究二次曲线

$$ax^2 + bxy + cy^2 = 1 \tag{1}$$

的几何性质，通常选用适当的坐标旋转变换

$$\begin{cases} x = x'\cos\theta - y'\sin\theta \\ y = x'\sin\theta + y'\cos\theta \end{cases} \tag{2}$$

将它的方程化为标准形式

$$mx'^2 + ny'^2 = 1 \tag{3}$$

这个方程的特点是左边只含有单个变量 x' 和 y' 的平方项，不含变量的交叉乘积项．由此判别出二次曲线的具体类型，进而讨论它的一些性质．

式（1）左端的每一项（关于 x，y）都是二次的，即它是 x，y 的二次齐次多项式，称它为 x，y 的二次型．上述问题表明，需要研究二次型在像式（2）那样的变量替换下，化成只含有平方项的二次型．

本章对一般的二次型来研究这样的问题．

第一节　二次型及其矩阵

一、二次型及其矩阵

定义 6.1　含有 n 个变量 x_1，x_2，…，x_n 的二次齐次函数

$$\begin{aligned} f(x_1, x_2, \cdots, x_n) = {} & a_{11}x_1^2 + 2a_{12}x_1x_2 + 2a_{13}x_1x_3 + \cdots + 2a_{1n}x_1x_n \\ & + a_{22}x_2^2 + 2a_{23}x_2x_3 + \cdots + 2a_{2n}x_2x_n \\ & + a_{33}x_3^2 + 2a_{34}x_3x_4 + \cdots + 2a_{3n}x_3x_n \\ & \cdots\cdots \\ & + a_{n-1n-1}x_{n-1}^2 + 2a_{n-in}x_{n-1}x_n \\ & + a_{nn}x_n^2 \end{aligned} \tag{6.1}$$

称为**二次型**．当 a_{ij} 为复数时，f 称为**复二次型**；当 a_{ij} 均为实数时，f 称为**实二次型**，本章只讨论实二次型．若取 $a_{ij} = a_{ji}$，则 $2a_{ij}x_ix_j = a_{ij}x_ix_j + a_{ji}x_jx_i$，因此式（6.1）也可以写成

$$\begin{aligned} f(x_1, x_2, \cdots, x_n) = {} & a_{11}x_1^2 + a_{12}x_1x_2 + a_{13}x_1x_3 + \cdots + a_{1n}x_1x_n \\ & + a_{21}x_2x_1 + a_{22}x_2^2 + a_{23}x_2x_3 + \cdots + a_{2n}x_2x_n \\ & + \cdots\cdots \\ & + a_{n1}x_nx_1 + a_{n2}x_nx_2 + a_{n3}x_nx_3 + \cdots + a_{nn}x_n^2 \\ = {} & \sum_{i=1}^{n}\sum_{j=1}^{n} a_{ij}x_ix_j \end{aligned} \tag{6.2}$$

把式（6.2）中的系数排成一个 n 级矩阵 $\boldsymbol{A}$（注意 $a_{ij} = a_{ji}$），

$$A=\begin{bmatrix} a_{11} & a_{12} & \cdots & a_{1n} \\ a_{12} & a_{22} & \cdots & a_{2n} \\ \vdots & \vdots & & \vdots \\ a_{1n} & a_{2n} & \cdots & a_{nn} \end{bmatrix} \tag{6.3}$$

把 A 称为二次型 $f(x_1, x_2, \cdots, x_n)$ 的矩阵，它是一个**对称**矩阵.

显然，二次型 $f(x_1, x_2, \cdots, x_n)$ 的矩阵是唯一的. 它的主对角元依次是 x_1^2，x_2^2，…，x_n^2 的系数，而其他位置上的元素 (i, j) 则是 x_ix_j 系数的 $\frac{1}{2}$，其中 $i\neq j$. 令

$$X=\begin{bmatrix} x_1 \\ x_2 \\ \vdots \\ x_n \end{bmatrix},$$

则二次型 $f(x_1, x_2, \cdots, x_n)$ 可以写成

$$f(x_1,x_2,\cdots,x_n)=(x_1,x_2,\cdots,x_n)\begin{bmatrix} a_{11} & a_{12} & \cdots & a_{1n} \\ a_{12} & a_{22} & \cdots & a_{2n} \\ \vdots & \vdots & & \vdots \\ a_{1n} & a_{2n} & \cdots & a_{nn} \end{bmatrix}\begin{bmatrix} x_1 \\ x_2 \\ \vdots \\ x_n \end{bmatrix}$$

即

$$f(x_1,x_2,\cdots,x_n)=X^{\mathrm{T}}AX \tag{6.4}$$

其中实对称矩阵 A 为二次型 $f(x_1,x_2,\cdots,x_n)$ 的矩阵. 式(6.4)称为二次型 f 的矩阵形式. 二次型 f 称为实对称矩阵 A 的二次型，实对称矩阵 A 的秩称为**二次型的秩**. 可见，二次型 f 与实对称矩阵 A 之间有一一对应的关系.

例 6.1 二次型 $f(x_1,x_2.x_3)=x_1^2+x_1x_2+x_1x_3+2x_2^2-3x_2x_3+x_3^2$

的矩阵是

$$A=\begin{bmatrix} 1 & \frac{1}{2} & \frac{1}{2} \\ \frac{1}{2} & 2 & -\frac{3}{2} \\ \frac{1}{2} & -\frac{3}{2} & 1 \end{bmatrix}$$

反之，对称矩阵 A 所对应的二次型是

$$X^{\mathrm{T}}AX=(x_1,x_2,x_3)\begin{bmatrix} 1 & \frac{1}{2} & \frac{1}{2} \\ \frac{1}{2} & 2 & -\frac{3}{2} \\ \frac{1}{2} & -\frac{3}{2} & 1 \end{bmatrix}\begin{bmatrix} x_1 \\ x_2 \\ x_3 \end{bmatrix}=x_1^2+x_1x_2+x_1x_3+2x_2^2-3x_2x_3+x_3^2.$$

例 6.2 求二次型 $f(x_1,x_2.x_3)=x_1^2-4x_1x_2+2x_1x_3+2x_2^2+2x_2x_3+x_3^2$ 的秩.

解 先写出二次型的矩阵 $A=\begin{bmatrix} 1 & -2 & 1 \\ -2 & 2 & 1 \\ 1 & 1 & 1 \end{bmatrix}$，

对 A 施行初等变换化为阶梯形

$$A\xrightarrow{r_2+2r_1,\ r_3-r_1}\begin{bmatrix}1&-2&1\\0&-2&3\\0&3&0\end{bmatrix}\xrightarrow{r_2+\frac{2}{3}r_3}\begin{bmatrix}1&-2&1\\0&0&3\\0&3&0\end{bmatrix}\xrightarrow{r_2\leftrightarrow r_3}\begin{bmatrix}1&1&-2\\0&3&0\\0&0&3\end{bmatrix}$$

可知 $\mathrm{R}(\boldsymbol{A})=3$，所以二次型的秩为 3.

二、矩阵的合同

关系式
$$\begin{cases}x_1=c_{11}y_1+c_{12}y_2+\cdots+c_{1n}y_n\\x_2=c_{21}y_1+c_{22}y_2+\cdots+c_{2n}y_n\\\cdots\cdots\\x_n=c_{n1}y_1+c_{n2}y_2+\cdots+c_{nn}y_n\end{cases}\tag{6.5}$$

称为变量 $x_1, x_2, \cdots, x_n$ 到变量 $y_1, y_2, \cdots, y_n$ 的一个**线性变换**.

记
$$\boldsymbol{X}=\begin{bmatrix}x_1\\x_2\\\vdots\\x_n\end{bmatrix},\ \boldsymbol{C}=\begin{bmatrix}c_{11}&c_{12}&\cdots&c_{1n}\\c_{21}&c_{22}&\cdots&c_{2n}\\\vdots&\vdots&&\vdots\\c_{n1}&c_{n2}&\cdots&c_{nn}\end{bmatrix},\ \boldsymbol{Y}=\begin{bmatrix}y_1\\y_2\\\vdots\\y_n\end{bmatrix}$$

则式（6.5）可简记为 $\boldsymbol{X}=\boldsymbol{CY}$. 这里，矩阵 $\boldsymbol{C}$ 称为**线性变换矩阵**.

当 $\boldsymbol{C}$ 可逆时，称该线性变换为**可逆（非退化）**的线性变换.

对于一般的二次型 $f=\boldsymbol{X}^{\mathrm{T}}\boldsymbol{AX}$，经可逆线性变换 $\boldsymbol{X}=\boldsymbol{CY}$ 可将其化为 $f=\boldsymbol{X}^{\mathrm{T}}\boldsymbol{AX}=(\boldsymbol{CY})^{\mathrm{T}}\boldsymbol{A}(\boldsymbol{CY})=\boldsymbol{Y}^{\mathrm{T}}(\boldsymbol{C}^{\mathrm{T}}\boldsymbol{AC})\boldsymbol{Y}$. 这里 $\boldsymbol{Y}^{\mathrm{T}}(\boldsymbol{C}^{\mathrm{T}}\boldsymbol{AC})\boldsymbol{Y}$ 为关于 $y_1, y_2, \cdots, y_n$ 的二次型，对应的矩阵为 $\boldsymbol{C}^{\mathrm{T}}\boldsymbol{AC}$.

关于 $\boldsymbol{A}$ 与 $\boldsymbol{C}^{\mathrm{T}}\boldsymbol{AC}$ 的关系，我们给出如下定义.

定义 6.2 设有两个 n 元二次型 $\boldsymbol{X}^{\mathrm{T}}\boldsymbol{AX}$ 与 $\boldsymbol{Y}^{\mathrm{T}}\boldsymbol{BY}$，如果存在一个可逆的线性变换 $\boldsymbol{X}=\boldsymbol{CY}$，把 $\boldsymbol{X}^{\mathrm{T}}\boldsymbol{AX}$ 变成 $\boldsymbol{Y}^{\mathrm{T}}\boldsymbol{BY}$，则称二次型 $\boldsymbol{X}^{\mathrm{T}}\boldsymbol{AX}$ 与 $\boldsymbol{Y}^{\mathrm{T}}\boldsymbol{BY}$ **等价**，记为 $\boldsymbol{X}^{\mathrm{T}}\boldsymbol{AX}\cong\boldsymbol{Y}^{\mathrm{T}}\boldsymbol{BY}$.

定义 6.3 设 $\boldsymbol{A}$，$\boldsymbol{B}$ 是两个 n 阶方阵，如果存在 n 阶可逆矩阵 $\boldsymbol{C}$，使得 $\boldsymbol{C}^{\mathrm{T}}\boldsymbol{AC}=\boldsymbol{B}$，则称矩阵 $\boldsymbol{A}$ 合同于矩阵 $\boldsymbol{B}$，或 $\boldsymbol{A}$ 与 $\boldsymbol{B}$ **合同**，记为 $\boldsymbol{A}\simeq\boldsymbol{B}$.

易知，二次型 $f=\boldsymbol{X}^{\mathrm{T}}\boldsymbol{AX}$ 的矩阵 $\boldsymbol{A}$ 与经可逆线性变换 $\boldsymbol{X}=\boldsymbol{CY}$ 得到的二次型的矩阵 $\boldsymbol{B}=\boldsymbol{C}^{\mathrm{T}}\boldsymbol{AC}$ 是合同的.

容易验证，n 元二次型的等价及 n 阶矩阵的合同都满足自反性、对称性和传递性. 以下只对矩阵的合同的上述性质作概述.

矩阵合同具有以下基本性质.

（1）**自反性** 对任意的方阵 $\boldsymbol{A}$，有 $\boldsymbol{A}\simeq\boldsymbol{A}$（由 $\boldsymbol{E}^{\mathrm{T}}\boldsymbol{AE}=\boldsymbol{A}$ 即得）.

（2）**对称性** 若 $\boldsymbol{A}\simeq\boldsymbol{B}$ 则 $\boldsymbol{B}\simeq\boldsymbol{A}$. 这是由于：若 $\boldsymbol{B}=\boldsymbol{C}^{\mathrm{T}}\boldsymbol{AC}$，则 $\boldsymbol{A}=(\boldsymbol{C}^{\mathrm{T}})^{-1}\boldsymbol{BC}^{-1}=(\boldsymbol{C}^{-1})^{\mathrm{T}}\boldsymbol{BC}^{-1}$.

（3）**传递性** 若 $\boldsymbol{A}\simeq\boldsymbol{B}$，$\boldsymbol{B}\simeq\boldsymbol{C}$，则 $\boldsymbol{A}\simeq\boldsymbol{C}$.

这是由于：若 $\boldsymbol{B}=\boldsymbol{C}_1^{\mathrm{T}}\boldsymbol{AC}_1$，$\boldsymbol{C}=\boldsymbol{C}_2^{\mathrm{T}}\boldsymbol{BC}_2$，则 $\boldsymbol{C}=\boldsymbol{C}_2^{\mathrm{T}}(\boldsymbol{C}_1^{\mathrm{T}}\boldsymbol{AC}_1)\boldsymbol{C}_2=(\boldsymbol{C}_1\boldsymbol{C}_2)^{\mathrm{T}}\boldsymbol{A}(\boldsymbol{C}_1\boldsymbol{C}_2)$.

第二节　化二次型为标准形

若二次型 $f(x_1, x_2, \cdots, x_n)=\boldsymbol{X}^{\mathrm{T}}\boldsymbol{AX}$ 经可逆的线性变换 $\boldsymbol{X}=\boldsymbol{CY}$ 可化为只含平方项的形式
$$b_1y_1^2+b_2y_2^2+\cdots+b_ny_n^2\tag{6.6}$$

则称式（6.6）为二次型$f(x_1, x_2, \cdots, x_n)=\boldsymbol{X}^{\mathrm{T}}\boldsymbol{A}\boldsymbol{X}$的**标准形**.

由上一章实对称矩阵对角化的方法知，可取$\boldsymbol{C}$为正交变换矩阵$\boldsymbol{T}$（即$\boldsymbol{C}=\boldsymbol{T}$，其中$\boldsymbol{T}$满足：$\boldsymbol{T}^{-1}=\boldsymbol{T}^{\mathrm{T}}$），此时，二次型$f(x_1, x_2, \cdots, x_n)=\boldsymbol{X}^{\mathrm{T}}\boldsymbol{A}\boldsymbol{X}$在线性变换$\boldsymbol{X}=\boldsymbol{C}\boldsymbol{Y}$下可化为二次型$\boldsymbol{Y}^{\mathrm{T}}(\boldsymbol{C}^{\mathrm{T}}\boldsymbol{A}\boldsymbol{C})\boldsymbol{Y}$. 如果$\boldsymbol{C}^{\mathrm{T}}\boldsymbol{A}\boldsymbol{C}$为对角矩阵

$$\boldsymbol{B}=\begin{bmatrix} b_1 & & & \\ & b_2 & & \\ & & \ddots & \\ & & & b_n \end{bmatrix},$$

则$f(x_1, x_2, \cdots, x_n)=\boldsymbol{X}^{\mathrm{T}}\boldsymbol{A}\boldsymbol{X}$就可以化为标准形（6.6）. 其标准形中的各个平方项的系数恰好依次是对角矩阵$\boldsymbol{B}$的主对角线上的元素. 因此上述的问题可归结为n阶对称矩阵$\boldsymbol{A}$能否合同于一个对角矩阵. 即能否找到可逆矩阵$\boldsymbol{C}$，使$\boldsymbol{C}^{\mathrm{T}}\boldsymbol{A}\boldsymbol{C}$为对角矩阵.

如果对称矩阵$\boldsymbol{A}$合同于一个对角矩阵，则称这个对角矩阵是$\boldsymbol{A}$的**合同标准形**.

以下我们来介绍化二次型为标准形的几种常见方法.

一、配方法

先看一个简单的例子：将二次型 $2x^2+xy+y^2$ 化为标准形.

$$\begin{aligned} 2x^2+xy+y^2 &= 2\left(x^2+\frac{xy}{2}\right)+y^2=2\left[x^2+\frac{xy}{2}+\left(\frac{y}{4}\right)^2\right]+\left(y^2-\frac{y^2}{8}\right) \\ &= 2\left(x+\frac{y}{4}\right)^2+\frac{7}{8}y^2=2y_1^2+\frac{7}{8}y_2^2. \end{aligned}$$

这里，$y_1=x+\dfrac{y}{4}$，$y_2=y$.

可见，经过适当的配方，就可将原来二次型化为只含新变量平方项的标准形.

对一般的二次型$f(x_1, x_2, \cdots, x_n)=\boldsymbol{X}^{\mathrm{T}}\boldsymbol{A}\boldsymbol{X}$，利用拉格朗日配方法可证得下述结论.

定理 6.1 任何一个二次型都可以通过可逆线性变换化为标准形.

证明略.

拉格朗日配方法的一般步骤如下.

（1）若二次型含有x_i的平方项，则先把含有x_i的乘积集中，然后配方，再对其余的变量重复上述过程直到所有变量都配成平方项为止，经过可逆线性变换，就得到标准形.

（2）若二次型中不含有平方项，但有$a_{ij}\neq 0$（$i\neq j$），则先作可逆线性变换

$$\begin{cases} x_i=y_i-y_j \\ x_j=y_i+y_j \quad (k=1, 2, \cdots, n;\ k\neq i, j) \\ x_k=y_k \end{cases}$$

，化二次型为含有平方项的二次型，然后再按（1）中的方法进行配方.

注 配方法是一种可逆的线性变换，但平方项的系数与$\boldsymbol{A}$的特征值无关.

由于二次型f与它的对称矩阵$\boldsymbol{A}$是一一对应的，因此，由定理 6.1 可得：

定理 6.2 对任一实对称矩阵$\boldsymbol{A}$，存在可逆矩阵$\boldsymbol{C}$，使$\boldsymbol{B}=\boldsymbol{C}^{\mathrm{T}}\boldsymbol{A}\boldsymbol{C}$为对角矩阵. 即任一实对称矩阵都与一个对角矩阵合同.

例 6.3 用配方法化二次型

$f(x_1,x_2. x_3)=2x_1^2+4x_1x_2-4x_1x_3+3x_2^2-8x_2x_3+x_3^2$为标准形，并求出相应的线性变换矩阵.

解 先按 x_1^2 及含有 x_1 的混合项配成完全平方，即

$$f(x_1,x_2,x_3)=2[x_1^2+2x_1(x_2-x_3)+(x_2-x_3)^2]-2(x_2-x_3)^2+3x_2^2-8x_2x_3+x_3^2$$
$$=2(x_1+x_2-x_3)^2+x_2^2-x_3^2-4x_2x_3$$

上式中，再把 $x_2^2-4x_2x_3$ 配成完全平方

$$f(x_1,x_2,x_3)=2(x_1+x_2-x_3)^2+(x_2-2x_3)^2-5x_3^2$$

令 $\begin{cases} y_1=x_1+x_2-x_3 \\ y_2=x_2-2x_3 \\ y_3=x_3 \end{cases}$ 或 $\begin{cases} x_1=y_1-y_2-y_3 \\ x_2=y_2+2y_3 \\ x_3=y_3 \end{cases}$，

即可把 f 化为标准形:$2y_1^2+y_2^2-5y_3^2$. 其相应的线性变换矩阵为

$$\boldsymbol{C}=\begin{bmatrix} 1 & -1 & -1 \\ 0 & 1 & 2 \\ 0 & 0 & 1 \end{bmatrix}.$$

例 6.4 化二次型 $f(x_1,x_2,x_3)=2x_1x_2+2x_1x_3-6x_2x_3$ 为标准形，并指出所用的线性变换矩阵.

解 在 f 中不含变量 $x_i(i=1,2,,3)$ 的平方项，由于含有交叉项 x_1x_2，为了能够配方，先要变成有平方项，因此可令

$$\begin{cases} x_1=y_1-y_2 \\ x_2=y_1+y_2 \\ x_3=y_3 \end{cases} \quad 或 \quad \begin{bmatrix} x_1 \\ x_2 \\ x_3 \end{bmatrix}=\begin{bmatrix} 1 & -1 & 0 \\ 1 & 1 & 0 \\ 0 & 0 & 1 \end{bmatrix}\begin{bmatrix} y_1 \\ y_2 \\ y_3 \end{bmatrix},$$

代入原式可得 $f=2y_1^2-2y_2^2-4y_1y_3-8y_2y_3$，再进行配方，得
$f=2(y_1-y_3)^2-2(y_2+2y_3)^2+8y_3^2$. 再令

$$\begin{cases} z_1=y_1-y_3 \\ z_2=y_2+2y_3 \\ z_3=y_3 \end{cases} \left(或\begin{cases} y_1=z_1+z_3 \\ y_2=z_2-2z_3, \\ y_3=z_3 \end{cases} 即 \begin{bmatrix} y_1 \\ y_2 \\ y_3 \end{bmatrix}=\begin{bmatrix} 1 & 0 & 1 \\ 0 & 1 & -2 \\ 0 & 0 & 1 \end{bmatrix}\begin{bmatrix} z_1 \\ z_2 \\ z_3 \end{bmatrix}\right)$$

就可把 f 化成标准形：$f=2z_1^2-2z_2^2+8z_3^2$.

所用的线性变换矩阵为：$\boldsymbol{C}=\begin{bmatrix} 1 & -1 & 0 \\ 1 & 1 & 0 \\ 0 & 0 & 1 \end{bmatrix}\begin{bmatrix} 1 & 0 & 1 \\ 0 & 1 & -2 \\ 0 & 0 & 1 \end{bmatrix}=\begin{bmatrix} 1 & -1 & 3 \\ 1 & 1 & -1 \\ 0 & 0 & 1 \end{bmatrix}$，$(|\boldsymbol{C}|=2\neq 0)$，

所用的线性变换为 $\boldsymbol{X}=\boldsymbol{CZ}$.

一般地，任一二次型都可用以上两例的方法找到可逆线性变换，将二次型化为标准形.

二、正交变换法

我们知道，对于 n 阶实对称矩阵 $\boldsymbol{A}$，由第五章的定理 5.5 知存在一个 n 阶正交矩阵 $\boldsymbol{P}$，使得 $\boldsymbol{P}^{-1}\boldsymbol{AP}$ 为对角矩阵，并且其主对角线的元素是 $\boldsymbol{A}$ 的全部特征值. 由于 $\boldsymbol{P}^{-1}=\boldsymbol{P}^{\mathrm{T}}$（正交矩阵的定义），因此 $\boldsymbol{P}^{\mathrm{T}}\boldsymbol{AP}$ 为对角矩阵. 即 $\boldsymbol{A}$ 合同于对角矩阵，从而一个实 n 元二次型 $\boldsymbol{X}^{\mathrm{T}}\boldsymbol{AX}$ 等价于一个只含平方项的二次型（标准形），而且能找到正交矩阵 $\boldsymbol{P}$，使得经过正交变换 $\boldsymbol{X}=\boldsymbol{PY}$，把二次型 $\boldsymbol{X}^{\mathrm{T}}\boldsymbol{AX}$ 化为以下的标准形.

$$\lambda_1y_1^2+\lambda_2y_2^2+\cdots+\lambda_ny_n^2.$$

其中，λ_1，λ_2，…，λ_n 是 $\boldsymbol{A}$ 的全部特征值.

一般地，用正交变换化二次型为标准形的步骤如下：

（1）将二次型表示为矩阵形式$f(x_1, x_2, \cdots, x_n)=\boldsymbol{X}^{\mathrm{T}}\boldsymbol{A}\boldsymbol{X}$，写出它的矩阵$\boldsymbol{A}$；

（2）由特征方程$|\lambda\boldsymbol{E}-\boldsymbol{A}|=0$求出$\boldsymbol{A}$的全部特征值为$\lambda_1, \lambda_2, \cdots, \lambda_n$；

（3）解齐次线性方程组$(\lambda_i\boldsymbol{E}-\boldsymbol{A})\boldsymbol{X}=\boldsymbol{0}$，$(i=1, 2, \cdots, n)$，求出与各特征值对应的线性无关的特征向量为$\boldsymbol{\xi}_1, \boldsymbol{\xi}_2, \cdots, \boldsymbol{\xi}_n$；

（4）将上述特征向量正交（施密特正交化方法）并单位化，得$\boldsymbol{\eta}_1, \boldsymbol{\eta}_2, \cdots, \boldsymbol{\eta}_n$，记$\boldsymbol{P}=(\boldsymbol{\eta}_1, \boldsymbol{\eta}_2, \cdots, \boldsymbol{\eta}_n)$；

（5）作正交变换$\boldsymbol{X}=\boldsymbol{P}\boldsymbol{Y}$，即得$f$的标准形为$f=\lambda_1y_1^2+\lambda_2y_2^2+\cdots+\lambda_ny_n^2$.

例 6.5 设二次型$f(x_1, x_2. x_3)=17x_1^2-4x_1x_2-4x_1x_3+14x_2^2-8x_2x_3+14x_3^2$，利用正交变换$\boldsymbol{X}=\boldsymbol{P}\boldsymbol{Y}$，将其化为标准形.

解 （1）由二次型$f(x_1, x_2, x_3)$的表达式不难得到它的矩阵

$$\boldsymbol{A}=\begin{bmatrix}17 & -2 & -2\\ -2 & 14 & -4\\ -2 & -4 & 14\end{bmatrix}.$$

（2）求出$\boldsymbol{A}$的特征值.

$$\text{由特征方程}|\lambda\boldsymbol{E}-\boldsymbol{A}|=\begin{vmatrix}\lambda-17 & 2 & 2\\ 2 & \lambda-14 & 4\\ 2 & 4 & \lambda-14\end{vmatrix}=(\lambda-9)(\lambda-18)^2=0,$$

得$\boldsymbol{A}$的特征值为$\lambda_1=9$，$\lambda_2=\lambda_3=18$.

（3）求属于各个特征值的特征向量.

对于$\lambda_1=9$，由方程组$(\lambda_1\boldsymbol{E}-\boldsymbol{A})\boldsymbol{X}=\boldsymbol{0}$，即$(9\boldsymbol{E}-\boldsymbol{A})\boldsymbol{X}=\boldsymbol{0}$，求得基础解系$\boldsymbol{\xi}_1=\left(\frac{1}{2}, 1, 1\right)^{\mathrm{T}}$.

对于$\lambda_2=\lambda_3=18$，代入方程组$(\lambda_2\boldsymbol{E}-\boldsymbol{A})\boldsymbol{X}=\boldsymbol{0}$，即$(18\boldsymbol{E}-\boldsymbol{A})\boldsymbol{X}=\boldsymbol{0}$，求得基础解系$\boldsymbol{\xi}_2=(-2, 1, 0)^{\mathrm{T}}$，$\boldsymbol{\xi}_3=(-2, 0, 1)^{\mathrm{T}}$. 易知，$\boldsymbol{\xi}_1, \boldsymbol{\xi}_2, \boldsymbol{\xi}_3$线性无关.

（4）将$\boldsymbol{\xi}_1, \boldsymbol{\xi}_2, \boldsymbol{\xi}_3$正交化（施密特正交化方法）.

$$\text{取}\boldsymbol{\alpha}_1=\boldsymbol{\xi}_1,\quad \boldsymbol{\alpha}_2=\boldsymbol{\xi}_2-\frac{[\boldsymbol{\alpha}_1, \boldsymbol{\xi}_2]}{[\boldsymbol{\alpha}_1, \boldsymbol{\alpha}_1]}\boldsymbol{\alpha}_1=\boldsymbol{\xi}_2-0\cdot\boldsymbol{\alpha}_1=\boldsymbol{\xi}_2,$$

$$\boldsymbol{\alpha}_3=\boldsymbol{\xi}_3-\frac{[\boldsymbol{\alpha}_1, \boldsymbol{\xi}_3]}{[\boldsymbol{\alpha}_1, \boldsymbol{\alpha}_1]}\boldsymbol{\alpha}_1-\frac{[\boldsymbol{\alpha}_2, \boldsymbol{\xi}_3]}{[\boldsymbol{\alpha}_2, \boldsymbol{\alpha}_2]}\boldsymbol{\alpha}_2=\boldsymbol{\xi}_3-\frac{0}{\|\boldsymbol{\alpha}_1\|}\cdot\boldsymbol{\alpha}_1-\frac{[\boldsymbol{\xi}_2, \boldsymbol{\xi}_3]}{\|\boldsymbol{\alpha}_2\|^2}\boldsymbol{\xi}_2=\boldsymbol{\xi}_3-\frac{4}{5}\boldsymbol{\xi}_2$$

得正交向量组：$\boldsymbol{\alpha}_1=\left(\frac{1}{2}, 1, 1\right)^{\mathrm{T}}$，$\boldsymbol{\alpha}_2=(-2, 1, 0)^{\mathrm{T}}$，$\boldsymbol{\alpha}_3=\left(-\frac{2}{5}, -\frac{4}{5}, 1\right)^{\mathrm{T}}$.

再将$\boldsymbol{\alpha}_1, \boldsymbol{\alpha}_2, \boldsymbol{\alpha}_3$分别单位化得

$$\boldsymbol{\eta}_1=\frac{\boldsymbol{\alpha}_1}{\|\boldsymbol{\alpha}_1\|}=\begin{bmatrix}\frac{1}{3}\\ \frac{2}{3}\\ \frac{2}{3}\end{bmatrix},\ \boldsymbol{\eta}_2=\frac{\boldsymbol{\alpha}_2}{\|\boldsymbol{\alpha}_2\|}=\begin{bmatrix}-\frac{2}{\sqrt{5}}\\ \frac{1}{\sqrt{5}}\\ 0\end{bmatrix},\ \boldsymbol{\eta}_3=\frac{\boldsymbol{\alpha}_3}{\|\boldsymbol{\alpha}_3\|}=\begin{bmatrix}-\frac{2}{\sqrt{45}}\\ -\frac{4}{\sqrt{45}}\\ \frac{5}{\sqrt{45}}\end{bmatrix}.$$

作正交矩阵

$$P=(\boldsymbol{\eta}_1,\boldsymbol{\eta}_2,\boldsymbol{\eta}_3)=\begin{bmatrix}\frac{1}{3} & -\frac{2}{\sqrt{5}} & -\frac{2}{\sqrt{45}}\\ \frac{2}{3} & \frac{1}{\sqrt{5}} & -\frac{4}{\sqrt{45}}\\ \frac{2}{3} & 0 & \frac{5}{\sqrt{45}}\end{bmatrix}.$$

(5) 所求的正交变换为 $\boldsymbol{X}=\boldsymbol{PY}$. 即

$$\begin{bmatrix}x_1\\x_2\\x_3\end{bmatrix}=(\boldsymbol{\eta}_1,\boldsymbol{\eta}_2,\boldsymbol{\eta}_3)\begin{bmatrix}y_1\\y_2\\y_3\end{bmatrix}=\begin{bmatrix}\frac{1}{3} & -\frac{2}{\sqrt{5}} & -\frac{2}{\sqrt{45}}\\ \frac{2}{3} & \frac{1}{\sqrt{5}} & -\frac{4}{\sqrt{45}}\\ \frac{2}{3} & 0 & \frac{5}{\sqrt{45}}\end{bmatrix}\begin{bmatrix}y_1\\y_2\\y_3\end{bmatrix}$$

$$=\begin{bmatrix}\frac{1}{3}y_1-\frac{2}{\sqrt{5}}y_2-\frac{2}{\sqrt{45}}y_3\\ \frac{2}{3}y_1+\frac{1}{\sqrt{5}}y_2-\frac{4}{\sqrt{45}}y_3\\ \frac{2}{3}y_1+\frac{5}{\sqrt{45}}y_3\end{bmatrix}.$$

在此变换下，原二次型可化为标准形：$f=9y_1^2+18y_2^2+18y_3^2$.

*三、初等变换法

设有可逆线性变换 $\boldsymbol{X}=\boldsymbol{CY}$，它把二次型 $\boldsymbol{X}^{\mathrm{T}}\boldsymbol{AX}$ 化为标准形 $\boldsymbol{Y}^{\mathrm{T}}\boldsymbol{BY}$，则 $\boldsymbol{C}^{\mathrm{T}}\boldsymbol{AC}=\boldsymbol{B}$. 已知任一可逆矩阵均可表示为若干个初等矩阵的乘积，故存在初等矩阵 $\boldsymbol{P}_1$，$\boldsymbol{P}_2$，…，$\boldsymbol{P}_S$ 使 $\boldsymbol{C}=\boldsymbol{P}_1\boldsymbol{P}_2\cdots\boldsymbol{P}_S$. 于是 $\boldsymbol{C}^{\mathrm{T}}\boldsymbol{AC}=\boldsymbol{P}_S^{\mathrm{T}}\cdots\boldsymbol{P}_2^{\mathrm{T}}\boldsymbol{P}_1^{\mathrm{T}}\boldsymbol{AP}_1\boldsymbol{P}_2\cdots\boldsymbol{P}_S=\boldsymbol{\Lambda}$.

由此可知，对 $2n\times n$ 矩阵 $\begin{bmatrix}\boldsymbol{A}\\\boldsymbol{E}\end{bmatrix}$ 施行相应于右乘 $\boldsymbol{P}_1$，$\boldsymbol{P}_2$，…，$\boldsymbol{P}_S$ 的初等列变换，再对 $\boldsymbol{A}$ 施行相应于左乘 $\boldsymbol{P}_1^{\mathrm{T}}$，$\boldsymbol{P}_2^{\mathrm{T}}$，…，$\boldsymbol{P}_S^{\mathrm{T}}$ 的初等行变换，则矩阵 $\boldsymbol{A}$ 就变为对角矩阵 $\boldsymbol{\Lambda}$，而 $\boldsymbol{E}$ 在以上过程中，只作了相应的列变换，就变成所要求的可逆矩阵 $\boldsymbol{C}$，

即
$$\begin{bmatrix}\boldsymbol{A}\\\boldsymbol{E}\end{bmatrix}\longrightarrow\begin{bmatrix}\boldsymbol{\Lambda}\\\boldsymbol{C}\end{bmatrix}$$

（这里的变换过程实质是只对 $\boldsymbol{A}$ 作了**成对**的初等行、列变换，而对 $\boldsymbol{E}$ 只作了其中的初等列变换）. 其中 $\boldsymbol{\Lambda}$ 是对角矩阵，即 $\boldsymbol{\Lambda}=\mathrm{diag}\{d_1,\ d_2,\ \cdots,\ d_n\}$.

例 6.6 用初等变换法，将二次型 $f(x_1,\ x_2.\ x_3)=x_1x_2+x_1x_3-3x_2x_3$ 化为标准形，并写出所求的可逆线性变换 .

解 二次型 $f(x_1,\ x_2,\ x_3)$ 的矩阵为 $\boldsymbol{A}=\begin{bmatrix}0 & \frac{1}{2} & \frac{1}{2}\\ \frac{1}{2} & 0 & -\frac{3}{2}\\ \frac{1}{2} & -\frac{3}{2} & 0\end{bmatrix}$.

$$\begin{bmatrix}A\\E\end{bmatrix}=\begin{bmatrix}0&\frac{1}{2}&\frac{1}{2}\\\frac{1}{2}&0&-\frac{3}{2}\\\frac{1}{2}&-\frac{3}{2}&0\\1&0&0\\0&1&0\\0&0&1\end{bmatrix}\xrightarrow{r_1+r_2\times 1}\begin{bmatrix}\frac{1}{2}&\frac{1}{2}&-1\\\frac{1}{2}&0&-\frac{3}{2}\\\frac{1}{2}&-\frac{3}{2}&0\\1&0&0\\0&1&0\\0&0&1\end{bmatrix}\xrightarrow{c_1+c_2\times 1}\begin{bmatrix}1&\frac{1}{2}&-1\\\frac{1}{2}&0&-\frac{3}{2}\\-1&-\frac{3}{2}&0\\1&0&0\\1&1&0\\0&0&1\end{bmatrix}$$

$$\xrightarrow{r_2+r_1\times(-\frac{1}{2})}\begin{bmatrix}1&\frac{1}{2}&-1\\0&-\frac{1}{4}&-1\\-1&-\frac{3}{2}&0\\1&0&0\\1&1&0\\0&0&1\end{bmatrix}\xrightarrow{c_2+c_1\times(-\frac{1}{2})}\begin{bmatrix}1&0&-1\\0&-\frac{1}{4}&-1\\-1&-1&0\\1&-\frac{1}{2}&0\\1&\frac{1}{2}&0\\0&0&1\end{bmatrix}$$

$$\xrightarrow{r_3+r_1\times 1}\begin{bmatrix}1&0&-1\\0&-\frac{1}{4}&-1\\0&-1&-1\\1&-\frac{1}{2}&0\\1&\frac{1}{2}&0\\0&0&1\end{bmatrix}\xrightarrow{c_3+c_1\times 1}\begin{bmatrix}1&0&0\\0&-\frac{1}{4}&-1\\0&-1&-1\\1&-\frac{1}{2}&1\\1&\frac{1}{2}&1\\0&0&1\end{bmatrix}$$

$$\xrightarrow{r_3+r_2\times(-4)}\begin{bmatrix}1&0&0\\0&-\frac{1}{4}&-1\\0&0&3\\1&-\frac{1}{2}&1\\1&\frac{1}{2}&1\\0&0&1\end{bmatrix}\xrightarrow{c_3+c_2\times(-4)}\begin{bmatrix}1&0&0\\0&-\frac{1}{4}&0\\0&0&3\\1&-\frac{1}{2}&3\\1&\frac{1}{2}&-1\\0&0&1\end{bmatrix}.$$

因此 $\boldsymbol{\Lambda}=\begin{bmatrix}1&0&0\\0&-\frac{1}{4}&0\\0&0&3\end{bmatrix}$，$\boldsymbol{C}=\begin{bmatrix}1&-\frac{1}{2}&3\\1&\frac{1}{2}&-1\\0&0&1\end{bmatrix}$.

令 $\boldsymbol{X}=\boldsymbol{CY}$ 得 $f(x_1,\ x_2,\ x_3)=y_1^2-\frac{1}{4}y_2^2+3y_3^2$.

所作的可逆线性变换 $\boldsymbol{X}=\boldsymbol{CY}$ 具体写出来就是

$$\begin{cases} x_1 = y_1 - \dfrac{1}{2}y_2 + 3y_3 \\ x_2 = y_1 + \dfrac{1}{2}y_2 - y_3 \\ x_3 = y_3 \end{cases}.$$

需要注意的是，同一个二次型，由于所用的变换不同，所得的标准形也可能不同，说明二次型的标准形是不唯一的．但标准形中系数不为 0 的平方项的个数相同．这是因为：设二次型 $\boldsymbol{X}^{\mathrm{T}}\boldsymbol{A}\boldsymbol{X}$ 经可逆线性变换 $\boldsymbol{X}=\boldsymbol{C}\boldsymbol{Y}$ 化为标准形

$$d_1y_1^2+d_2y_2^2+\cdots+d_ry_r^2,\ d_i\neq 0\ (i=1,\ 2,\ \cdots,\ r),$$

则
$$\boldsymbol{C}^{\mathrm{T}}\boldsymbol{A}\boldsymbol{C}=\begin{bmatrix} d_1 & & & & & & \\ & d_2 & & & & & \\ & & \ddots & & & & \\ & & & d_r & & & \\ & & & & 0 & & \\ & & & & & \ddots & \\ & & & & & & 0 \end{bmatrix}$$

因此 $\mathrm{R}(\boldsymbol{A})=r$. 这表明，二次型 $\boldsymbol{X}^{\mathrm{T}}\boldsymbol{A}\boldsymbol{X}$ 的标准形中系数不为 0 的平方项的个数等于它的矩阵 $\boldsymbol{A}$ 的秩，因而是唯一的．

通常把二次型 $\boldsymbol{X}^{\mathrm{T}}\boldsymbol{A}\boldsymbol{X}$ 的矩阵 $\boldsymbol{A}$ 的秩称为二次型 $\boldsymbol{X}^{\mathrm{T}}\boldsymbol{A}\boldsymbol{X}$ 的**秩**．

四、实二次型的规范形

我们知道，一个 n 元实二次型 $f(x_1,\ x_2,\ \cdots,\ x_n)=\boldsymbol{X}^{\mathrm{T}}\boldsymbol{A}\boldsymbol{X}$ 通过一个适当的可逆线性变换 $\boldsymbol{X}=\boldsymbol{C}\boldsymbol{Y}$ 可以化为下述形式的标准形：

$$d_1y_1^2+d_2y_2^2+\cdots+d_py_p^2-d_{p+1}y_{p+1}^2-\cdots-d_ry_r^2 \tag{6.7}$$

其中 $d_i>0$，$i=1,\ 2,\ \cdots,\ r$；并且 r 是此二次型的秩，由于正实数总可以开平方，所以可以再做一个可逆的线性替换：

$$y_i=\frac{1}{\sqrt{d_i}}z_i,\ i=1,\ 2,\ \cdots,\ r;\qquad y_j=z_j,\ j=r+1,\ \cdots,\ n.$$

则二次型（6.7）可以化成

$$z_1^2+z_2^2+\cdots+z_p^2-z_{p+1}^2-\cdots-z_r^2 \tag{6.8}$$

因此实二次型 $\boldsymbol{X}^{\mathrm{T}}\boldsymbol{A}\boldsymbol{X}$ 有形如（6.8）的标准形，称（6.8）为二次型 $\boldsymbol{X}^{\mathrm{T}}\boldsymbol{A}\boldsymbol{X}$ 的**规范形**．

规范形（6.8）有如下特点：只含变量的平方项，并且平方项的系数为 1，-1 或 0；系数为 1 的平方项均可写在前面．

容易发现，实二次型 $\boldsymbol{X}^{\mathrm{T}}\boldsymbol{A}\boldsymbol{X}$ 的规范形被两个自然数 p 和 r 所决定，那么二次型 $\boldsymbol{X}^{\mathrm{T}}\boldsymbol{A}\boldsymbol{X}$ 的规范形是否唯一呢，回答是肯定的．

定理 6.3（惯性定理） n 元实二次型 $\boldsymbol{X}^{\mathrm{T}}\boldsymbol{A}\boldsymbol{X}$ 的规范形是唯一的．（注：二次型的规范形的形式是由二次型本身唯一性决定的，它与所作的可逆线性变换无关）

证明 设 n 元二次型 $\boldsymbol{X}^{\mathrm{T}}\boldsymbol{A}\boldsymbol{X}$ 的秩为 r. 假设它分别经过可逆线性变换 $\boldsymbol{X}=\boldsymbol{C}\boldsymbol{Y}$，$\boldsymbol{X}=\boldsymbol{B}\boldsymbol{Z}$ 化为两个规范形：

$$\boldsymbol{X}^{\mathrm{T}}\boldsymbol{A}\boldsymbol{X}=y_1^2+y_2^2+\cdots+y_p^2-y_{p+1}^2-\cdots-y_r^2 \tag{6.9}$$

$$X^{\mathrm{T}}AX = z_1^2 + z_2^2 + \cdots + z_q^2 - z_{q+1}^2 - \cdots - z_r^2 \tag{6.10}$$

以下来证明 $p = q$. 从而证明 $X^{\mathrm{T}}AX$ 的规范形是唯一的.

由式（6.9）和式（6.10）可知，经可逆线性变换 $Z = (B^{-1}C)Y$，有

$$z_1^2 + z_2^2 + \cdots + z_q^2 - z_{q+1}^2 - \cdots - z_r^2 = y_1^2 + y_2^2 + \cdots + y_p^2 - y_{p+1}^2 - \cdots - y_r^2 \tag{6.11}$$

设 $G = B^{-1}C = (g_{ij})$，假如 $p > q$，我们想找到变量 y_1，y_2，$\cdots$，y_n 取的一组值，使得式（6.11）右端大于0，而左端小于或等于0. 由此产生矛盾. 为此令

$$(y_1, y_2, \cdots, y_p, y_{p+1}, \cdots, y_n) = (k_1, k_2, \cdots, k_p, 0, \cdots, 0) \tag{6.12}$$

其中 k_1，k_2，$\cdots$，k_p 是待定的不全为0的实数，并且使变量 z_1，z_2，$\cdots$，z_q 取的值全为0，由于

$$\begin{bmatrix} z_1 \\ z_2 \\ \vdots \\ z_q \\ z_{q+1} \\ \vdots \\ z_n \end{bmatrix} = \begin{bmatrix} g_{11} & g_{12} & \cdots & g_{1n} \\ g_{21} & g_{22} & \cdots & g_{2n} \\ \vdots & \vdots & & \vdots \\ g_{n1} & g_{n2} & \cdots & g_{nn} \end{bmatrix} \begin{bmatrix} k_1 \\ \vdots \\ k_p \\ 0 \\ \vdots \\ 0 \end{bmatrix} \tag{6.13}$$

因此 $$\begin{cases} z_1 = g_{11}k_1 + g_{12}k_2 + \cdots + g_{1p}k_p \\ z_2 = g_{21}k_1 + g_{22}k_2 + \cdots + g_{2p}k_p \\ \cdots\cdots \\ z_q = g_{q1}k_1 + g_{q2}k_2 + \cdots + g_{qp}k_p \end{cases},$$

为了使 z_1，z_2，$\cdots$，z_q 取的值为0，考虑齐次线性方程组

$$\begin{cases} g_{11}k_1 + g_{12}k_2 + \cdots + g_{1p}k_p = 0 \\ g_{21}k_1 + g_{22}k_2 + \cdots + g_{2p}k_p = 0 \\ \cdots\cdots \\ g_{q1}k_1 + g_{q2}k_2 + \cdots + g_{qp}k_p = 0 \end{cases} \tag{6.14}$$

由于 $q < p$，因此齐次线性方程组（6.14）有非零解. 于是 k_1，k_2，$\cdots$，k_p 可以取到一组不全为0的实数，使得 $z_1 = 0$，$z_2 = 0$，$\cdots$，$z_q = 0$，此时式（6.11）左端小于或等于0. 而右端大于0，这是矛盾的. 因此，$p \leqslant q$. 同理可证 $p \geqslant q$，从而有 $p = q$.

定义 6.4 在实二次型 $f(x_1, x_2, \cdots, x_n) = X^{\mathrm{T}}AX$ 的规范形中，系数为 $+1$ 的平方项的个数 P 称为二次型 $X^{\mathrm{T}}AX$ 的**正惯性指数**；系数为 -1 的平方项的个数 $r - p$ 称为二次型的**负惯性指数**；正惯性指数减去负惯性指数所得的差 $p - (r - p) = 2p - r$ 称为二次型的**符号差**.

由此可知，实二次型 $X^{\mathrm{T}}AX$ 的规范形被它的秩 r 和正惯性指数 p 决定. 利用二次型等价的传递性和对称性可得如下命题.

命题 两个 n 元实二次型等价⇔它们的规范形相同⇔它们的秩相等，并且正惯性指数也相等.

从实二次型 $X^{\mathrm{T}}AX$ 经过可逆线性变换化为规范形的过程中看到，$X^{\mathrm{T}}AX$ 的任一标准形中系数为正的平方项个数等于 $X^{\mathrm{T}}AX$ 的正惯性指数，系数为负的平方项个数等于 $X^{\mathrm{T}}AX$ 的负惯性指数，从而尽管二次型 $X^{\mathrm{T}}AX$ 的标准形不唯一，但是标准形当中系数为正（或负）的平方项个数是唯一的.

从惯性定理可得如下推论：

推论 6.1 任一 n 阶实对称矩阵 A 合同于一个主对角元只有 1，-1，0 的对角矩阵diag｛1，1，…，1，-1，-1，…，-1，0，0，…，0｝.

即
$$A \simeq \begin{bmatrix} E_P & 0 & 0 \\ 0 & -E_{r-p} & 0 \\ 0 & 0 & 0 \end{bmatrix}.$$

其中 1 的个数等于二次型 $X^T AX$ 的正惯性指数，-1 的个数等于二次型 $X^T AX$ 的负惯性指数（分别把它们称为 A 的正惯性指数，负惯性指数，这个对角矩阵称为 A 的**合同规范形**）.

易知，n 阶实对称矩阵 A 的合同标准形中，主对角元素为止（负）数的个数等于 A 的正（负）惯性指数.

由以上命题易得：

推论 6.2 两个 n 级实对称矩阵合同⇔它们的秩相等，并且正惯性指数也相等.

例 6.7 化二次型 $f(x_1, x_2. x_3) = 2x_1x_2 + 2x_1x_3 - 6x_2x_3$ 为规范形，并求其正惯性指数.

解 由例 6.4 的结果知 f 经可逆线性变换 $\begin{cases} x_1 = z_1 - z_2 + 3z_3 \\ x_2 = z_1 + z_2 - z_3 \\ x_3 = z_3 \end{cases}$

化为标准形
$$f = 2z_1^2 - 2z_2^2 + 8z_3^2.$$

令 $\begin{cases} z_1 = \dfrac{w_1}{\sqrt{2}} \\ z_2 = \dfrac{w_3}{\sqrt{2}} \\ z_3 = \dfrac{w_2}{2\sqrt{2}} \end{cases}$，就可把 f 化为规范形：$f = w_1^2 + w_2^2 - w_3^2$，且 f 的正惯性指数为 2.

第三节 正定二次型与正定矩阵

我们知道，一元二次函数 $f(x) = x^2$ 在 $x = 0$ 处取得最小值，这是由于对任意的实数 $x = a \neq 0$，都有 $f(a) = a^2 > 0$，而 $f(0) = 0$. 此例说明一元二次函数 $f(x) = x^2$ 的最小值问题与一元二次型 x^2 的性质密切相关. 一般情况下，n 元函数的极值问题是否也与 n 元实二次型的性质有关？与 n 元实二次型的何种性质有关？本节就来研究这个问题.

定义 6.5 n 元实二次型 $f(x_1, x_2, \cdots, x_n) = X^T AX$ 称为**正定的**，如果对于 $\mathbf{R}^n$ 中任意的非零列向量 $\boldsymbol{\alpha}$，都有 $\boldsymbol{\alpha}^T A\boldsymbol{\alpha} > 0$.

例如，三元实二次型 $f(x_1, x_2, x_3) = X^T AX = x_1^2 + x_2^2 + x_3^2$ 是正定的.

而三元实二次型 $f(x_1, x_2, x_3) = X^T BX = x_1^2 + x_2^2$，则不是正定的. 这是因为：当 $\boldsymbol{\alpha} = (0, 0, 1)^T \neq \mathbf{0}$ 时有 $\boldsymbol{\alpha}^T B\boldsymbol{\alpha} = 0$.

三元实二次型：

$f(x_1, x_2, x_3) = X^T DX = x_1^2 + x_2^2 - x_3^2$，也是不正定的. 由于对于 $\boldsymbol{\alpha} = (0, 0, 1)^T$，有 $\boldsymbol{\alpha}^T D\boldsymbol{\alpha} = -1$.

观察以上 3 个例子，我们发现，当二次型的正惯性指数刚好等于变量的个数 n 时，二次型是正定的，而当正惯性指数小于变量的个数 n 时，二次型不是正定的.

由此，我们得出如下重要结论：

定理 6.4 n 元实二次型 $f(x_1, x_2, \cdots, x_n)=\boldsymbol{X}^{\mathrm{T}}\boldsymbol{A}\boldsymbol{X}$ 正定的充分必要条件为它的正惯性指数等于 n.

证明 必要性.

设 $\boldsymbol{X}^{\mathrm{T}}\boldsymbol{A}\boldsymbol{X}$ 是正定的，作可逆线性变换 $\boldsymbol{X}=\boldsymbol{C}\boldsymbol{Y}$ 把它化为规范形，即 $X^{\mathrm{T}}AX=y_1^2+y_2^2+\cdots+y_p^2-y_{p+1}^2-\cdots-y_n^2$，如果 $p<n$，则 y_n^2 的系数为 0 或 -1.
取 $\boldsymbol{\beta}=(0, \cdots, 0, 1)^{\mathrm{T}}$，令 $\boldsymbol{\alpha}=\boldsymbol{C}\boldsymbol{\beta}$，显然 $\boldsymbol{\alpha}\neq 0$. 并且有 $\boldsymbol{\alpha}^{\mathrm{T}}\boldsymbol{A}\boldsymbol{\alpha}=0$ 或 -1. 这与 $\boldsymbol{X}^{\mathrm{T}}\boldsymbol{A}\boldsymbol{X}$ 正定的假设矛盾，因此 $p=n$.

充分性. 设 $\boldsymbol{X}^{\mathrm{T}}\boldsymbol{A}\boldsymbol{X}$ 的正惯性指数等于 n，则可作可逆线性变换 $\boldsymbol{X}=\boldsymbol{C}\boldsymbol{Y}$，化为规范形. 即

$$\boldsymbol{X}^{\mathrm{T}}\boldsymbol{A}\boldsymbol{X}=y_1^2+y_2^2+\cdots+y_n^2,$$

任取 $\boldsymbol{\alpha}\in\mathbf{R}$，且 $\boldsymbol{\alpha}\neq 0$. 令 $\boldsymbol{\beta}=\boldsymbol{C}^{-1}\boldsymbol{\alpha}=(b_1, b_2, \cdots, b_n)^{\mathrm{T}}$，则 $\boldsymbol{\beta}\neq\boldsymbol{0}$，从而得出 $\boldsymbol{\alpha}^{\mathrm{T}}\boldsymbol{A}\boldsymbol{\alpha}=b_1^2+b_2^2+\cdots+b_n^2>0$. 因此二次型 $\boldsymbol{X}^{\mathrm{T}}\boldsymbol{A}\boldsymbol{X}$ 是正定的.

从定理 6.4 可得如下推论：

推论 6.3 n 元实二次型 $f(x_1, x_2, \cdots, x_n)=\boldsymbol{X}^{\mathrm{T}}\boldsymbol{A}\boldsymbol{X}$ 是正定的$\Leftrightarrow$它的规范形为 $y_1^2+y_2^2+\cdots+y_n^2$$\Leftrightarrow$它的标准形中 n 个系数全大于 0.

定义 6.6 实对称矩阵 $\boldsymbol{A}$ 称为**正定的**，如果实二次型 $f(x_1, x_2, \cdots, x_n)=\boldsymbol{X}^{\mathrm{T}}\boldsymbol{A}\boldsymbol{X}$ 是正定的，即对于 $\mathbf{R}^n$ 中任意非零向量 $\boldsymbol{\alpha}$ 有：$\boldsymbol{\alpha}^{\mathrm{T}}\boldsymbol{A}\boldsymbol{\alpha}>0$.

正定的实对称矩阵简称为**正定矩阵**.

从定义 6.6. 定理 6.4 和推论 6.3 不难得到

定理 6.5 n 阶实称矩阵 $\boldsymbol{A}$ 是正定的$\Leftrightarrow A$ 的正惯性指数等于 $n\Leftrightarrow\boldsymbol{A}\simeq\boldsymbol{E}$（“$\simeq$”——合同）$\Leftrightarrow\boldsymbol{A}$ 的合同标准形中，主对角元全大于 0.

对于 n 阶实对称矩阵 $\boldsymbol{A}$，能找到正交矩阵 $\boldsymbol{P}$，使得 $\boldsymbol{P}^{\mathrm{T}}\boldsymbol{A}\boldsymbol{P}$ 为对角阵，即 $\boldsymbol{P}^{\mathrm{T}}\boldsymbol{A}\boldsymbol{P}=\mathrm{diag}\{\lambda_1, \lambda_2, \cdots, \lambda_n\}$，其中 $\lambda_1, \lambda_2, \cdots, \lambda_n$ 是 $\boldsymbol{A}$ 的全部特征值，因此由定理 6.5 可得

推论 6.4 n 阶实对称矩阵 $\boldsymbol{A}$ 是正定的，当且仅当 $\boldsymbol{A}$ 的特征值全大于 0.
由于实对称矩阵 $\boldsymbol{A}$ 正定，当且仅当 $\boldsymbol{A}\simeq\boldsymbol{E}$，根据矩阵合同的对称性和可逆性得：

推论 6.5 与正定矩阵合同的实对称矩阵也是正定矩阵. 由推论 6.5 又可得到：

推论 6.6 与正定二次型等价的实二次型也是正定的，从而可逆线性变换不改变二次型的正定性.

推论 6.7 正定矩阵的行列式大于零.

证明 设 $\boldsymbol{A}$ 为 n 阶正定矩阵，则 $\boldsymbol{A}\simeq\boldsymbol{E}$，从而存在可逆矩阵 $\boldsymbol{C}$，使得 $\boldsymbol{A}=\boldsymbol{C}^{\mathrm{T}}\boldsymbol{E}\boldsymbol{C}=\boldsymbol{C}^{\mathrm{T}}\boldsymbol{C}$. 因此 $|\boldsymbol{A}|=|\boldsymbol{C}^{\mathrm{T}}\boldsymbol{C}|=|\boldsymbol{C}^{\mathrm{T}}||\boldsymbol{C}|=|\boldsymbol{C}|^2>0$.

反之，如果实对称矩阵 $\boldsymbol{A}$ 的行列式大于零，不能推出 $\boldsymbol{A}$ 一定是正定的. 例如，设 $|\boldsymbol{A}|=\begin{vmatrix}-1 & 0\\ 0 & -1\end{vmatrix}$，易知：$|\boldsymbol{A}|=1>0$. 但 $\boldsymbol{A}$ 的正惯性指数为 0，因此 $\boldsymbol{A}$ 不是正定的.

为了从子式的角度研究实对称矩阵 $\boldsymbol{A}$ 是正定的条件，首先引入以下概念.

定义 6.7 设 $\boldsymbol{A}=(a_{ij})_{n\times n}$ 是一个 n 阶矩阵，它的 k 个行标和列标相同的子式

$$\begin{vmatrix} a_{i_1i_1} & a_{i_1i_2} & \cdots & a_{i_1i_k}\\ a_{i_2i_1} & a_{i_2i_2} & \cdots & a_{i_2i_k}\\ \vdots & \vdots & & \vdots\\ a_{i_ki_1} & a_{i_ki_2} & \cdots & a_{i_ki_k}\end{vmatrix}, \quad (1\leqslant i_1<i_2<\cdots i_k\leqslant n)$$

称为A的一个**k阶主子式**，A的下述主子式

$$|A_k|=\begin{vmatrix}a_{11}&a_{12}&\cdots&a_{1k}\\a_{21}&a_{22}&\cdots&a_{2k}\\\vdots&\vdots&&\vdots\\a_{k1}&a_{k2}&\cdots&a_{kk}\end{vmatrix}\quad(k=1,2,\cdots,n)$$ 称为A的**k阶顺序主子式**.

例如：设$A=\begin{bmatrix}1&1&3\\1&2&0\\5&1&4\end{bmatrix}$，则$A$的顺序主子式有3个，分别是

$$|1|,\quad\begin{vmatrix}1&1\\1&2\end{vmatrix},\quad\begin{vmatrix}1&1&3\\1&2&0\\5&1&4\end{vmatrix}.$$

定理6.6　n阶实对称矩阵A是正定的充分必要条件为A的所有顺序主子式$|A_k|>0$，$(k=1,2,\cdots,n)$.

证明 “必要性”.

设n阶实对称矩阵A是正定的，对于$k\in\{1,2,\cdots,n\}$，把A写成分块矩阵

$$A=\begin{bmatrix}A_k&B_1\\B_1^{\mathrm T}&B_2\end{bmatrix}\tag{6.15}$$

其中$|A_k|$是A的k阶顺序主子式．以下证明A_k是正定的．在$\mathbf{R}^k$中任取一个非零向量$\boldsymbol{\delta}$，由于A是正定的，因此

$$0<\begin{bmatrix}\boldsymbol{\delta}\\\mathbf{0}\end{bmatrix}^{\mathrm T}A\begin{bmatrix}\boldsymbol{\delta}\\\mathbf{0}\end{bmatrix}=(\boldsymbol{\delta}^{\mathrm T},\ \mathbf{0})\begin{bmatrix}A_k&B_1\\B_1^{\mathrm T}&B_2\end{bmatrix}\begin{bmatrix}\boldsymbol{\delta}\\\mathbf{0}\end{bmatrix}=\boldsymbol{\delta}^{\mathrm T}A_k\boldsymbol{\delta},$$

从而A_k是正定矩阵，因此$|A_k|>0$.

“充分性”．对于实对称矩阵的级数n作数学归纳法.

当$n=1$时，一阶矩阵为(a_{11})．已知$a_{11}>0$，从而(a_{11})正定.

假设对$n-1$阶实对称矩阵命题成立，以下考虑n阶实对称矩阵$A=(a_{ij})$

把A写成分块矩阵

$$A=\begin{bmatrix}A_{n-1}&\boldsymbol{\alpha}\\\boldsymbol{\alpha}^{\mathrm T}&a_{nn}\end{bmatrix}\tag{6.16}$$

其中A_{n-1}是$n-1$阶实对称矩阵．显然A_{n-1}的所有顺序主子式是A的一阶至$n-1$阶顺序主子式．由已知条件得，它们都大于零，于是由归纳假设得，A_{n-1}是正定的．因此有$n-1$阶实可逆矩阵C_1使得

$$C_1^{\mathrm T}A_{n-1}C_1=E_{n-1}\tag{6.17}$$

由于

$$\begin{bmatrix}A_{n-1}&\boldsymbol{\alpha}\\\boldsymbol{\alpha}^{\mathrm T}&a_{nn}\end{bmatrix}\xrightarrow{r_2+(-\boldsymbol{\alpha}^{\mathrm T}A_{n-1}^{-1})\ r_1}\begin{bmatrix}A_{n-1}&\boldsymbol{\alpha}\\0&a_{nn}-\boldsymbol{\alpha}^{\mathrm T}A_{n-1}^{-1}\boldsymbol{\alpha}\end{bmatrix}$$

$$\xrightarrow{c_2+c_1\cdot(-A_{n-1}^{-1}\boldsymbol{\alpha})}\begin{bmatrix}A_{n-1}&0\\0&a_{nn}-\boldsymbol{\alpha}^{\mathrm T}A_{n-1}^{-1}\boldsymbol{\alpha}\end{bmatrix}$$

记$b=a_{nn}-\boldsymbol{\alpha}^{\mathrm T}A_{n-1}^{-1}\boldsymbol{\alpha}$，因此有

$$\begin{bmatrix}E_{n-1}&0\\-\boldsymbol{\alpha}^{\mathrm T}A_{n-1}^{-1}&1\end{bmatrix}\begin{bmatrix}A_{n-1}&\boldsymbol{\alpha}\\\boldsymbol{\alpha}^{\mathrm T}&a_{nn}\end{bmatrix}\begin{bmatrix}E_{n-1}&-A_{n-1}^{-1}\boldsymbol{\alpha}\\0&1\end{bmatrix}=\begin{bmatrix}A_{n-1}&0\\0&b\end{bmatrix}\tag{6.18}$$

由于
$$\begin{bmatrix} \boldsymbol{E}_{n-1} & 0 \\ -\boldsymbol{\alpha}^{\mathrm{T}}\boldsymbol{A}_{n-1}^{-1} & 1 \end{bmatrix} = \begin{bmatrix} \boldsymbol{E}_{n-1} & -\boldsymbol{A}_{n-1}^{-1}\boldsymbol{\alpha} \\ 0 & 1 \end{bmatrix}^{\mathrm{T}},$$

因此由式（6.18）得
$$\boldsymbol{A} \simeq \begin{bmatrix} \boldsymbol{A}_{n-1} & 0 \\ 0 & b \end{bmatrix} \tag{6.19}$$

且 $|\boldsymbol{A}| = |\boldsymbol{A}_{n-1}|b$，从而 $b>0$. 由于
$$\begin{bmatrix} \boldsymbol{C}_1 & 0 \\ 0 & 1 \end{bmatrix}^{\mathrm{T}} \begin{bmatrix} \boldsymbol{A}_{n-1} & 0 \\ 0 & b \end{bmatrix} \begin{bmatrix} \boldsymbol{C}_1 & 0 \\ 0 & 1 \end{bmatrix} = \begin{bmatrix} \boldsymbol{C}_1^{\mathrm{T}}\boldsymbol{A}_{n-1}\boldsymbol{C}_1 & 0 \\ 0 & b \end{bmatrix} = \begin{bmatrix} \boldsymbol{E}_{n-1} & 0 \\ 0 & b \end{bmatrix}$$

因此，
$$\begin{bmatrix} \boldsymbol{A}_{n-1} & 0 \\ 0 & b \end{bmatrix} \simeq \begin{bmatrix} \boldsymbol{E}_{n-1} & 0 \\ 0 & b \end{bmatrix} \tag{6.20}$$

由于式（6.20）右端的矩阵是正定的，于是从式（6.19），式（6.20）得 $\boldsymbol{A}$ 是正定的．由数学归纳法原理，充分性得证．

由于二次型 f 与它的对称矩阵 $\boldsymbol{A}$ 是一一对应的，由定义 6.6 和定理 6.6 可得：

定理 6.7 实二次型 $\boldsymbol{X}^{\mathrm{T}}\boldsymbol{A}\boldsymbol{X}$ 是正定的充分必要条件是 $\boldsymbol{A}$ 的所有顺序主子式全大于零．

例 6.8 判别下列二次型是否正定．
$$f(x_1,x_2,x_3) = x_1^2 + 4x_1x_2 + 2x_2^2 + 2x_2x_3 - 3x_3^2$$

解 $f(x_1, x_2, x_3)$ 的矩阵是 $\boldsymbol{A} = \begin{bmatrix} 1 & 2 & 0 \\ 2 & 2 & 1 \\ 0 & 1 & -3 \end{bmatrix}$，由于 $\boldsymbol{A}$ 的 2 阶顺序主子式 $\begin{vmatrix} 1 & 2 \\ 2 & 2 \end{vmatrix} = 2-4 = -2<0$，因此，由定理 6.7 知二次型 $f(x_1, x_2, x_3)$ 不正定．

例 6.9 任一实可逆矩阵 $\boldsymbol{C}$，都有 $\boldsymbol{C}^{\mathrm{T}}\boldsymbol{C}$ 是正定矩阵．

证明 显然，$\boldsymbol{C}^{\mathrm{T}}\boldsymbol{C}$ 是对称矩阵，由于 $\boldsymbol{C}^{\mathrm{T}}\boldsymbol{C} = \boldsymbol{C}^{\mathrm{T}}\boldsymbol{E}\boldsymbol{C}$，且 $\boldsymbol{C}$ 可逆，因此，$\boldsymbol{C}^{\mathrm{T}}\boldsymbol{C} \simeq \boldsymbol{E}$，从而知 $\boldsymbol{C}^{\mathrm{T}}\boldsymbol{C}$ 是正定矩阵．

实二次型除了有正定的以外，还有其他一些类型．

定义 6.8 n 元实二次型 $\boldsymbol{X}^{\mathrm{T}}\boldsymbol{A}\boldsymbol{X}$ 称为半正定（负定、半负定）的，如果对于 $\mathbf{R}^n$ 中的任一非零列向量 $\boldsymbol{\alpha}$，都有：$\boldsymbol{\alpha}^{\mathrm{T}}\boldsymbol{A}\boldsymbol{\alpha} \geqslant 0$（$\boldsymbol{\alpha}^{\mathrm{T}}\boldsymbol{A}\boldsymbol{\alpha} < 0$，$\boldsymbol{\alpha}^{\mathrm{T}}\boldsymbol{A}\boldsymbol{\alpha} \leqslant 0$）．

如果 $\boldsymbol{X}^{\mathrm{T}}\boldsymbol{A}\boldsymbol{X}$ 既不是半正定的又不是半负定的，则称它是不定的．

定义 6.9 实对称矩阵 $\boldsymbol{A}$ 称为**半正定（负定、半负定、不定）**的，如果实二次型 $\boldsymbol{X}^{\mathrm{T}}\boldsymbol{A}\boldsymbol{X}$ 是**半正定（负定、半负定、不定）**的．

例 6.10 判别下列三元实二次型属于哪些类型：

（1）$y_1^2 + y_2^2$；（2）y_1^2；（3）$y_1^2 + y_2^2 - y_3^2$；（4）$-y_1^2 - y_2^2 - y_3^2$；（5）$-y_1^2 - y_2^2$.

解 由定义 6.8 和定义 6.9 易知（1）半正定；（2）半正定；（3）不定；（4）负定；（5）半负定．

例 6.11 当 λ 取何值时，以下的二次型 $f(x_1, x_2, x_3)$ 是正定的．
$$f(x_1,x_2,x_3) = x_1^2 + 2x_1x_2 + 4x_1x_3 + 2x_2^2 + 6x_2x_3 + \lambda x_3^2.$$

解 二次型 $f(x_1, x_2, x_3)$ 的矩阵为 $\boldsymbol{A} = \begin{bmatrix} 1 & 1 & 2 \\ 1 & 2 & 3 \\ 2 & 3 & \lambda \end{bmatrix}$，由于 $|\boldsymbol{A}_1| = 1>0$，

$$|A_2| = \begin{vmatrix} 1 & 1 \\ 1 & 2 \end{vmatrix} = 2-1=1>0,\ |\boldsymbol{A}_3| = |\boldsymbol{A}| = \lambda-5,$$

故当$|\boldsymbol{A}_3| = |\boldsymbol{A}| = \lambda-5>0$即$\lambda>5$时，二次型$f(x_1, x_2, x_3)$正定.

习 题 六

1. 写出下列二次型的矩阵，或矩阵$\boldsymbol{A}$对应的二次型：

(1) $f(x_1,x_2,x_3)=x_1^2-x_2^2-4x_1x_2-2x_2x_3$；

(2) $f(x_1,x_2,x_3)=x_1^2+x_2^2-7x_3^2-2x_1x_2-4x_1x_3-4x_2x_3$；

(3) $f(x_1,x_2,x_3,x_4)=2x_1x_2-4x_3x_4$；

(4) $\boldsymbol{A}=\begin{bmatrix} 1 & 1 & 2 \\ 1 & 1 & -1 \\ 2 & -1 & 1 \end{bmatrix}$.

2. 用正交变换法化二次型为标准形，并求出变换矩阵：

(1) $f(x_1,x_2,x_3)=x_1^2+2x_2^2+3x_3^2-4x_1x_2-4x_2x_3$；

(2) $f(x_1,x_2,x_3)=11x_1^2+5x_2^2+2x_3^2+16x_1x_2+4x_1x_3-20x_2x_3$；

(3) $f(x_1,x_2,x_3)=2x_1x_2-2x_2x_3$.

3. 用配方法、初等变换法将二次型化为规范型：

(1) $f(x_1,x_2,x_3)=x_1^2+2x_2^2+4x_3^2+2x_1x_2+4x_2x_3$；

(2) $f(x_1,x_2,x_3)=-4x_1x_2+2x_1x_3+2x_2x_3$；

(3) $f(x_1,x_2,x_3)=x_1^2+x_2^2+x_3^2+2x_1x_2+2x_1x_3-2x_2x_3$.

4. 求习题2、3中的二次型的正负惯性指数、符号差和秩.

5. 判定下列二次型的正定性：

(1) $f(x_1,x_2,x_3)=x_1^2+2x_2^2+4x_3^2+2x_1x_2-2x_2x_3$；

(2) $f(x_1,x_2,x_3)=-3x_1^2-3x_2^2-4x_3^2+4x_1x_2+4x_1x_3$；

(3) $f(x_1,x_2,\cdots,x_n) = \sum\limits_{i=1}^{n} x_i^2 + \sum\limits_{1\leqslant i<j\leqslant n}^{n} x_ix_j$.

6. t为何值时，下列二次型是正定的：

(1) $f(x_1,x_2,x_3)=x_1^2+4x_2^2+x_3^2+2tx_1x_2+10x_1x_3+6x_2x_3$；

(2) $f(x_1,x_2,x_3)=2x_1^2+2x_2^2+2x_3^2-2tx_1x_2-2tx_1x_3-2tx_2x_3$；

(3) $f(x_1,x_2,x_3)=x_1^2+x_2^2+2x_3^2+2tx_1x_2+2x_1x_3$.

7. 证明：

(1) 若$\boldsymbol{A}$是正定矩阵，则$\boldsymbol{A}^{-1}$，$\boldsymbol{A}^*$也正定；

(2) 若$\boldsymbol{A}$、$\boldsymbol{B}$是正定矩阵，则$\boldsymbol{A}+\boldsymbol{B}$也正定；

(3) 设$\boldsymbol{A}$为n阶实对称矩阵，且满足$\boldsymbol{A}^2-3\boldsymbol{A}+2\boldsymbol{E}=\boldsymbol{0}$，则$\boldsymbol{A}$为正定矩阵.

8. 设$\boldsymbol{B}$是可逆矩阵，$\boldsymbol{A}=\boldsymbol{B}^{\mathrm{T}}\boldsymbol{B}$，证明$f=\boldsymbol{X}^{\mathrm{T}}\boldsymbol{AX}$为正定二次型.

测试题六

一、单项选择题（4×4=16分）

1. 实二次型$f(x_1, x_2, x_3,)=x_1^2+tx_2^2+3x_3^2+2x_1x_2$，当$t=$（　）时其秩为2.

(A) 0　　(B) 1　　(C) 2　　(D) 3

2. 与 $\boldsymbol{A}=\begin{bmatrix}1&0&0\\0&0&2\\0&2&0\end{bmatrix}$ 合同的矩阵是（　　）.

(A) $\begin{bmatrix}1&0&0\\0&1&0\\0&0&9\end{bmatrix}$　(B) $\begin{bmatrix}1&0&0\\0&2&0\\0&0&-1\end{bmatrix}$　(C) $\begin{bmatrix}1&0&0\\0&-1&0\\0&0&-1\end{bmatrix}$　(D) $\begin{bmatrix}1&0&0\\0&1&0\\0&0&1\end{bmatrix}$

3. 设 $\boldsymbol{A}$ 是一个三阶实矩阵，如果对任一个三维列向量 $\boldsymbol{x}$，都有 $\boldsymbol{x}^{\mathrm{T}}\boldsymbol{A}\boldsymbol{x}=0$，那么（　　）.

(A) $|\boldsymbol{A}|=0$　(B) $|\boldsymbol{A}|>0$　(C) $|\boldsymbol{A}|<0$　(D) 以上都不对

4. n 阶实对称矩阵 $\boldsymbol{A}$ 为正定矩阵的充分必要条件是（　　）.

(A) 所有 k 阶子式为正（$k=1, 2, \cdots, n$）　(B) $\boldsymbol{A}$ 的所有特征值非负

(C) $\boldsymbol{A}^{-1}$ 为正定矩阵　(D) $\mathbf{R}(\boldsymbol{A})=n$

二、填空题（4×4=16分）

1. 已知二次型的系数矩阵为 $\boldsymbol{A}=\begin{bmatrix}2&-1&3\\-1&0&4\\3&4&-1\end{bmatrix}$，那么与它对应的二次型 $f(x_1, x_2, x_3,)$ = ________________.

2. 二次型 $f(x_1, x_2, x_3,)=-4x_1x_2+2x_1x_3+2x_2x_3$ 的矩阵是________，二次型的秩为________.

3. 若 $\boldsymbol{A}=\begin{bmatrix}1&1&0\\1&k&0\\0&0&k^2\end{bmatrix}$ 是正定矩阵，则 k 满足条件________.

4. 若二次型 $f(x_1, x_2, x_3,)=x_1^2+4x_2^2+2x_3^2+2tx_1x_2+2x_1x_3$ 是正定的，那么 t 应满足不等式________.

三、计算题（10×4=40分）

1. 若二次型 $f(x_1, x_2, x_3,)=ax_1^2+bx_2^2+ax_3^2+2cx_1x_3$ 为正定的，求 a，b，c 应满足的条件.

2. 设二次型 $f(x_1, x_2, x_3,)=x_1^2+x_2^2+x_3^2+2\boldsymbol{\alpha}x_1x_2+2\boldsymbol{\beta}x_1x_3+2x_2x_3$ 经正交变换 $\boldsymbol{X}=\boldsymbol{PY}$ 变为标准形 $f=y_2^2+2y_3^2$，$\boldsymbol{P}$ 为正交矩阵，求 $\boldsymbol{\alpha}$，$\boldsymbol{\beta}$.

3. 写出二次型 $f(x_1, x_2, x_3,)=(a_1x_1+a_2x_2+a_3x_3)^2$ 的矩阵.

4. 求使二次型 $f(x_1, x_2, x_3,)=2x_1^2+x_2^2+3x_3^2+2\lambda x_1x_2+2x_1x_3$ 正定的 λ 的范围.

四、综合题（14×2=28分）

1. 用配方法化二次型 $f(x_1, x_2, x_3,)=x_1^2+2x_2^2+2x_1x_2-2x_2x_3$ 为标准形，并写出所用的可逆线性变换.

2. 用正交变换 $\boldsymbol{X}=\boldsymbol{PY}$ 化二次型 $f(x_1, x_2, x_3,)=2x_1^2+x_2^2-4x_1x_2-4x_2x_3$ 为标准形.

*第七章　线性空间与线性变换

线性空间与线性变换是数学中最基本的概念之一．它不仅是线性代数的核心内容，而且它的理论和方法已经渗透到了自然科学、工程技术和经济管理等各个领域．由于学时所限，本章只介绍它的一些基本内容，主要介绍线性空间的概念及其性质、基与维数、线性变换的概念以及线性变换的矩阵表示．

第一节　线性空间的定义与性质

一、线性空间的定义

为了便于理解线性空间的定义，下面先介绍数域的概念．

我们在讨论数学问题时，经常要强调数的取值范围，比如讨论一元二次方程 $x^2+2=0$ 的解时，如果忽略范围，就容易得出此方程无解的结论．其实正确的结论是此方程在实数范围内无解，但在复数范围内有两个解：$x_1=-\sqrt{2}i$ 和 $x_2=\sqrt{2}i$. 可见考虑数的取值“范围”对解题的重要性．把数的取值“范围”看做一个数集，我们给具有下述两个性质的“数集”一个专称——“数域”．

定义 7.1　设 K 是一个数集，如果 K 满足：

（1）$0,\ 1\in K$;

（2）对于任意的 $a,\ b\in K$，都有 $a\pm b,\ ab\in K$，且当 $b\neq 0$ 时，有 $\frac{a}{b}\in K$，则称 K 是一个**数域**．

数域 K 满足第（2）个条件可以说成：K 对于加、减、乘、除四种运算封闭．

显然，有理数集 $\mathbf{Q}$、实数集 $\mathbf{R}$、复数集 $\mathbf{C}$ 都是数域，分别称 $\mathbf{Q}$、$\mathbf{R}$、$\mathbf{C}$ 为有理数域、实数域、复数域，这三个集合之间的关系是 $\mathbf{Q}\subset\mathbf{R}\subset\mathbf{C}$.

但是自然数集 $\mathbf{N}$ 和整数集 $\mathbf{Z}$ 都不是数域．

除了 $\mathbf{Q}$、$\mathbf{R}$、$\mathbf{C}$ 外还有很多的数域．例如，令 $\mathbf{Q}(\sqrt{2})=\{a+b\sqrt{2}\mid a,\ b\in\mathbf{Q}\}$．显然，$0=0+0\cdot\sqrt{2}\in\mathbf{Q}(\sqrt{2})$，$1=1+0\cdot\sqrt{2}\in\mathbf{Q}(\sqrt{2})$．并且容易验证 $\mathbf{Q}(\sqrt{2})$ 对于加、减、乘、除四种运算是封闭的，所以 $\mathbf{Q}(\sqrt{2})$ 是一个数域．

在空间解析几何中，学习了三维向量及其一些运算．在 $\mathbf{R}^3$ 中，首先学习了加法和数乘运算，及对任意的 $\boldsymbol{x}=(x_1,\ x_2,\ x_3)\in\mathbf{R}^3$，$\boldsymbol{y}=(y_1,\ y_2,\ y_3)\in\mathbf{R}^3$，$\boldsymbol{z}=(z_1,\ z_2,\ z_3)\in\mathbf{R}^3$ 及任意的 $\lambda,\ \mu\in\mathbf{R}$. 它们具有如下性质：

（1）$\boldsymbol{x}+\boldsymbol{y}=\boldsymbol{y}+\boldsymbol{x}$;

（2）$(\boldsymbol{x}+\boldsymbol{y})+\boldsymbol{z}=\boldsymbol{x}+(\boldsymbol{y}+\boldsymbol{z})$;

（3）$\mathbf{R}^3$ 中有一个零向量 $\mathbf{0}=(0,\ 0,\ 0)$，使得 $\boldsymbol{x}+\mathbf{0}=\boldsymbol{x}$;

（4）对任一 $\boldsymbol{x}\in\mathbf{R}^3$，都有一个向量 $-\boldsymbol{x}\in\mathbf{R}^3$，使得 $\boldsymbol{x}+(-\boldsymbol{x})=\mathbf{0}$;

（5）$1\boldsymbol{x}=\boldsymbol{x}$;

（6）$\lambda(\mu \boldsymbol{x})=(\lambda\mu)\boldsymbol{x}$；

（7）$(\lambda+\mu)\boldsymbol{x}=\lambda \boldsymbol{x}+\mu \boldsymbol{x}$；

（8）$\lambda(\boldsymbol{x}+\boldsymbol{y})=\lambda \boldsymbol{x}+\lambda \boldsymbol{y}$.

不仅如此，对于实数域上的所有 n 元有序数组 $\mathbf{R}^n$，实数域上的所有 $m\times n$ 矩阵的集合 $\mathbf{R}^{m\times n}$等，尽管其中元素不同但它们在运算上都是有上述 8 个共同的性质．我们由上述例子的共同之处：给定一个集合，一个数域，定义两种运算（加法与数量乘法），且要求这两种运算满足 8 条运算法则这个观点出发，抽象出线性空间的概念．

定义 7.2 设 V 是一个非空集合，K 是一个数域．如果有一个规则，使得对 V 中任意两个元素 $\boldsymbol{\alpha}$，$\boldsymbol{\beta}$，在 V 中都有唯一的元素 γ 与之对应，则称其为 $\boldsymbol{\alpha}$ 与 $\boldsymbol{\beta}$ 的**和**，记为 $\gamma=\boldsymbol{\alpha}+\boldsymbol{\beta}$. 即在 V 中定义了**加法运算**．还有一个规则，使得对于 K 中任意一个数 λ 与 V 中任意元素 $\boldsymbol{\alpha}$，在 V 中都有唯一的元素 δ 与之对应，则称 δ 为 λ 与 $\boldsymbol{\alpha}$ 的**数量乘积**．记为 $\delta=\lambda\boldsymbol{\alpha}$. 即定义了 V 中的**数乘运算**，并且这两种运算满足如下 8 条规律：对任意的 $\boldsymbol{\alpha}$，$\boldsymbol{\beta}$，$\gamma\in V$，任意的 λ，$\mu\in K$，有

（1）$\boldsymbol{\alpha}+\boldsymbol{\beta}=\boldsymbol{\beta}+\boldsymbol{\alpha}$；（加法交换律）

（2）$(\boldsymbol{\alpha}+\boldsymbol{\beta})+\boldsymbol{\gamma}=\boldsymbol{\alpha}+(\boldsymbol{\beta}+\boldsymbol{\gamma})$；（加法结合律）

（3）V 中有一个元素记作 $\mathbf{0}$，它使得 $\boldsymbol{\alpha}+\mathbf{0}=\boldsymbol{\alpha}$（具有这个性质的元素 $\mathbf{0}$ 称为 V 的**零**元素）；

（4）对于 $\boldsymbol{\alpha}\in V$，存在 $\boldsymbol{\beta}\in V$，使得 $\boldsymbol{\alpha}+\boldsymbol{\beta}=\mathbf{0}$（具有这个元素的 $\boldsymbol{\beta}$ 称为 $\boldsymbol{\alpha}$ 的**负**元素）；

（5）$1\boldsymbol{\alpha}=\boldsymbol{\alpha}$；

（6）$\lambda(\mu\boldsymbol{\alpha})=(\lambda\mu)\boldsymbol{\alpha}$；（数乘结合律）

（7）$(\lambda+\mu)\boldsymbol{\alpha}=\lambda\boldsymbol{\alpha}+\mu\boldsymbol{\alpha}$；

（8）$\lambda(\boldsymbol{\alpha}+\boldsymbol{\beta})=\lambda\boldsymbol{\alpha}+\lambda\boldsymbol{\beta}$；其中（7）、（8）称为数乘分配律．

则称集合 V 是数域 K 上的一个**线性空间**或**向量空间**，V 中的元素常称为**向量**，V 中的零元素常称为**零向量**．数域 K 上的线性空间 V 记为 V_K · V 中所定义的加法和数乘运算统称为 V 的**线性运算**．

下面举一些线性空间的例子．

例 7.1 数域 K 上的 n 个有序数组组成的集合记为 K^n

即 $K^n=\{\boldsymbol{x}=(x_1,x_2,\cdots,x_n)\mid x_i(i=1,2,\cdots,n)\in K\}$，

对于通常的向量的加法和数乘运算构成了数域 K 上的线性空间，而在前面的若干章节中，用的多是 $\mathbf{R}^n$.

例 7.2 数域 K 上所有的 $m\times n$ 矩阵的集合

$$\mathbf{R}^{m\times n}=\{\boldsymbol{A}=(a_{ij})_{m\times n}\mid a_{ij}\in \boldsymbol{K}\}.$$

对于通常的矩阵加法和数乘构成数域 K 上的线性空间，而在前面若干章节用的多是 $\mathbf{R}^{m\times n}$.

例 7.3 闭区间 $[a,\ b]$ 上的全体实连续函数，对于通常的函数加法和数与函数的乘法运算构成实数域上的线性空间，记为 $C[a,\ b]$．在开区间 $(a,\ b)$ 内有 k 阶连续导数的实函数 $C^k(a,\ b)$ 对同样的加法和数乘运算也构成实线性空间．

例 7.4 数域 K 上所有 n 个有序数组的集合

$$K^n=\{\boldsymbol{x}=(x_1,x_2,\cdots,x_n)\mid x_i(i=1,2,\cdots,n)\in K\},$$

对于通常的向量加法及如下定义的数乘运算

$$\lambda\cdot(x_1,x_2,\cdots,x_n)=(0,0,\cdots,0)$$

不构成一个线性空间．这是由于

$$1\cdot(x_1,x_2,\cdots,x_n)=(0,0,\cdots,0)\neq(x_1,x_2,\cdots,x_n).$$

比较例 7.1 和例 7.4 可见，同一个集合，由于在其中定义的运算不同，有的构成线性空间，而

有的则不构成线性空间．由此可见，线性空间的概念是集合与运算两者的结合．

二、线性空间的性质

设 V 是数域 K 上的任一线性空间．

1. V 中的零元素是唯一的．

证明 假设 $\boldsymbol{O}_1$，$\boldsymbol{O}_2$ 是线性空间 V 的两个零元素，则对任意的 $\boldsymbol{\alpha}\in V$，有 $\boldsymbol{\alpha}+\boldsymbol{O}_1=\boldsymbol{\alpha}$；$\boldsymbol{\alpha}+\boldsymbol{O}_2=\boldsymbol{\alpha}$. 因 $\boldsymbol{O}_1$，$\boldsymbol{O}_2\in V$，所以 $\boldsymbol{O}_1+\boldsymbol{O}_2=\boldsymbol{O}_1$，$\boldsymbol{O}_1+\boldsymbol{O}_2=\boldsymbol{O}_2+\boldsymbol{O}_1=\boldsymbol{O}_2$，故 $\boldsymbol{O}_1=\boldsymbol{O}_2$.

2. V 中的每个元素 $\boldsymbol{\alpha}$ 的负元素都是唯一的．

证明 假设 $\boldsymbol{\beta}_1$，$\boldsymbol{\beta}_2$ 都是 $\boldsymbol{\alpha}$ 的负元素，则

$$(\boldsymbol{\beta}_1+\boldsymbol{\alpha})+\boldsymbol{\beta}_2=(\boldsymbol{\alpha}+\boldsymbol{\beta}_1)+\boldsymbol{\beta}_2=\boldsymbol{0}+\boldsymbol{\beta}_1=\boldsymbol{\beta}_2+\boldsymbol{0}=\boldsymbol{\beta}_2,$$

$\boldsymbol{\beta}_1+(\boldsymbol{\alpha}+\boldsymbol{\beta}_2)=\boldsymbol{\beta}_1+\boldsymbol{0}=\boldsymbol{\beta}_1$. 由加法结合律得 $\boldsymbol{\beta}_1=\boldsymbol{\beta}_2$.

今后把 $\boldsymbol{\alpha}$ 的唯一负元素记为 $-\boldsymbol{\alpha}$.

利用负元素，可以在 V 中定义减法如下：

对于 $\boldsymbol{\alpha}$，$\boldsymbol{\beta}\in V$，$\boldsymbol{\alpha}-\boldsymbol{\beta}=\boldsymbol{\alpha}+(-\boldsymbol{\beta})$

3. $0\cdot\boldsymbol{\alpha}=0$；$(-1)\cdot\boldsymbol{\alpha}=-\boldsymbol{\alpha}$；$\lambda\cdot\boldsymbol{0}=\boldsymbol{0}$.

证明（1） 因 $\boldsymbol{\alpha}+0\cdot\boldsymbol{\alpha}=1\cdot\boldsymbol{\alpha}+0\cdot\boldsymbol{\alpha}=(1+0)\boldsymbol{\alpha}=1\cdot\boldsymbol{\alpha}=\boldsymbol{\alpha}$ 故 $0\cdot\boldsymbol{\alpha}=\boldsymbol{0}$；

（2）因 $\boldsymbol{\alpha}+(-1)\cdot\boldsymbol{\alpha}=1\cdot\boldsymbol{\alpha}+(-1)\cdot\boldsymbol{\alpha}=[1+(-1)]\boldsymbol{\alpha}=0\cdot\boldsymbol{\alpha}=\boldsymbol{0}$，

故 $(-1)\cdot\boldsymbol{\alpha}=-\boldsymbol{\alpha}$；

（3）$\lambda\cdot\boldsymbol{0}=\lambda[\boldsymbol{\alpha}+(-\boldsymbol{\alpha})]=\lambda\boldsymbol{\alpha}+(-\lambda)\boldsymbol{\alpha}=[\lambda+(-\lambda)]\boldsymbol{\alpha}=0\cdot\boldsymbol{\alpha}=\boldsymbol{0}$.

4. 若 $\lambda\boldsymbol{\alpha}=\boldsymbol{0}$，则 $\lambda=0$ 或 $\boldsymbol{\alpha}=\boldsymbol{0}$.

证明 假设 $\lambda\neq0$ 则 $\dfrac{1}{\lambda}(\lambda\boldsymbol{\alpha})=\dfrac{1}{\lambda}\cdot\boldsymbol{0}=\boldsymbol{0}$，

又 $\dfrac{1}{\lambda}(\lambda\boldsymbol{\alpha})=(\dfrac{1}{\lambda}\cdot\lambda)\boldsymbol{\alpha}=\boldsymbol{\alpha}$，于是 $\boldsymbol{\alpha}=\boldsymbol{0}$.

同理可证：若 $\boldsymbol{\alpha}\neq\boldsymbol{0}$，则有 $\lambda=0$.

三、线性子空间

定义 7.3 设 V 是数域 K 上的线性空间，W 是 V 的非空子集．如果 W 对于 V 上所定义的加法和数乘运算，也构成数域 K 上的线性空间，则称 W 是 V 的**线性子空间**，简称**子空间**．

显然，$\{0\}$ 是 V 上的一个子空间，称它为 V 的零子空间，也记为 $\boldsymbol{0}$；而 V 也是 V 的一个子空间，$\boldsymbol{0}$ 和 V 称为 V 的**平凡**子空间，其余的子空间称为**非平凡**子空间．

由线性空间的定义，不难获得上述非空子集 W 为 V 的子空间的充要条件．

定理 7.1 设 W 是数域 K 上的线性空间 V 的非空子集，则 W 是 V 的线性子空间的充要条件是 W 对于 V 的加法和数量乘法都封闭．即

（1）若 $\boldsymbol{\alpha}$，$\boldsymbol{\beta}\in W$ 则 $\boldsymbol{\alpha}+\boldsymbol{\beta}\in W$；

（2）若 $\boldsymbol{\alpha}\in W$，$\lambda\in K$，则 $\lambda\boldsymbol{\alpha}\in W$.

证明 必要性．由定义 7.1 直接得出，以下证明充分性．

由已知条件得，V 的加法与数量乘法都是 W 的运算，由于 V 是线性空间，因此 W 的加法满足交换律、结合律；数量乘法满足定义 7.2 中的（5），（6），（7），（8）这 4 条法则．

由于 W 是非空集，因此有 $w\in W$. 由已知条件得 $0\cdot w\in W$.

因此，$(-1)\boldsymbol{\alpha}=-\boldsymbol{\alpha}$，从而 $-\boldsymbol{\alpha}\in W$. 于是 $\boldsymbol{\alpha}$ 在 V 中的负元素 $-\boldsymbol{\alpha}$ 也是 $\boldsymbol{\alpha}$ 在 W 中的负元素．

综上所述，知 W 是 K 上的一个线性空间，从而 W 是 V 的一个子空间．

例 7.5 数域 K 上所有次数小于 n 的一元多项式组成的组合记为 $K_n[x]$，证明 $K_n[x]$ 是 $K[x]$ 的一个子空间．

证明 显然 $K_n[x]$ 为非空集，由于两个次数小于 n 的一元多项式的和的次数仍小于 n，而任一数 k 与一个次数小于 n 的一元多项式的乘积的次数仍小于 n，因此 $K_n[x]$ 对于多项式的加法与数量乘法都封闭，从而 $K_n[x]$ 是 $K[x]$ 的一个子空间．

第二节 维数、基和坐标

一、维数、基和坐标

在讨论 n 维向量组时用到了线性表示、线性相关和线性无关等概念，这些概念都可以推广到线性空间中，由这些定义出发所得到的结论在线性空间中也同样成立．

定义 7.4 在线性空间 V 中，若存在一组向量 α_1，α_2，…，α_n 满足：

（1）α_1，α_2，…，α_n 线性无关；

（2）V 中任一向量 α 总可以由 α_1，α_2，…，α_n 线性表示，则称 α_1，α_2，…，α_n 为 V 的一组**基**．V 的基所含的向量个数 n 称为 V 的**维数**，记为 $\dim V=n$. 维数为 n 的线性空间称为 **n 维线性空间**，记为 V_n.

当一个线性空间 V 中存在任意多个线性无关的向量时，则称 V 是无限维的．在线性代数中，一般只讨论有限维线性空间．

值得一提的是，线性空间 V 的维数是唯一的，但基一般不是唯一的．事实上，可取 V 中任意一个极大的线性无关向量组组成它的一组基．特别地，n 维线性空间中任意 n 个线性无关的向量都可作为它的一组基．只含零向量的线性空间的维数为 0.

如果 W 是 V 的子空间，则有 $\dim W \leqslant \dim V$.

例 7.6 $\mathbf{R}^n$ 的维数为 n，这是由于

$\boldsymbol{e}_i=(0, 0\cdots 0, 1, 0\cdots 0)\in\mathbf{R}^n$（$i=1, 2, 3, \cdots, n$）（$\boldsymbol{e}_i$ 的第 i 个分量是 1，其余的均为 0）且容易验证向量组 $\boldsymbol{e}_1$，$\boldsymbol{e}_2$，…，$\boldsymbol{e}_n$ 线性无关，而对 $\forall \boldsymbol{x}\in\mathbf{R}^n$，有

$$\boldsymbol{x}=(x_1,x_2,\cdots,x_n)=x_1\boldsymbol{e}_1+x_2\boldsymbol{e}_2+\cdots+x_n\boldsymbol{e}_n,$$

即 $\mathbf{R}^n$ 的任一向量 $\boldsymbol{x}$ 均可由 $\boldsymbol{e}_1$，$\boldsymbol{e}_2$，…，$\boldsymbol{e}_n$ 线性表示．因此，$\boldsymbol{e}_1$，$\boldsymbol{e}_2$，…，$\boldsymbol{e}_n$ 是 $\mathbf{R}^n$ 的一组基．且有 $\dim(\mathbf{R}^n)=n$.

例 7.7 $K_n[x]$ 的维数是 n. 这是由于

1，x，x^2，…，x^{n-1} 均属于 $K_n[x]$. 且若有等式 $k_1\cdot 1+k_2x+k_3x^2+\cdots+k_nx^{n-1}=0$ 对任意的 x 均成立，必有 $k_i=0$（$i=1, 2, \cdots, n$）．从而知 1，x，x^2，…，x^{n-1} 是线性无关的．又由于对数域 K 上任意次数小于 n 的一元多项式，都可表示为

$$f(x)=a_0+a_1\cdot 1+a_2x+a_3x^2+\cdots+a_nx^{n-1},$$

说明 $K_n[x]$ 中任一元素均可由 1，x，x^2，…，x^{n-1} 线性表示．因此 1，x，x^2，…，x^{n-1} 是 $K_n[x]$ 的一组基，其维数为 n.

例 7.8 证明：线性空间 $\mathbf{R}^{2\times 2}$ 中的元素

$$\boldsymbol{E}_{11}=\begin{bmatrix}1&0\\1&0\end{bmatrix},\quad \boldsymbol{E}_{12}=\begin{bmatrix}0&1\\0&0\end{bmatrix},\ \boldsymbol{E}_{21}=\begin{bmatrix}0&0\\1&0\end{bmatrix},\ \boldsymbol{E}_{22}=\begin{bmatrix}0&0\\0&1\end{bmatrix}$$ 是 $\mathbf{R}^{2\times 2}$ 的一组基．

证明 首先证明 $\boldsymbol{E}_{11}$，$\boldsymbol{E}_{12}$，$\boldsymbol{E}_{21}$，$\boldsymbol{E}_{22}$ 线性无关．

若有实数 k_1，k_2，k_3，k_4 使得 $k_1\boldsymbol{E}_{11}+k_2\boldsymbol{E}_{12}+k_3\boldsymbol{E}_{21}+k_4\boldsymbol{E}_{22}=\boldsymbol{O}_{2\times 2}$，即

$$\begin{bmatrix} k_1 & k_2 \\ k_3 & k_4 \end{bmatrix} = \begin{bmatrix} 0 & 0 \\ 0 & 0 \end{bmatrix},$$

则必有 $k_1 = k_2 = k_3 = k_4 = 0$. 因此 $\boldsymbol{E}_{11}$，$\boldsymbol{E}_{12}$，$\boldsymbol{E}_{21}$，$\boldsymbol{E}_{22}$线性无关，并且对 $\mathbf{R}^{2\times 2}$ 中的任一元素 $\boldsymbol{A} = (a_{ij})_{2\times 2}$有

$$\boldsymbol{A} = \begin{bmatrix} a_{11} & a_{12} \\ a_{21} & a_{22} \end{bmatrix} = a_{11}\boldsymbol{E}_{11} + a_{12}\boldsymbol{E}_{12} + a_{21}\boldsymbol{E}_{21} + a_{22}\boldsymbol{E}_{22}.$$

即$\boldsymbol{A}$可由$\boldsymbol{E}_{11}$，$\boldsymbol{E}_{12}$，$\boldsymbol{E}_{21}$，$\boldsymbol{E}_{22}$线性表示．因此 $\boldsymbol{E}_{11}$，$\boldsymbol{E}_{12}$，$\boldsymbol{E}_{21}$，$\boldsymbol{E}_{22}$是 $\mathbf{R}^{2\times 2}$ 的一组基，其维数为4.

定义 7.5 设$\boldsymbol{\alpha}_1$，$\boldsymbol{\alpha}_2$，…，$\boldsymbol{\alpha}_n$，是线性空间 V_n 的一组基．若对$\forall \boldsymbol{\alpha} \in V_n$，有且仅有一组数 x_1，x_2，…，x_n，使$\boldsymbol{\alpha} = x_1\boldsymbol{\alpha}_1 + x_2\boldsymbol{\alpha}_2 + \cdots + x_n\boldsymbol{\alpha}_n$，则称有序数组 x_1，x_2，…，x_n 为元素 $\boldsymbol{\alpha}$ 在基 $\boldsymbol{\alpha}_1$，$\boldsymbol{\alpha}_2$，…，$\boldsymbol{\alpha}_n$ 下的坐标．并记为$\boldsymbol{\alpha} = (x_1, x_2, \cdots, x_n)^{\mathrm{T}}$.

由于基是线性无关的，因此坐标是由基和元素唯一确定的．

例 7.9 试求线性空间 $\mathbf{R}^3$ 中向量$\boldsymbol{\eta} = (3, 7, 1)^{\mathrm{T}}$在基

$$\boldsymbol{\eta}_1 = \begin{bmatrix} 1 \\ 3 \\ 5 \end{bmatrix}, \boldsymbol{\eta}_2 = \begin{bmatrix} 6 \\ 3 \\ 2 \end{bmatrix}, \boldsymbol{\eta}_3 = \begin{bmatrix} 3 \\ 1 \\ 0 \end{bmatrix}$$

下的坐标．

解 设所求的坐标是 (x_1, x_2, x_3)．则有 $\boldsymbol{\eta} = \begin{bmatrix} 3 \\ 7 \\ 1 \end{bmatrix} = x_1\boldsymbol{\eta}_1 + x_2\boldsymbol{\eta}_2 + x_3\boldsymbol{\eta}_3$，

即有
$$\begin{bmatrix} 3 \\ 7 \\ 1 \end{bmatrix} = \begin{bmatrix} x_1 + 6x_2 + 3x_3 \\ 3x_1 + 3x_2 + x_3 \\ 5x_1 + 2x_2 \end{bmatrix}.$$

由此可得方程组

$$\begin{cases} x_1 + 6x_2 + 3x_3 = 3 \\ 3x_1 + 3x_2 + x_3 = 7, \\ 5x_1 + 2x_2 = 1 \end{cases}$$

解之得，$x_1 = 33$，$x_2 = -82$，$x_3 = 154$.

因此，向量$\boldsymbol{\eta}$在基$\boldsymbol{\eta}_1$，$\boldsymbol{\eta}_2$，$\boldsymbol{\eta}_3$ 下的坐标为（33，-82，154）．

二、基变换与坐标变换

由于线性空间的基不是唯一的，因此同一元素（向量）在不同的基下有不同的坐标．那么，不同的坐标它们之间有什么关系呢？

设$\boldsymbol{\alpha}_1$，$\boldsymbol{\alpha}_2$，…，$\boldsymbol{\alpha}_n$ 及$\boldsymbol{\beta}_1$，$\boldsymbol{\beta}_2$，…，$\boldsymbol{\beta}_n$ 是线性空间的两组基，则有

$$\begin{cases} \beta_1 = p_{11}\alpha_1 + p_{21}\alpha_2 + \cdots + p_{n1}\alpha_n \\ \beta_2 = p_{12}\alpha_1 + p_{22}\alpha_2 + \cdots + p_{n2}\alpha_n \\ \quad\cdots\cdots \\ \beta_n = p_{1n}\alpha_1 + p_{2n}\alpha_2 + \cdots + p_{nn}\alpha_n \end{cases} \tag{7.1}$$

称矩阵

$$P=\begin{bmatrix} p_{11} & p_{12} & \cdots & p_{1n} \\ p_{21} & p_{22} & \cdots & p_{2n} \\ \vdots & \vdots & & \vdots \\ p_{n1} & p_{n2} & \cdots & p_{nn} \end{bmatrix}$$

为由基 $\boldsymbol{\alpha}_1$，$\boldsymbol{\alpha}_2$，⋯，$\boldsymbol{\alpha}_n$ 到基 $\boldsymbol{\beta}_1$，$\boldsymbol{\beta}_2$，⋯，$\boldsymbol{\beta}_n$ 的**过渡矩阵**．这时式（7.1）可用矩阵形式表示为

$$\begin{bmatrix} \boldsymbol{\beta}_1 \\ \boldsymbol{\beta}_2 \\ \vdots \\ \boldsymbol{\beta}_n \end{bmatrix}=\boldsymbol{P}^{\mathrm{T}}\begin{bmatrix} \boldsymbol{\alpha}_1 \\ \boldsymbol{\alpha}_2 \\ \vdots \\ \boldsymbol{\alpha}_n \end{bmatrix} \tag{7.2}$$

由于基向量线性无关，利用齐次线性方程组只有零解的条件，便可得到 $\boldsymbol{P}$ 是可逆的．设 $\boldsymbol{\xi}\in V$，且

$$\boldsymbol{\xi}=\sum_{i=1}^{n}x_i\boldsymbol{\alpha}_i=\sum_{i=1}^{n}y_i\boldsymbol{\beta}_i,\text{则有}$$

$$\xi=\sum_{i=1}^{n}y_i\boldsymbol{\beta}_i=\sum_{i=1}^{n}y_i(\sum_{k=1}^{n}p_{ki}\boldsymbol{\alpha}_k)=\sum_{k=1}^{n}(\sum_{i-1}^{n}p_{ki}y_i)\boldsymbol{\alpha}_k \tag{7.3}$$

又

$$\boldsymbol{\xi}=\sum_{k=1}^{n}x_k\boldsymbol{\alpha}_k \tag{7.4}$$

由于 $\boldsymbol{\alpha}_1$，$\boldsymbol{\alpha}_2$，⋯，$\boldsymbol{\alpha}_n$ 线性无关，所以(7.3)和(7.4)两式右边的 α_k 的系数应相等，即 $x_k=\sum_{i=1}^{n}p_{ki}y_i,(k=1,2,\cdots,n)$．写成矩阵的形式即为

$$\begin{bmatrix} x_1 \\ x_2 \\ \vdots \\ x_n \end{bmatrix}=\begin{bmatrix} p_{11} & p_{12} & \cdots & p_{1n} \\ p_{21} & p_{22} & \cdots & p_{2n} \\ \vdots & \vdots & & \vdots \\ p_{n1} & p_{n2} & \cdots & p_{nn} \end{bmatrix}\begin{bmatrix} y_1 \\ y_2 \\ \vdots \\ y_n \end{bmatrix}, \tag{7.5}$$

即一个元素（向量）在两组基下的坐标是由过渡矩阵联系着的．

对于上述例7.9，也可以这样考虑．我们容易知道向量 $\boldsymbol{\eta}=\begin{bmatrix} 3 \\ 7 \\ 1 \end{bmatrix}$ 在基

$$\boldsymbol{\varepsilon}_1=\begin{bmatrix} 1 \\ 0 \\ 0 \end{bmatrix},\ \boldsymbol{\varepsilon}_2=\begin{bmatrix} 0 \\ 1 \\ 0 \end{bmatrix},\ \boldsymbol{\varepsilon}_3=\begin{bmatrix} 0 \\ 0 \\ 1 \end{bmatrix}$$

下的坐标是（3，7，1）．由基 $\boldsymbol{\varepsilon}_1$，$\boldsymbol{\varepsilon}_2$，$\boldsymbol{\varepsilon}_3$ 到基 $\boldsymbol{\eta}_1$，$\boldsymbol{\eta}_2$，$\boldsymbol{\eta}_3$ 的过渡矩阵是

$$\boldsymbol{P}=\begin{bmatrix} 1 & 6 & 3 \\ 3 & 3 & 1 \\ 5 & 2 & 0 \end{bmatrix},$$

所以 $\boldsymbol{\eta}$ 在基 $\boldsymbol{\eta}_1$，$\boldsymbol{\eta}_2$，$\boldsymbol{\eta}_3$ 下的坐标为

$$\boldsymbol{P}^{-1}\boldsymbol{\eta}=\begin{bmatrix} 1 & 6 & 3 \\ 3 & 3 & 1 \\ 5 & 2 & 1 \end{bmatrix}^{-1}\begin{bmatrix} 3 \\ 7 \\ 1 \end{bmatrix}=\begin{bmatrix} -2 & 6 & -3 \\ 5 & -15 & 8 \\ -9 & 28 & -15 \end{bmatrix}\begin{bmatrix} 3 \\ 7 \\ 1 \end{bmatrix}=\begin{bmatrix} 33 \\ -82 \\ 154 \end{bmatrix}.$$

第三节 线性变换及其矩阵表示

线性变换是线性空间中向量之间最简单、最基本的一种变换．它与矩阵、线性空间有着密切的关系．

一、线性变换的定义

定义 7.6 设 T 是线性空间 V 到 V 的一个变换，如果对任意的 $\boldsymbol{\alpha}$，$\boldsymbol{\beta}\in V$. λ，$\mu\in K$，都有

$$T(\lambda\boldsymbol{\alpha}+\mu\boldsymbol{\beta})=\lambda T(\boldsymbol{\alpha})+\mu T(\boldsymbol{\beta}),$$

则称 T 是 V 的一个**线性变换**．

例 7.10 在 $\mathbf{R}^3$ 中定义变换：$T(x_1, x_2, x_3)=(x_1+x_2, x_2-4x_3, 2x_3)$，

则 T 是 $\mathbf{R}^3$ 的一个线性变换，这是由于：

对任意的 $\boldsymbol{\alpha}=(a_1, a_2, a_3)$，$\boldsymbol{\beta}=(b_1, b_2, b_3)\in\mathbf{R}^3$，有

$$\begin{aligned}T(\boldsymbol{\alpha}+\boldsymbol{\beta})&=T(a_1+b_1,a_2+b_2,a_3+b_3)\\&=(a_1+b_1+a_2+b_2,a_2+b_2-4a_3-4b_3,2a_3+2b_3)\\&=(a_1+a_2,a_2-4a_3,2a_3)+(b_1+b_2,b_2-4b_3,2b_3)\\&=T(\boldsymbol{\alpha})+T(\boldsymbol{\beta}).\end{aligned}$$

同理，对任意的 $\boldsymbol{\alpha}\in\mathbf{R}^3$，$k\in\mathbf{R}$，也有 $T(k\boldsymbol{\alpha})=kT(\boldsymbol{\alpha})$．

例 7.11 在线性空间 $K_n[x]$ 中，定义变换

$$T(f(x))=\frac{\mathrm{d}f(x)}{\mathrm{d}x}, f(x)\in K_n[x],$$

由于 $$T(\lambda f(x)+\mu g(x))=\frac{\mathrm{d}(\lambda f(x)+\mu g(x))}{\mathrm{d}x}=\lambda\frac{\mathrm{d}f(x)}{\mathrm{d}x}+\mu\frac{\mathrm{d}g(x)}{\mathrm{d}x},$$

所以 T 是线性空间 $K_n[x]$ 上的一个线性变换．

二、线性变换的矩阵表示

设 T 是线性空间 V 上的一个线性变换，$\boldsymbol{\alpha}_1$，$\boldsymbol{\alpha}_2$，…，$\boldsymbol{\alpha}_n$ 是 V 的一组基，则由于 $T(\boldsymbol{\alpha}_i)\in V$，故有

$$\begin{cases}T(\boldsymbol{\alpha}_1)=a_{11}\boldsymbol{\alpha}_1+a_{21}\boldsymbol{\alpha}_2+\cdots+a_{n1}\boldsymbol{\alpha}_n\\T(\boldsymbol{\alpha}_2)=a_{12}\boldsymbol{\alpha}_1+a_{22}\boldsymbol{\alpha}_2+\cdots+a_{n2}\boldsymbol{\alpha}_n\\\qquad\cdots\cdots\\T(\boldsymbol{\alpha}_n)=a_{1n}\boldsymbol{\alpha}_1+a_{2n}\boldsymbol{\alpha}_2+\cdots+a_{nn}\boldsymbol{\alpha}_n\end{cases}\tag{7.6}$$

把矩阵 $\boldsymbol{A}=\begin{bmatrix}a_{11}&a_{12}&\cdots&a_{1n}\\a_{21}&a_{22}&\cdots&a_{2n}\\\vdots&\vdots&\vdots&\vdots\\a_{n1}&a_{n2}&\cdots&a_{nn}\end{bmatrix}$ 称为线性变换 T 在基 $\boldsymbol{\alpha}_1$，$\boldsymbol{\alpha}_2$，…，$\boldsymbol{\alpha}_n$ 下的矩阵．

例 7.12 考虑例 7.11. 由于

$$T(1)=0=0\cdot1+0\cdot x+\cdots+0\cdot x^{n-1},$$
$$T(x)=1=1\cdot1+0\cdot x+\cdots+0\cdot x^{n-1},$$
$$\cdots\cdots$$

$$T(x^{n-1})=(n-1)x^{n-2}=0\cdot 1+0\cdot x+\cdots+0\cdot x^{n-3}+(n-1)\cdot x^{n-2}+0\cdot x^{n-1},$$

故 T 在基 $1, x, x^2, \cdots, x^{n-1}$ 下的矩阵为

$$\begin{bmatrix} 0 & 1 & 0 & \cdots & 0 \\ 0 & 0 & 2 & \cdots & 0 \\ \vdots & \vdots & \vdots & & \vdots \\ 0 & 0 & 0 & \cdots & n-1 \\ 0 & 0 & 0 & \cdots & 0 \end{bmatrix},$$

又对于基 $1, x, \frac{x^2}{2!}, \cdots, \frac{x^{n-1}}{(n-1)!}$，由于

$$T(1)=0=0\cdot 1+0\cdot x+\cdots+0\cdot\frac{x^{n-1}}{(n-1)!},$$

$$T(x)=1=1\cdot 1+0\cdot x+\cdots+0\cdot\frac{x^{n-1}}{(n-1)!},$$

……

$$T\left(\frac{x^{n-1}}{(n-1)!}\right)=\frac{x^{n-2}}{(n-2)!}=0\cdot 1+0\cdot x+\cdots+0\cdot\frac{x^{n-3}}{(n-3)!}+1\cdot\frac{x^{n-2}}{(n-2)!}+0\cdot\frac{x^{n-1}}{(n-1)!},$$

故 T 在基 $1, x, \frac{x^2}{2!}, \cdots, \frac{x^{n-1}}{(n-1)!}$ 下的矩阵为

$$\begin{bmatrix} 0 & 1 & 0 & \cdots & 0 \\ 0 & 0 & 1 & \cdots & 0 \\ \vdots & \vdots & \vdots & & \vdots \\ 0 & 0 & 0 & \cdots & 1 \\ 0 & 0 & 0 & \cdots & 0 \end{bmatrix}.$$

例 7.13 在线性空间 $\mathbf{R}^{2\times2}$ 中，规定 $T(\boldsymbol{X})=\boldsymbol{X}^{\mathrm{T}}, \boldsymbol{X}\in\mathbf{R}^{2\times2}$. 则可验证 T 是 $\mathbf{R}^{2\times2}$ 上的一个线性变换. 对于基

$$\boldsymbol{E}_{11}=\begin{bmatrix}1&0\\0&0\end{bmatrix},\quad \boldsymbol{E}_{12}=\begin{bmatrix}0&1\\0&0\end{bmatrix}, \boldsymbol{E}_{21}=\begin{bmatrix}0&0\\1&0\end{bmatrix}, \boldsymbol{E}_{22}=\begin{bmatrix}0&0\\0&1\end{bmatrix}$$

由于

$$T(\boldsymbol{E}_{11})=\boldsymbol{E}_{11}^{\mathrm{T}}=\boldsymbol{E}_{11}=1\cdot\boldsymbol{E}_{11}+0\cdot\boldsymbol{E}_{12}+0\cdot\boldsymbol{E}_{21}+0\cdot\boldsymbol{E}_{22},$$

$$T(\boldsymbol{E}_{12})=\boldsymbol{E}_{12}^{\mathrm{T}}=\boldsymbol{E}_{21}=0\cdot\boldsymbol{E}_{11}+0\cdot\boldsymbol{E}_{12}+1\cdot\boldsymbol{E}_{21}+0\cdot\boldsymbol{E}_{22},$$

$$T(\boldsymbol{E}_{21})=\boldsymbol{E}_{21}^{\mathrm{T}}=\boldsymbol{E}_{12}=0\cdot\boldsymbol{E}_{11}+1\cdot\boldsymbol{E}_{12}+0\cdot\boldsymbol{E}_{21}+0\cdot\boldsymbol{E}_{22},$$

$$T(\boldsymbol{E}_{22})=\boldsymbol{E}_{22}^{\mathrm{T}}=\boldsymbol{E}_{22}=0\cdot\boldsymbol{E}_{11}+0\cdot\boldsymbol{E}_{12}+0\cdot\boldsymbol{E}_{21}+1\cdot\boldsymbol{E}_{22},$$

所以 T 在基 $\boldsymbol{E}_{11}, \boldsymbol{E}_{12}, \boldsymbol{E}_{21}, \boldsymbol{E}_{22}$ 下的矩阵为

$$\begin{bmatrix}1&0&0&0\\0&0&1&0\\0&1&0&0\\0&0&0&1\end{bmatrix}.$$

下面的定理 7.2 给出了一个线性变换在不同基下的矩阵之间的关系.

定理 7.2 设 T 是线性空间 V 上的一个线性变换. 如果 T 在两组基 $\boldsymbol{\alpha}_1, \boldsymbol{\alpha}_2, \cdots, \boldsymbol{\alpha}_n$ 和 $\boldsymbol{\beta}_1, \boldsymbol{\beta}_2, \cdots, \boldsymbol{\beta}_n$ 下的矩阵分别为 $\boldsymbol{A}$、$\boldsymbol{B}$，则有 $\boldsymbol{B}=\boldsymbol{P}^{-1}\boldsymbol{AP}$. 其中 $\boldsymbol{P}$ 是由基 $\boldsymbol{\alpha}_1, \boldsymbol{\alpha}_2, \cdots, \boldsymbol{\alpha}_n$ 到基 $\boldsymbol{\beta}_1, \boldsymbol{\beta}_2, \cdots, \boldsymbol{\beta}_n$ 的过渡矩阵.

证明 依题设和式(7.2)、(7.6)，有

$(\boldsymbol{\beta}_1,\boldsymbol{\beta}_2,\cdots,\boldsymbol{\beta}_n)=(\boldsymbol{\alpha}_1,\boldsymbol{\alpha}_2,\cdots,\boldsymbol{\alpha}_n)\boldsymbol{P}$，$T(\boldsymbol{\alpha}_1,\boldsymbol{\alpha}_2,\cdots,\boldsymbol{\alpha}_n)=(\boldsymbol{\alpha}_1,\boldsymbol{\alpha}_2,\cdots,\boldsymbol{\alpha}_n)\boldsymbol{A}$，

$T(\boldsymbol{\beta}_1,\boldsymbol{\beta}_2,\cdots,\boldsymbol{\beta}_n)=(\boldsymbol{\beta}_1,\boldsymbol{\beta}_2,\cdots,\boldsymbol{\beta}_n)\boldsymbol{B}$，则

$$(\boldsymbol{\beta}_1,\boldsymbol{\beta}_2,\cdots,\boldsymbol{\beta}_n)\boldsymbol{B}=T(\boldsymbol{\beta}_1,\boldsymbol{\beta}_2,\cdots,\boldsymbol{\beta}_n)=T[(\boldsymbol{\alpha}_1,\boldsymbol{\alpha}_2,\cdots,\boldsymbol{\alpha}_n)\boldsymbol{P}]$$
$$=T[(\boldsymbol{\alpha}_1,\boldsymbol{\alpha}_2,\cdots,\boldsymbol{\alpha}_n)]\boldsymbol{P}=(\boldsymbol{\alpha}_1,\boldsymbol{\alpha}_2,\cdots,\boldsymbol{\alpha}_n)\boldsymbol{A}\boldsymbol{P}=(\boldsymbol{\beta}_1,\boldsymbol{\beta}_2,\cdots,\boldsymbol{\beta}_n)\boldsymbol{P}^{-1}\boldsymbol{A}\boldsymbol{P}.$$

注意到$\boldsymbol{\beta}_1,\boldsymbol{\beta}_2,\cdots,\boldsymbol{\beta}_n$线性无关，从而$\boldsymbol{B}=\boldsymbol{P}^{-1}\boldsymbol{A}\boldsymbol{P}$.

例 7.14 三维线性空间V上的一个线性变换T在基$\boldsymbol{\varepsilon}_1,\boldsymbol{\varepsilon}_2,\boldsymbol{\varepsilon}_3$下的矩为

$$\boldsymbol{A}=\begin{bmatrix}2&-1&-1\\-1&2&-1\\-1&-1&2\end{bmatrix},$$

求T在$\boldsymbol{\eta}_1=\boldsymbol{\varepsilon}_1+\boldsymbol{\varepsilon}_2+\boldsymbol{\varepsilon}_3$，$\boldsymbol{\eta}_2=-\boldsymbol{\varepsilon}_1+\boldsymbol{\varepsilon}_2$，$\boldsymbol{\eta}_3=-\boldsymbol{\varepsilon}_1+\boldsymbol{\varepsilon}_3$下的矩阵.

解 因为由基$\boldsymbol{\varepsilon}_1,\boldsymbol{\varepsilon}_2,\boldsymbol{\varepsilon}_3$到基$\boldsymbol{\eta}_1,\boldsymbol{\eta}_2,\boldsymbol{\eta}_3$的过渡矩阵为

$$\begin{bmatrix}1&-1&-1\\1&1&0\\1&0&1\end{bmatrix},$$

所以线性变换T在基$\boldsymbol{\eta}_1,\boldsymbol{\eta}_2,\boldsymbol{\eta}_3$下的矩阵为

$$\begin{bmatrix}1&-1&-1\\1&1&0\\1&0&1\end{bmatrix}^{-1}\begin{bmatrix}2&-1&-1\\-1&2&-1\\-1&-1&2\end{bmatrix}\begin{bmatrix}1&-1&-1\\1&1&0\\1&0&1\end{bmatrix}$$
$$=\frac{1}{3}\begin{bmatrix}1&1&1\\-1&2&-1\\-1&-1&2\end{bmatrix}\begin{bmatrix}2&-1&-1\\-1&2&-1\\-1&-1&2\end{bmatrix}\begin{bmatrix}1&-1&-1\\1&1&0\\1&0&1\end{bmatrix}$$
$$=\begin{bmatrix}0&0&0\\0&3&0\\0&0&3\end{bmatrix}.$$

习 题 七

1. 判断下述集合对于所指的运算是否构成实数域上的线性空间：

(1) 全体$n(n\geqslant 1)$次实系数多项式，对多项式的加法和数量乘法；

(2) 平面上全体向量，对通常的向量加法和如下定义的数量乘法：

$k\cdot\boldsymbol{\alpha}=\mathbf{0}$，其中$k\in\mathbf{R}$，$\boldsymbol{\alpha}$为任意的平面向量，$\mathbf{0}$为零向量；

(3) 所有三阶实对称矩阵，对于矩阵的加法和数量运算.

2. 求第1题中线性空间的一组基和维数.

3. 下述集合中哪些是$\mathbf{R}^3$的子空间：

(1) $V_1=\{(x_1,x_2,x_3)\mid x_1-x_2+x_3=0\}$；(2) $V_2=\{(x_1,x_2,x_3)\mid x_1+x_2=1\}$；

(3) $V_3=\{(x_1,0,x_3)\mid x_1,x_3\in\mathbf{R}\}$；(4) $V_4=\{(1,x_2,x_3)\mid x_2,x_3\in\mathbf{R}\}$.

4. 求第3题中的子空间的一组基和维数.

5. 设

$$\boldsymbol{\alpha}_1=\begin{bmatrix}1\\2\\-1\\0\end{bmatrix},\ \boldsymbol{\alpha}_2=\begin{bmatrix}1\\-1\\1\\1\end{bmatrix},\ \boldsymbol{\alpha}_3=\begin{bmatrix}-1\\2\\1\\1\end{bmatrix},\ \boldsymbol{\alpha}_4=\begin{bmatrix}-1\\-1\\0\\1\end{bmatrix}.$$

（1）证明 $\boldsymbol{\alpha}_1$，$\boldsymbol{\alpha}_2$，$\boldsymbol{\alpha}_3$，$\boldsymbol{\alpha}_4$ 是线性空间 $\mathbf{R}^4$ 的一组基；

（2）求向量 $\boldsymbol{\beta}=(1,\ -5,\ 0,\ 4)^{\mathrm{T}}$ 在基 $\boldsymbol{\alpha}_1$，$\boldsymbol{\alpha}_2$，$\boldsymbol{\alpha}_3$，$\boldsymbol{\alpha}_4$ 下的坐标 .

6. 设

$$\boldsymbol{\alpha}_1=\begin{bmatrix}1\\2\\1\end{bmatrix},\ \boldsymbol{\alpha}_2=\begin{bmatrix}2\\3\\3\end{bmatrix},\ \boldsymbol{\alpha}_3=\begin{bmatrix}3\\7\\1\end{bmatrix};\ \boldsymbol{\beta}_1=\begin{bmatrix}3\\1\\4\end{bmatrix},\ \boldsymbol{\beta}_2=\begin{bmatrix}5\\2\\1\end{bmatrix},\ \boldsymbol{\beta}_3=\begin{bmatrix}1\\1\\-6\end{bmatrix}.$$

在 $\mathbf{R}^3$ 中求由基 $\boldsymbol{\alpha}_1$，$\boldsymbol{\alpha}_2$，$\boldsymbol{\alpha}_3$ 到基 $\boldsymbol{\beta}_1$，$\boldsymbol{\beta}_2$，$\boldsymbol{\beta}_3$ 的过渡矩阵 .

7. 下述的变换哪些是线性空间 $\mathbf{R}^{2\times 2}$ 上的线性变换：

（1）$T(\boldsymbol{X})=\begin{bmatrix}1&1\\-1&1\end{bmatrix}\boldsymbol{X}\begin{bmatrix}1&1\\0&1\end{bmatrix}$；（2）$T(\boldsymbol{X})=\boldsymbol{X}+\begin{bmatrix}1&1\\0&1\end{bmatrix}$；（3）$T(\boldsymbol{X})=\boldsymbol{X}+\boldsymbol{X}^{\mathrm{T}}$.

8. 求第 7 题中线性变换在基

$\boldsymbol{E}_{11}=\begin{bmatrix}1&0\\0&0\end{bmatrix}$，$\boldsymbol{E}_{12}=\begin{bmatrix}0&1\\0&0\end{bmatrix}$，$\boldsymbol{E}_{21}=\begin{bmatrix}0&0\\1&0\end{bmatrix}$，$\boldsymbol{E}_{22}=\begin{bmatrix}0&0\\0&1\end{bmatrix}$ 下的矩阵 .

9. 求线性空间 $\mathbf{R}^3$ 的线性变换

$$T\begin{bmatrix}x_1\\x_2\\x_3\end{bmatrix}=\begin{bmatrix}x_1+x_2\\x_1-x_2\\x_3\end{bmatrix}$$

在基 $\boldsymbol{\varepsilon}_1=\begin{bmatrix}1\\0\\0\end{bmatrix}$，$\boldsymbol{\varepsilon}_2=\begin{bmatrix}0\\1\\0\end{bmatrix}$，$\boldsymbol{\varepsilon}_3=\begin{bmatrix}0\\0\\1\end{bmatrix}$ 下的矩阵 .

10. 在三维向量空间 $\mathbf{R}^3$ 中，求使得

$$\begin{cases}T(\boldsymbol{\alpha}_1)=(-5,\ 0,\ 3)^{\mathrm{T}}\\T(\boldsymbol{\alpha}_2)=(0,\ -1,\ 6)^{\mathrm{T}}\\T(\boldsymbol{\alpha}_3)=(-5,\ -1,\ 9)^{\mathrm{T}}\end{cases}$$

的线性变换 T 对基底 $\boldsymbol{\alpha}_1=(-1,\ 0,\ 2)^{\mathrm{T}}$，$\boldsymbol{\alpha}_2=(0,\ 1,\ 1)^{\mathrm{T}}$，$\boldsymbol{\alpha}_3=(3,\ -1,\ 0)^{\mathrm{T}}$ 的矩阵，再求 T 对于基底 $\boldsymbol{\varepsilon}_1=(1,\ 0,\ 0)^{\mathrm{T}}$，$\boldsymbol{\varepsilon}_2=(0,\ 1,\ 0)^{\mathrm{T}}$，$\boldsymbol{\varepsilon}_3=(0,\ 0,\ 1)^{\mathrm{T}}$ 的矩阵 .

附录A 2006—2012年全国硕士研究生入学统一考试 高等数学三试题（线性代数部分）

A.1 2006—2011年试题选编

一、单项选择题

1. 设 $\boldsymbol{\alpha}_1$，$\boldsymbol{\alpha}_2$，…，$\boldsymbol{\alpha}_s$ 均为 n 维列向量，$\boldsymbol{A}$ 为 $m\times n$ 矩阵，下列选项正确的是（　　）.

（A）若 $\boldsymbol{\alpha}_1$，$\boldsymbol{\alpha}_2$，…，$\boldsymbol{\alpha}_s$ 线性相关，则 $\boldsymbol{A\alpha}_1$，$\boldsymbol{A\alpha}_2$，…，$\boldsymbol{A\alpha}_s$ 线性相关

（B）若 $\boldsymbol{\alpha}_1$，$\boldsymbol{\alpha}_2$，…，$\boldsymbol{\alpha}_s$ 线性相关，则 $\boldsymbol{A\alpha}_1$，$\boldsymbol{A\alpha}_2$，…，$\boldsymbol{A\alpha}_s$ 线性无关

（C）若 $\boldsymbol{\alpha}_1$，$\boldsymbol{\alpha}_2$，…，$\boldsymbol{\alpha}_s$ 线性无关，则 $\boldsymbol{A\alpha}_1$，$\boldsymbol{A\alpha}_2$，…，$\boldsymbol{A\alpha}_s$ 线性相关

（D）若 $\boldsymbol{\alpha}_1$，$\boldsymbol{\alpha}_2$，…，$\boldsymbol{\alpha}_s$ 线性无关，则 $\boldsymbol{A\alpha}_1$，$\boldsymbol{A\alpha}_2$，…，$\boldsymbol{A\alpha}_s$ 线性无关

（2006 高数试题第 12 题）

2. 设 $\boldsymbol{A}$ 为三阶矩阵，将 $\boldsymbol{A}$ 的第2行加到第1行得 $\boldsymbol{B}$，再将 $\boldsymbol{B}$ 的第1列的 -1 倍加到第2列得 $\boldsymbol{C}$，记 $\boldsymbol{P}=\begin{bmatrix}1&1&0\\0&1&0\\0&0&1\end{bmatrix}$，则（　　）.

（A）$\boldsymbol{C}=\boldsymbol{P}^{-1}\boldsymbol{AP}$　（B）$\boldsymbol{C}=\boldsymbol{PAP}^{-1}$　（C）$\boldsymbol{C}=\boldsymbol{P}^{\mathrm{T}}\boldsymbol{AP}$　（D）$\boldsymbol{C}=\boldsymbol{PAP}^{\mathrm{T}}$

（2006 高数试题第 13 题）

3. 设向量组 $\boldsymbol{\alpha}_1$，$\boldsymbol{\alpha}_2$，$\boldsymbol{\alpha}_3$ 线性无关，则下列向量组线性相关的是（　　）.

（A）$\boldsymbol{\alpha}_1-\boldsymbol{\alpha}_2$，$\boldsymbol{\alpha}_2-\boldsymbol{\alpha}_3$，$\boldsymbol{\alpha}_3-\boldsymbol{\alpha}_1$　（B）$\boldsymbol{\alpha}_1+\boldsymbol{\alpha}_2$，$\boldsymbol{\alpha}_2+\boldsymbol{\alpha}_3$，$\boldsymbol{\alpha}_3+\boldsymbol{\alpha}_1$

（C）$\boldsymbol{\alpha}_1-2\boldsymbol{\alpha}_2$，$\boldsymbol{\alpha}_2-2\boldsymbol{\alpha}_3$，$\boldsymbol{\alpha}_3-2\boldsymbol{\alpha}_1$　（D）$\boldsymbol{\alpha}_1+\boldsymbol{\alpha}_2$，$\boldsymbol{\alpha}_2+2\boldsymbol{\alpha}_3$，$\boldsymbol{\alpha}_3+2\boldsymbol{\alpha}_1$

（2007 高数试题第 7 题）

4. 设矩阵 $\boldsymbol{A}=\begin{bmatrix}2&-1&-1\\-1&2&-1\\-1&-1&2\end{bmatrix}$，$\boldsymbol{B}=\begin{bmatrix}1&0&0\\0&1&0\\0&0&0\end{bmatrix}$，则 $\boldsymbol{A}$ 与 $\boldsymbol{B}$（　　）.

（A）合同，且相似　（B）合同，但不相似

（C）不合同，但相似　（D）既不合同，也不相似.

（2007 高数试题第 8 题）

5. 设 $\boldsymbol{A}$ 为 n 阶非零矩阵，$\boldsymbol{E}$ 为 n 阶单位矩阵，若 $\boldsymbol{A}^3=\boldsymbol{0}$，则（　　）.

（A）$\boldsymbol{E}-\boldsymbol{A}$ 不可逆，$\boldsymbol{E}+\boldsymbol{A}$ 不可逆.　（B）$\boldsymbol{E}-\boldsymbol{A}$ 不可逆，$\boldsymbol{E}+\boldsymbol{A}$ 可逆

（C）$\boldsymbol{E}-\boldsymbol{A}$ 可逆，$\boldsymbol{E}+\boldsymbol{A}$ 可逆　（D）$\boldsymbol{E}-\boldsymbol{A}$ 可逆，$\boldsymbol{E}+\boldsymbol{A}$ 不可逆

（2008 高数试题第 5 题）

6. 设 $\boldsymbol{A}=\begin{bmatrix}1&2\\2&1\end{bmatrix}$ 则在实数域上能与 $\boldsymbol{A}$ 合同的矩阵为（　　）.

（2008 高数试题第 6 题）

（A）$\begin{bmatrix}-2 & 1\\ 1 & -2\end{bmatrix}$　（B）$\begin{bmatrix}2 & -1\\ -1 & 2\end{bmatrix}$　（C）$\begin{bmatrix}2 & 1\\ 1 & 2\end{bmatrix}$　（D）$\begin{bmatrix}1 & -2\\ -2 & 1\end{bmatrix}$

7. 设 $\boldsymbol{A}$，$\boldsymbol{B}$ 均为二阶矩阵，$\boldsymbol{A}^*$，$\boldsymbol{B}^*$ 分别为 $\boldsymbol{A}$，$\boldsymbol{B}$ 的伴随矩阵，若 $|\boldsymbol{A}|=2$，$|\boldsymbol{B}|=3$ 则分块矩阵 $\begin{bmatrix}\boldsymbol{O} & \boldsymbol{A}\\ \boldsymbol{B} & \boldsymbol{O}\end{bmatrix}$ 的伴随矩阵为（　　）.

（A）$\begin{bmatrix}\boldsymbol{O} & 3\boldsymbol{B}^*\\ 2\boldsymbol{A}^* & \boldsymbol{O}\end{bmatrix}$　（B）$\begin{bmatrix}\boldsymbol{O} & 2\boldsymbol{B}^*\\ 3\boldsymbol{A}^* & \boldsymbol{O}\end{bmatrix}$　（C）$\begin{bmatrix}\boldsymbol{O} & 3\boldsymbol{A}^*\\ 2\boldsymbol{B}^* & \boldsymbol{O}\end{bmatrix}$　（D）$\begin{bmatrix}\boldsymbol{O} & 2\boldsymbol{A}^*\\ 3\boldsymbol{B}^* & \boldsymbol{O}\end{bmatrix}$

（2009 高数试题第 5 题）

8. 设 $\boldsymbol{A}$，$\boldsymbol{P}$ 均为三阶矩阵，$\boldsymbol{P}^{\mathrm{T}}$ 为 $\boldsymbol{P}$ 的转置矩阵，且 $\boldsymbol{P}^{\mathrm{T}}\boldsymbol{AP}=\begin{bmatrix}1 & 0 & 0\\ 0 & 1 & 0\\ 0 & 0 & 2\end{bmatrix}$，若 $\boldsymbol{P}=(\boldsymbol{\alpha}_1,\boldsymbol{\alpha}_2,\boldsymbol{\alpha}_3)$，$\boldsymbol{Q}=(\boldsymbol{\alpha}_1+\boldsymbol{\alpha}_2,\boldsymbol{\alpha}_2,\boldsymbol{\alpha}_3)$，则 $\boldsymbol{Q}^{\mathrm{T}}\boldsymbol{AQ}$ 为（　　）.

（A）$\begin{bmatrix}2 & 1 & 0\\ 1 & 1 & 0\\ 0 & 0 & 2\end{bmatrix}$　（B）$\begin{bmatrix}1 & 1 & 0\\ 1 & 2 & 0\\ 0 & 0 & 2\end{bmatrix}$　（C）$\begin{bmatrix}2 & 0 & 0\\ 0 & 1 & 0\\ 0 & 0 & 2\end{bmatrix}$　（D）$\begin{bmatrix}1 & 0 & 0\\ 0 & 2 & 0\\ 0 & 0 & 2\end{bmatrix}$

（2009 高数试题第 6 题）

9. 设向量组Ⅰ：$\boldsymbol{\alpha}_1,\cdots,\boldsymbol{\alpha}_r$ 可由向量组Ⅱ：$\boldsymbol{\beta}_1,\cdots,\boldsymbol{\beta}_s$ 线性表示，下列命题正确的是（　　）.

（A）若向量组Ⅰ线性无关，则 $r\leqslant s$　　（B）若向量组Ⅰ线性相关，则 $r>s$

（C）若向量组Ⅱ线性无关，则 $r\leqslant s$　　（D）若向量组Ⅱ线性相关，则 $r>s$

（2010 高数试题第 5 题）

10. 设 $\boldsymbol{A}$ 为三阶实对称矩阵，且 $\boldsymbol{A}^2+\boldsymbol{A}=0$，若 $\boldsymbol{A}$ 的秩为 3，则 $\boldsymbol{A}$ 相似于（　　）.

（A）$\begin{bmatrix}1 & & & \\ & 1 & & \\ & & 1 & \\ & & & 0\end{bmatrix}$　（B）$\begin{bmatrix}1 & & & \\ & 1 & & \\ & & -1 & \\ & & & 0\end{bmatrix}$

（C）$\begin{bmatrix}1 & & & \\ & -1 & & \\ & & -1 & \\ & & & 0\end{bmatrix}$　（D）$\begin{bmatrix}-1 & & & \\ & -1 & & \\ & & -1 & \\ & & & 0\end{bmatrix}$

（2010 高数试题第 6 题）

11. 设 $\boldsymbol{A}$ 为三阶矩阵，将 $\boldsymbol{A}$ 的第 2 列加到第 1 列得矩阵 $\boldsymbol{B}$，再交换 $\boldsymbol{B}$ 的第 2 行与第 1 行得单位矩阵：记 $\boldsymbol{P}_1=\begin{bmatrix}1 & 0 & 0\\ 1 & 1 & 0\\ 0 & 0 & 1\end{bmatrix}$，$\boldsymbol{P}_2=\begin{bmatrix}1 & 0 & 0\\ 0 & 0 & 1\\ 0 & 1 & 0\end{bmatrix}$，则 $\boldsymbol{A}=$（　　）.

（A）$\boldsymbol{P}_1\boldsymbol{P}_2$　（B）$\boldsymbol{P}_1^{-1}\boldsymbol{P}_2$　（C）$\boldsymbol{P}_2\boldsymbol{P}_1$　（D）$\boldsymbol{P}_2^{-1}\boldsymbol{P}_1$

（2011 高数试题第 5 题）

12. 设 $\boldsymbol{A}$ 为 4×3 矩阵，$\boldsymbol{\eta}_1$，$\boldsymbol{\eta}_2$，$\boldsymbol{\eta}_3$ 是非齐次线性方程组 $\boldsymbol{Ax}=\boldsymbol{\beta}$ 的 3 个线性无关的解，k_1k_2 为任意常数，则 $\boldsymbol{Ax}=\boldsymbol{\beta}$ 的通解为（　　）.

(A) $\dfrac{\boldsymbol{\eta}_2+\boldsymbol{\eta}_3}{2}+k_1(\boldsymbol{\eta}_2-\boldsymbol{\eta}_1)$　　(B) $\dfrac{\boldsymbol{\eta}_2-\boldsymbol{\eta}_3}{2}+k_2(\boldsymbol{\eta}_2-\boldsymbol{\eta}_1)$

(C) $\dfrac{\boldsymbol{\eta}_2+\boldsymbol{\eta}_3}{2}+k_1(\boldsymbol{\eta}_3-\boldsymbol{\eta}_1)+k_2(\boldsymbol{\eta}_2-\boldsymbol{\eta}_1)$　　(D) $\dfrac{\boldsymbol{\eta}_2-\boldsymbol{\eta}_3}{2}+k_3(\boldsymbol{\eta}_3-\boldsymbol{\eta}_1)+k_3(\boldsymbol{\eta}_2-\boldsymbol{\eta}_1)$

(2011 高数试题第 6 题)

二、填空题

1. 设矩阵 $\boldsymbol{A}=\begin{bmatrix}0&1&0&0\\0&0&1&0\\0&0&0&1\\0&0&0&0\end{bmatrix}$，则 $\boldsymbol{A}^3$ 的秩为________.　　(2007 高数试题第 15 题)

2. 设三阶矩阵 $\boldsymbol{A}$ 的特征值为 1，2，2，$\boldsymbol{E}$ 为三阶单位矩阵，则 $|4\boldsymbol{A}^{-1}-\boldsymbol{E}|=$________.

(2008 高数试题第 13 题)

3. 设 $\boldsymbol{\alpha}=(1,\ 1,\ 1)^{\mathrm{T}}$，$\boldsymbol{\beta}=(1,\ 0,\ k)^{\mathrm{T}}$，若矩阵 $\boldsymbol{\alpha\beta}^{\mathrm{T}}$ 相似于 $\begin{bmatrix}3&0&0\\0&0&0\\0&0&0\end{bmatrix}$，则 $k=$________.

(2009 高数试题第 13 题)

4. 设 $\boldsymbol{A}$，$\boldsymbol{B}$ 为三阶矩阵，且 $|\boldsymbol{A}|=3$，$|\boldsymbol{B}|=2$，$|\boldsymbol{A}^{-1}+\boldsymbol{B}|=2$，则 $|\boldsymbol{A}+\boldsymbol{B}^{-1}|=$________.

(2010 高数试题第 13 题)

5. 设二次型 $f(x_1,x_2,x_3)=\boldsymbol{x}^{\mathrm{T}}\boldsymbol{Ax}$ 的秩为 1，$\boldsymbol{A}$ 中行元素之和为 3，则 f 在正交变换 $\boldsymbol{x}=\boldsymbol{Qy}$ 下的标准形为________.　　(2011 高数试题第 13 题)

三、解答题

1. 设 4 维向量组 $\boldsymbol{\alpha}_1=(1+a,\ 1,\ 1,\ 1)^{\mathrm{T}}$，$\boldsymbol{\alpha}_2=(2,\ 2+a,\ 2,\ 2)^{\mathrm{T}}$，$\boldsymbol{\alpha}_3=(3,\ 3,\ 3+a,\ 3)^{\mathrm{T}}$，$\boldsymbol{\alpha}_4=(4,\ 4,\ 4,\ 4+a)^{\mathrm{T}}$，问 a 为何值时 $\boldsymbol{\alpha}_1$，$\boldsymbol{\alpha}_2$，$\boldsymbol{\alpha}_3$，$\boldsymbol{\alpha}_4$ 线性相关？当 $\boldsymbol{\alpha}_1$，$\boldsymbol{\alpha}_2$，$\boldsymbol{\alpha}_3$，$\boldsymbol{\alpha}_4$ 线性相关时，求其一个极大线性无关组，并将其余向量用该极大线性无关组线性表出.　　(2006 高数试题第 20 题)

2. 设三阶实对称矩阵 $\boldsymbol{A}$ 的各行元素之和均为 3，向量 $\boldsymbol{\alpha}_1=(-1,\ 2,\ -1)^{\mathrm{T}}$，$\boldsymbol{\alpha}_2=(0,\ -1,\ 1)^{\mathrm{T}}$ 是线性方程组 $\boldsymbol{Ax}=0$ 的两个解.

(1) 求 $\boldsymbol{A}$ 的特征值与特征向量；

(2) 求正交矩阵 $\boldsymbol{Q}$ 和对角矩阵 $\boldsymbol{\Lambda}$，使得 $\boldsymbol{Q}^{\mathrm{T}}\boldsymbol{AQ}=\boldsymbol{\Lambda}$；

(3) 求 $\boldsymbol{A}$ 及 $\left(\boldsymbol{A}-\dfrac{3}{2}\boldsymbol{E}\right)^6$，其中 $\boldsymbol{E}$ 为三阶单位矩阵.　　(2006 高数试题第 21 题)

3. 设线性方程组 $\begin{cases}x_1+x_2+x_3=0\\x_1+2x_2+ax_3=0\\x_1+4x_2+a^2x_3=0\end{cases}$　　(1)

与方程

$$x_1+2x_2+x_3=a-1 \qquad (2)$$

有公共解，求 a 的值及所有公共解.（2007 高数试题第 21 题）

4. 设三阶实对称矩阵 $\boldsymbol{A}$ 的特征值 $\lambda_1=1$，$\lambda_2=2$，$\lambda_3=-2$，$\alpha_1=(1,\ -1,\ 1)^{\mathrm{T}}$ 是 $\boldsymbol{A}$ 的属于 λ_1 的一个特征向量. 记 $\boldsymbol{B}=\boldsymbol{A}^5-4\boldsymbol{A}^3+\boldsymbol{E}$，其中 $\boldsymbol{E}$ 为三阶单位矩阵.

(1) 验证 $\boldsymbol{\alpha}_1$ 是矩阵 $\boldsymbol{B}$ 的特征向量，并求 $\boldsymbol{B}$ 的全部特征值与特征向量；

(2) 求矩阵 $\boldsymbol{B}$. (2007 高数试题第 22 题)

5. 设 n 元线性方程组 $\boldsymbol{Ax}=\boldsymbol{b}$，其中

$$\boldsymbol{A}=\begin{pmatrix} 2a & 1 & & \\ a^2 & 2a & \ddots & \\ & \ddots & \ddots & 1 \\ & & a^2 & 2a \end{pmatrix}_{n\times n},\ \boldsymbol{x}=\begin{bmatrix} x_1\\ x_2\\ \vdots\\ x_n\end{bmatrix},\ \boldsymbol{b}=\begin{bmatrix}1\\0\\ \vdots\\0\end{bmatrix}$$

(1) 求证行列式 $|\boldsymbol{A}|=(n+1)a^n$；

(2) a 为何值时，该方程组有唯一解，并求 x_1；

(3) a 为何值时，方程组有无穷多解，并求通解. (2008 高数试题第 20 题)

6. 设 $\boldsymbol{A}$ 为三阶矩阵，$\boldsymbol{a}_1$，$\boldsymbol{a}_2$ 为 $\boldsymbol{A}$ 的分别属于特征值 -1，1 的特征向量，向量 $\boldsymbol{a}_3$ 满足 $\boldsymbol{A}\boldsymbol{a}_3=\boldsymbol{a}_2+\boldsymbol{a}_3$.

(1) 证明 $\boldsymbol{a}_1$，$\boldsymbol{a}_2$，$\boldsymbol{a}_3$ 线性无关；(2) 令 $\boldsymbol{P}=(\boldsymbol{a}_1,\ \boldsymbol{a}_2,\ \boldsymbol{a}_3)$，求 $\boldsymbol{P}^{-1}\boldsymbol{AP}$.

(2008 高数试题第 21 题)

7. 设 $\boldsymbol{A}=\begin{bmatrix}1 & -1 & -1\\ -1 & 1 & 1\\ 0 & -4 & -2\end{bmatrix}$，$\boldsymbol{\xi}_1=\begin{bmatrix}-1\\1\\-2\end{bmatrix}$

(1) 求满足 $\boldsymbol{A\xi}_2=\boldsymbol{\xi}_1$，$\boldsymbol{A}^2\boldsymbol{\xi}_3=\boldsymbol{\xi}_1$ 的所有向量 $\boldsymbol{\xi}_2$，$\boldsymbol{\xi}_3$.

(2) 对 (1) 中的任意向量 $\boldsymbol{\xi}_2$，$\boldsymbol{\xi}_3$，证明 $\boldsymbol{\xi}_1$，$\boldsymbol{\xi}_2$，$\boldsymbol{\xi}_3$ 线性无关. (2009 高数试题第 20 题)

8. 设二次型 $f(x_1,x_2,x_3)=ax_1^2+ax_2^2+(a-1)x_3^2+2x_1x_3-2x_2x_3$

(1) 求二次型 f 的矩阵的所有特征值；(2) 若二次型 f 的规范型为 $y_1^2+y_2^2$，求 a 的值.

(2009 高数试题第 21 题)

9. 设 $\boldsymbol{A}=\begin{bmatrix}\lambda & 1 & 1\\ 0 & \lambda-1 & 0\\ 1 & 1 & \lambda\end{bmatrix}$，$\boldsymbol{b}=\begin{bmatrix}a\\1\\1\end{bmatrix}$ 已知线性方程组 $\boldsymbol{Ax}=\boldsymbol{b}$ 存在两个不同的解.

(1) 求 λ，α；(2) 求方程组 $\boldsymbol{Ax}=\boldsymbol{b}$ 的通解. (2010 高数试题第 20 题)

10. 设 $\boldsymbol{A}=\begin{bmatrix}0 & -1 & 4\\ -1 & 3 & a\\ 4 & a & 0\end{bmatrix}$，正交矩阵 $\boldsymbol{Q}$ 使得 $\boldsymbol{Q}^{\mathrm{T}}\boldsymbol{AQ}$ 对角矩阵，若 $\boldsymbol{Q}$ 的第 1 列为 $\frac{1}{\sqrt{6}}(1,\ 2,\ 1)^{\mathrm{T}}$，求 a、$\boldsymbol{Q}$. (2010 高数试题第 21 题)

11. $\boldsymbol{\alpha}_1=(1,\ 0,\ 1)^{\mathrm{T}}$，$\boldsymbol{\alpha}_2=(0,\ 1,\ 1)^{\mathrm{T}}$，$\boldsymbol{\alpha}_3=(1,\ 3,\ 5)^{\mathrm{T}}$ 不能由 $\boldsymbol{\beta}_1=(1,\ a,\ 1)^{\mathrm{T}}$，$\boldsymbol{\beta}_2=(1,\ 2,\ 3)^{\mathrm{T}}$，$\boldsymbol{\beta}_3=(1,\ 3,\ 5)^{\mathrm{T}}$ 线性表出，(1) 求 a；(2) 将 $\boldsymbol{\beta}_1$，$\boldsymbol{\beta}_2$，$\boldsymbol{\beta}_3$ 由 $\boldsymbol{\alpha}_1$，$\boldsymbol{\alpha}_2$，$\boldsymbol{\alpha}_3$ 线性表出. (2011 高数试题第 20 题)

12. $\boldsymbol{A}$ 为三阶实矩阵，R ($\boldsymbol{A}$) $=2$，且 $\boldsymbol{A}\begin{bmatrix}1 & 1\\ 0 & 0\\ -1 & 1\end{bmatrix}=\begin{bmatrix}-1 & 1\\ 0 & 0\\ 1 & 1\end{bmatrix}$

(1) 求 $\boldsymbol{A}$ 的特征值与特征向量；(2) 求 $\boldsymbol{A}$. (2011 高数试题第 21 题)

A.2 2012年试题及解答

(5) 设 $\boldsymbol{\alpha}_1=\begin{bmatrix}0\\0\\c_1\end{bmatrix}$，$\boldsymbol{\alpha}_2=\begin{bmatrix}0\\1\\c_2\end{bmatrix}$，$\boldsymbol{\alpha}_3=\begin{bmatrix}1\\-1\\c_3\end{bmatrix}$，$\boldsymbol{\alpha}_4=\begin{bmatrix}-1\\1\\c_4\end{bmatrix}$其中 c_1，c_2，c_3，c_4 为任意常数，则下列向量组线性相关的是（　　）.

（A）$\boldsymbol{\alpha}_1$，$\boldsymbol{\alpha}_2$，$\boldsymbol{\alpha}_3$　　（B）$\boldsymbol{\alpha}_1$，$\boldsymbol{\alpha}_2$，$\boldsymbol{\alpha}_4$　　（C）$\boldsymbol{\alpha}_1$，$\boldsymbol{\alpha}_3$，$\boldsymbol{\alpha}_4$　　（D）$\boldsymbol{\alpha}_2$，$\boldsymbol{\alpha}_3$，$\boldsymbol{\alpha}_4$

【答案】：（C）.

【解析】：由于 $|(\boldsymbol{\alpha}_1,\boldsymbol{\alpha}_3,\boldsymbol{\alpha}_4)|=\begin{vmatrix}0&1&-1\\0&-1&1\\c_1&c_3&c_4\end{vmatrix}=c_1\begin{vmatrix}1&-1\\-1&1\end{vmatrix}=0$，可知 $\boldsymbol{\alpha}_1$，$\boldsymbol{\alpha}_3$，$\boldsymbol{\alpha}_4$ 线性相关．故选（C）.

(6) 设 $\boldsymbol{A}$ 为三阶矩阵，$\boldsymbol{P}$ 为三阶可逆矩阵，且 $\boldsymbol{P}^{-1}\boldsymbol{AP}=\begin{bmatrix}1&&\\&1&\\&&2\end{bmatrix}$，$\boldsymbol{P}=(\boldsymbol{\alpha}_1,\boldsymbol{\alpha}_2,\boldsymbol{\alpha}_3)$，$\boldsymbol{Q}=(\boldsymbol{\alpha}_1+\boldsymbol{\alpha}_2,\boldsymbol{\alpha}_2,\boldsymbol{\alpha}_3)$则 $\boldsymbol{Q}^{-1}\boldsymbol{AQ}=$（　　）.

（A）$\begin{bmatrix}1&&\\&2&\\&&1\end{bmatrix}$（B）$\begin{bmatrix}1&&\\&1&\\&&2\end{bmatrix}$（C）$\begin{bmatrix}2&&\\&1&\\&&2\end{bmatrix}$（D）$\begin{bmatrix}2&&\\&2&\\&&1\end{bmatrix}$

【答案】：（B）.

【解析】：$\boldsymbol{Q}=\boldsymbol{P}\begin{bmatrix}1&0&0\\1&1&0\\0&0&1\end{bmatrix}$，则 $\boldsymbol{Q}^{-1}=\begin{bmatrix}1&0&0\\-1&1&0\\0&0&1\end{bmatrix}\boldsymbol{P}^{-1}$，

故

$$\boldsymbol{Q}^{-1}\boldsymbol{AQ}=\begin{bmatrix}1&0&0\\-1&1&0\\0&0&1\end{bmatrix}\boldsymbol{P}^{-1}\boldsymbol{AP}\begin{bmatrix}1&0&0\\1&1&0\\0&0&1\end{bmatrix}=\begin{bmatrix}1&0&0\\-1&1&0\\0&0&1\end{bmatrix}\begin{bmatrix}1&&\\&1&\\&&2\end{bmatrix}\begin{bmatrix}1&0&0\\1&1&0\\0&0&1\end{bmatrix}=\begin{bmatrix}1&&\\&1&\\&&2\end{bmatrix}$$

故选（B）.

(13) 设 $\boldsymbol{A}$ 为三阶矩阵，$|\boldsymbol{A}|=3$，$\boldsymbol{A}^*$ 为 $\boldsymbol{A}$ 的伴随矩阵，若交换 $\boldsymbol{A}$ 的第 1 行与第 2 行得到矩阵 $\boldsymbol{B}$，则 $|\boldsymbol{BA}^*|=$________.

【答案】：-27.

【解析】：由于 $\boldsymbol{B}=\boldsymbol{E}_{12}\boldsymbol{A}$，故 $\boldsymbol{BA}^*=\boldsymbol{E}_{12}\boldsymbol{A}\cdot\boldsymbol{A}^*=|\boldsymbol{A}|\boldsymbol{E}_{12}=3\boldsymbol{E}_{12}$，
所以，$|\boldsymbol{BA}^*|=|3\boldsymbol{E}_{12}|=3^3|\boldsymbol{E}_{12}|=27\times(-1)=-27$.

(20)（本题满分 10 分）

设 $\boldsymbol{A}=\begin{bmatrix}1&a&0&0\\0&1&a&0\\0&0&1&a\\a&0&0&1\end{bmatrix}$，$\boldsymbol{b}=\begin{bmatrix}1\\-1\\0\\0\end{bmatrix}$

（Ⅰ）求 $|\boldsymbol{A}|$；

（Ⅱ）已知线性方程组 $\boldsymbol{Ax}=\boldsymbol{b}$ 有无穷多解，求 a，并求 $\boldsymbol{Ax}=\boldsymbol{b}$ 的通解．

【解析】：

（Ⅰ）$\begin{vmatrix}1&a&0&0\\0&1&a&0\\0&0&1&a\\a&0&0&1\end{vmatrix}=1\times\begin{vmatrix}1&a&0\\0&1&a\\0&0&1\end{vmatrix}+a\times(-1)^{4+1}\begin{vmatrix}a&0&0\\1&a&0\\0&1&a\end{vmatrix}=1-a^4.$

（Ⅱ）$\begin{bmatrix}1&a&0&0&1\\0&1&a&0&-1\\0&0&1&a&0\\a&0&0&1&0\end{bmatrix}\rightarrow\begin{bmatrix}1&a&0&0&1\\0&1&a&0&-1\\0&0&1&a&0\\0&-a^2&0&1&-a\end{bmatrix}\rightarrow\begin{bmatrix}1&a&0&0&1\\0&1&a&0&-1\\0&0&1&a&0\\0&0&a^3&1&-a-a^2\end{bmatrix}$

$$\rightarrow\begin{bmatrix}1&a&0&0&1\\0&1&a&0&-1\\0&0&1&a&0\\0&0&0&1-a^4&-a-a^2\end{bmatrix}$$

可知当要使得原线性方程组有无穷多解，则有 $1-a^4=0$ 及 $-a-a^2=0$，可知 $a=-1$.

此时，原线性方程组增广矩阵为 $\begin{bmatrix}1&-1&0&0&1\\0&1&-1&0&-1\\0&0&1&-1&0\\0&0&0&0&0\end{bmatrix}$，进一步化为行最简形得

$\begin{bmatrix}1&0&0&-1&0\\0&1&0&-1&-1\\0&0&1&-1&0\\0&0&0&0&0\end{bmatrix}$.

可知导出组的基础解系为 $\begin{bmatrix}1\\1\\1\\1\end{bmatrix}$，非齐次方程的特解为 $\begin{bmatrix}0\\-1\\0\\0\end{bmatrix}$，故其通解为 $k\begin{bmatrix}1\\1\\1\\1\end{bmatrix}+\begin{bmatrix}0\\-1\\0\\0\end{bmatrix}$.

线性方程组 $\boldsymbol{Ax}=\boldsymbol{b}$ 存在两个不同的解，有 $|\boldsymbol{A}|=0$.

即：$|\boldsymbol{A}|=\begin{vmatrix}\lambda&1&1\\0&\lambda-1&0\\1&1&\lambda\end{vmatrix}=(\lambda-1)^2(\lambda+1)=0$，得 $\lambda=1$ 或 -1.

当 $\lambda=1$ 时，$\begin{bmatrix}1&1&1\\0&0&0\\1&1&1\end{bmatrix}\begin{bmatrix}x_1\\x_2\\x_3\end{bmatrix}=\begin{bmatrix}x\\0\\1\end{bmatrix}$，显然不符，故 $\lambda=-1$.

（21）三阶矩阵 $\boldsymbol{A}=\begin{bmatrix}1&0&1\\0&1&1\\-1&0&a\end{bmatrix}$，$\boldsymbol{A}^{\mathrm{T}}$ 为矩阵 A 的转置，已知 $\mathrm{R}(\boldsymbol{A}^{\mathrm{T}}\boldsymbol{A})=2$，且二次型 $f=\boldsymbol{x}^{\mathrm{T}}\boldsymbol{A}^{\mathrm{T}}\boldsymbol{Ax}$.

1）求 a；

2）求二次型对应的二次型矩阵，并将二次型化为标准型，写出正交变换过程．

【解析】：1）由 R（A^TA）=R（A）=2 可得，

$$\begin{vmatrix} 1 & 0 & 1 \\ 0 & 1 & 1 \\ -1 & 0 & a \end{vmatrix} = a+1=0 \Rightarrow a=-1.$$

2）$f=x^TA^TAx=(x_1,x_2,x_3)\begin{bmatrix} 2 & 0 & 2 \\ 0 & 2 & 2 \\ 2 & 2 & 4 \end{bmatrix}\begin{bmatrix} x_1 \\ x_2 \\ x_3 \end{bmatrix}=2x_1^2+2x_2^2+4x_3^2+4x_1x_3+4x_2x_3$，则矩阵 $B=\begin{bmatrix} 2 & 0 & 2 \\ 0 & 2 & 2 \\ 2 & 2 & 4 \end{bmatrix}$.

$$|\lambda E-B|=\begin{vmatrix} \lambda-2 & 0 & -2 \\ 0 & \lambda-2 & -2 \\ -2 & -2 & \lambda-4 \end{vmatrix}=\lambda(\lambda-2)(\lambda-6)=0,$$

解得 B 矩阵的特征值为：$\lambda_1=0$；$\lambda_2=2$；$\lambda_3=6$.

对于 $\lambda_1=0$，解$(\lambda_1E-B)X=0$ 得对应的特征向量为 $\eta_1=\begin{bmatrix} 1 \\ 1 \\ -1 \end{bmatrix}$；

对于 $\lambda_2=2$，解$(\lambda_2E-B)X=0$ 得对应的特征向量为 $\eta_2=\begin{bmatrix} 1 \\ -1 \\ 0 \end{bmatrix}$；

对于 $\lambda_3=6$，解$(\lambda_3E-B)X=0$ 得对应的特征向量为 $\eta_3=\begin{bmatrix} 1 \\ 1 \\ 2 \end{bmatrix}$，

将 η_1，η_2，η_3 单位化可得

$\alpha_1=\frac{1}{\sqrt{3}}\begin{bmatrix} 1 \\ 1 \\ -1 \end{bmatrix}$，$\alpha_2=\frac{1}{\sqrt{2}}\begin{bmatrix} 1 \\ -1 \\ 0 \end{bmatrix}$，$\alpha_3=\frac{1}{\sqrt{6}}\begin{bmatrix} 1 \\ 1 \\ 2 \end{bmatrix}$.

$Q=(\alpha_1, \alpha_2, \alpha_3)$.

附录 B　线性代数发展简介

研究关联着多个因素的量引起的问题，需要考察多元函数. 如果所研究的关联性是线性的，那么称此问题为线性问题. 历史上线性代数的问题之一就是关于解线性方程组的问题，而线性方程组理论的发展又促成了作为工具的矩阵论和行列式理论的创立与发展，这些内容已成为线性代数教材的主要部分. 最初的线性方程组问题大都来源于生活实践，正是实际问题刺激了线性代数这一学科的诞生与发展. 另外，近现代数学分析与几何学等数学分支的要求也促使线性代数进一步发展.

行列式

行列式起源于线性方程组的求解. 它最早是一种速记的表达式，现在已经是数学中非常有用的工具. 行列式最早是由莱布尼茨和日本数学家关孝和发明的. 1693 年 4 月，莱布尼茨在写给洛必达的一封信中，使用并给出了行列式，还给出了方程组的系数行列式为零的条件. 同时代的日本数学家关孝和在其著作《解伏题元法》中也提出了行列式的概念和算法.

1750 年，瑞士数学家克莱姆（G. Cramer，1704—1752）在其著作《线性代数分析导引》中，对行列式的定义和展开法则给出了比较完整和明确的阐述，这就是我们如今所称的解线性方程组的克莱姆法则. 稍后，数学家贝祖（E. Bezout，1730—1783）将确定行列式每一项符号的方法进行了系统化，指出可利用系数行列式的概念判断齐次线性方程组是否有非零解.

总之，在很长的一段时间内，行列式只是作为解方程组的一种工具被使用，并没有人意识到它可以独立于线性方程组之外，单独形成一门理论而加以研究.

在行列式的发展史上，第一个对行列式理论做出连贯、逻辑的阐述，即把行列式理论与线性方程组求解相分离的人，是法国数学家范德蒙（A. T. Van dermonde，1735—1796）. 范德蒙自幼在父亲的指导下学习音乐，但对数学有浓厚的兴趣，后来终于成为法兰西科学院院士. 特别地，他给出了用二阶子式及其余子式展开行列式的法则. 对行列式本身来说，他是这门理论的奠基人. 1772 年，拉普拉斯在一篇论文中证明了范德蒙提出的一些规则，推广了他的行列式展开的方法.

继范德蒙之后，在行列式的理论方面做出突出贡献的是另一位法国大数学家柯西. 1815 年，柯西在一篇论文中给出了行列式的第一个系统的、几乎是近代的处理，其中主要结果之一就是行列式的乘法定理. 另外，他第一个把行列式的元素排成方阵，采用双足标记法；引进了行列式特征方程的术语；给出了相似行列式的概念；改进了拉普拉斯的行列式展开定理并给出了一个证明，等等.

在 19 世纪的后半个世纪中，对行列式理论研究始终不渝的数学家之一是詹姆士・西尔维斯特（J. Sylvester，1814—1894）. 他是一个活泼、敏感、兴奋、热情甚至容易激动的人，西尔维斯特用火一般的热情介绍他的学术思想. 然而，他却因为是犹太人，受到了剑桥大学的不公平对待・继柯西之后，在行列式理论方面最多产的人就是德国数学家雅可比（J. Jacobi，1804—1851）. 他引进了函数行列式，即“雅可比行列式”，指出了函数行列式在多重积分的变量替换中的作用，给出了函数行列式的导数公式. 雅可比的著名论文《论行列式的形成和性质》标志着行列式系统理论的形成. 由于行列式在数学分析、几何学、线性方程组理论、二次型理论等多方面的应用，也促使行列式理论自身在19世纪得到了很大发展，整个19世纪都有行列式的新结果．除了一般行列式的大量定理之外，还有许多有关特殊行列式的其他定理都相继得到发展．

矩阵

矩阵是数学中一个重要的基本概念，是代数学的一个主要研究对象，也是数学研究和应用的一个重要工具．矩阵这个词是由西尔维斯特首先使用的，他为了将数学的矩形阵列区别于行列式而发明了这个术语．实际上，矩阵这个课题在诞生之前就已经发展得很好了．矩阵的很多性质也是在行列式的发展中建立起来的．在逻辑上，矩阵的概念应先于行列式，然而在历史上它们出现的次序正好相反．

英国数学家凯莱（A. Cayley，1821—1895）一般被公认为矩阵论的创立者．因为是他首先把矩阵作为一个独立的数学概念提出来，并首先发表了关于这个题目的一系列文章．凯莱结合了线性变换下的不变量，首先引进矩阵以简化记号．1858年，他发表了关于这一课题的第一篇论文《矩阵论的研究报告》，系统地阐述了关于矩阵的理论．文中他定义了矩阵的相等、矩阵的运算法则、矩阵的转置，以及矩阵的逆等一系列基本概念，指出了矩阵加法的可交换性和可结合性．另外，他还给出方阵的特征方程和特征根（特征值），以及有关矩阵的一些基本结果．凯莱从剑桥大学三一学院毕业后留校讲授数学，三年后转从律师职业，工作卓有成绩，并利用业余时间研究数学，发表了大量的数学论文．

1855年，埃米特（C. Hermite，1822—1901）证明了其他数学家发现的一些矩阵类的特征根的特殊性质，如现在成为埃米特矩阵的特征根性质等．后来，克莱伯施（A. CLebsch，1831—1872）、布克海姆（A. Buchheim）等人又证明了对称矩阵的特征根性质．泰伯（H. Taber）引入了矩阵的迹的概念，并给出了一些相关结论．

在矩阵论的发展史上，弗罗伯纽斯（G. Frobenius）的贡献是不可磨灭的，他讨论了最小多项式问题，引进了矩阵的秩、不变因子和初等因子、正交矩阵、矩阵的相似变换、合同矩阵等概念，以合乎逻辑的形式整理了不变因子和初等因子的理论，并讨论了正交矩阵同矩阵的一些重要性质．1854年，约当（Jordan）研究了矩阵化为标准形的问题．1892年，梅茨勒（H. Metzler）引进了矩阵的超越函数概念并将其写成幂级数的形式，傅里叶、西尔和庞加莱的著作还讨论了无限阶矩阵问题，这主要是为适应方程发展的需要而开始进行的．

矩阵本身所具有的性质依赖于元素的性质．矩阵由最初作为一种工具经过两个多世纪的发展，现在已成为一门独立的数学分支——矩阵论．而矩阵论又可分为矩阵方程论、矩阵分解论和广义逆矩阵论等．矩阵及其理论现已广泛地应用于现代科技的各个领域．

线性方程组

线性方程组的解法，早在我国古代的数学著作《九章算术·方程》中就有了比较完整的论述，其中所述方法实质上相当于现代的对方程组的增广矩阵施行初等行变换从而消去未知数的方法，即高斯消元法．在西方，线性方程组的研究是在17世纪后期由莱布尼茨开创的．他研究了含两个未知量的3个线性方程组成的方程组．麦克劳林在18世纪上半叶研究了具有2、3、4个未知量的线性方程组，得到了现在被称为克莱姆法则的结果．克莱姆不久也发表了这个法则．18世纪下半叶，法国数学家贝祖对线性方程组理论进行了一系列研究，证明了n元齐次线性方程组有解的充要条件是系数行列式为零．

19世纪，英国数学家史密斯（H. smith）和遭奇森（C. L. Dodgson）继续研究线性方程组理论．前者引进了增广矩阵和非增广矩阵的概念，后者证明了n个未知数．一个方程的方程组相容的充要条件是系数矩阵和增广矩阵的秩相等．这正是现代方程组理论中的重要结果之一．

二次型

二次型的系统研究是从18世纪开始的，它起源于对二次曲线和二次曲面的分类问题的讨论．柯西在其著作中给出结论：当方程是标准形时，二次曲面用二次项的符号进行分类．然而，那时并不太清楚在化简成标准形时，为何总是得到相同数目的正项和负项．西尔维斯特回答了这个问题，他给出了二次型的惯性定律，但没有证明．这个定律被雅可比重新发现和证明．1801年，高斯在算术研究中引进了二次型的正定、负定、半正定和半负定等术语．

二次型化简的进一步研究涉及二次型或行列式的特征方程的概念．特征方程的概念隐含地出现在欧拉的著作中，拉格朗日在其关于线性微分方程组的著作中首先明确地给出了这个概念．

柯西在别人著作的基础上，着手研究化简变数的二次型问题，并证明了特征方程在直角坐标系的任何变换下的不变性．

1851年，西尔维斯特发现在研究二次曲线和二次曲面的切触和相交时；需要考虑这种二次曲线和二次曲面束的分类．在他的分类方法中，引进了初等因子和不变因子的概念，但他没有证明"不变因子组成两个二次型的不变量的完全集"这一结论．

1858年，魏尔斯特拉斯对同时化两个二次型成平方和给出了一个一般的方法，并证明了如果二次型是正定的，那么即使某些特征根相等，这个化简也是可能的．魏尔斯特拉斯比较系统地完成了二次型理论并将其推广到双线性型．

附录 C　数学家简介

韦达（Vieta，1540—1603），法国数学家.

韦达亦译维埃特，因其著作均用拉丁文发表，故名字用拉丁文拼法，译为韦达（Vieta）. 韦达 1540 年生于普瓦图地区丰特奈·勒孔特，1603 年 12 月 13 日卒于巴黎. 早年在普瓦捷大学学习法律，1560 年毕业后成为律师，后任过巴黎行政法院审查官、皇家私人律师和最高法院律师. 1595—1598 年，他对在西班牙战争期间破译截获西班牙的密码卓有贡献. 他在业余时间研究数学，并自筹资金印刷和发行自己的著作.

主要著作有：《应用三角形的数学定律》（1579 年），给出了精确到 5 位和 10 位小数的 6 种三角函数表及造表方法，发现了正切定律、和差化积等三角公式，给出了球面三角形的完整公式及记忆法则；《截角术》（1615 年），给出 sin nx：和 cos nx 的展开式；《分析术入门》（1591 年），创设了大量代数符号，引入了未知量的运算，是最早的符号代数专著；《论方程的识别与订正》（1615 年），改进了三、四次方程的解法，给出了三次方程不可约情形的三角解法，记载了著名的韦达定理《方程根与系数的关系式》；《各种数学解答》（1593 年）中给出了圆周率 π 值的第一个解析表达式，还得到了 π 的 10 位精确值等.

克莱姆（G. Grammer，1704—1752），瑞士数学家.

1704 年 7 月 31 日生于日内瓦. 1752 年 1 月 4 日卒于法国塞兹河畔巴尼奥勒. 早年在日内瓦读书，1724 年起在日内瓦加尔文学院任教，1734 年成为几何学教授，1750 年任哲学教授. 他自 1727 年起进行了为期两年的旅行访学. 他在巴塞尔与约翰·伯努利、欧拉等人进行学术交流，并成为挚友. 后来他又到英国、荷兰、法国等地拜见了许多数学名家，回国后在长期通信中，加强了与他们的联系，并为数学宝库留下了大量的有价值的文献. 他一生未婚，专心治学，平易近人且德高望重，先后当选为伦敦皇家学会、柏林研究院和法国、意大利等学会的成员.

主要著作是《代数曲线的分析引论》（1750 年），首先定义了正则、非正则、超越曲线和无理曲线等概念，第一次正式引入坐标系的纵轴（y 轴），讨论了曲线变换，并依据曲线方程的阶数将曲线进行分类. 为了确定经过 5 个点的一般二次曲线的系数，应用了著名的“克莱姆法则”，即由线性方程组的系数确定方程组解的表达式. 该法则在 1729 年由英国数学家麦克劳林得到，并于 1748 年发表，其优越符号使之流传.

范德蒙（A. T. VandermondIe，1735—1796），法国数学家.

范德蒙自幼在父亲的指导下学习音乐，但对数学有浓厚的兴趣，后来终手成为法兰西科学院院士. 特别是他给出了用二阶子式及其余子式展开行列式的法则. 仅就行列式本身来说，他是这门理论的奠基人.

柯西（Cauchy Augustin louis，1789—1857），法国数学家.

柯西出生于律师家庭. 由于父亲与拉格朗日、拉普拉斯等人交往甚密，因此柯西从小就认识了一些著名的科学家. 柯西自幼聪明好学，在中学时就是学校里的明星，获得了许多大奖. 因此，拉格朗日预言他日后必成大器. 16 岁就考入了大学，毕业后由于身体原因，听从拉普拉斯的劝说，放弃工程师助理工作而转攻数学. 柯西于 1813 年回到巴黎综合工科学校任教，1816 年晋升为该校教授. 以后又担任了巴黎理学院及法兰西学院教授，27 岁当选为法国科学院院士，是英国皇家学会会员和许多国家的科学院院士．

柯西的创造力惊人，一生发表了800多篇论文、出版专著7本，他对数学的最大贡献是在微积分中引进了清晰和严格的表述与证盟方法．他的3部专著《分析教程》、《无穷小计算教程》、《微分计算教程》摆脱了微积分单纯地对几何、运动的直观理解和物理解释，引入了严格的分析上的叙述和论证，从而形成了微积分的现代体系．柯西指出了无条件使用级数的错误，给出了判定收敛性的必要性，并给出了检验收敛性的重要判据——柯西准则．

柯西的另一个贡献是发展了复变函数的理论，并在代数学、几何学、数论等各个数学领域均有建树，柯西对物理学、力学和天文学都作过深入研究，特别是在固体力学方面，以他的姓氏命名的定理、定律就有16个，凭此他就足以跻身于杰出科学家之列．

高斯（Gauss Carl Friedrich，1777—1855），德国数学家、物理学家、天文学家．

高斯是一个园丁的儿子，幼年时就显露出数学方面的非凡才华：10岁发现$1+2+3+\cdots+99+100$的一个巧妙求和方法；11岁发现了二项式定理，高斯的才华受到了布伦瑞克公爵卡尔·威廉的赏识，他亲自承担起对高新的培养教育，先把高斯送到卡罗林学院学习(1792—1795)，后又推荐他去哥廷根大学深造（1795—1798)．高斯在卡罗林学院学习时，就发现了素数定理（未能给出证明）．最小二乘法：提出了概率论中的正态分布公式，用高斯曲线形象地予以说明，进入哥廷根大学第2年，高斯证明了正十七边形能用尺规作图，这是自欧几里得后两千年悬而未决的问题，高斯22岁获黑尔姆斯泰特大学博士学位，30岁被聘为哥廷根大学数学和天文学教授，并担任该校天文台的台长．

高斯的博士论文可以说是数学史上的一座里程碑，在这篇文章中第一次严格地证明了“每一个实系数或复系数的任意多项式方程存在实根或复根”，即所谓代数基本定理，从而开创了“存在性”证明的新时代．

高斯在数学世界中“处处留芳”，对复变函数、数论、椭圆函数、超几何级数、统计数学等各个领域均有卓越的贡献．高斯是第一个成功运用复数和复平面几何的数学家，第一个领悟到存在非欧几何的数学家；是现代数学分析学的一位大师．1812年发表的论文《无穷级数的一般研究》引入了高斯级数的概念，对级数的收敛性做了第一次系统的研究，从而开创了关于级数收敛性研究的新时代，这项工作开辟了通往19世纪中叶分析学的严密化道路．在《高等数学》及《工程数学》中以他的姓名命名的有：高斯公式、高斯积分、高斯曲率、高斯分布、高斯方程、高斯曲线、高斯平面、高斯记号……拉普拉斯认为：“高斯是世界上最伟大的数学家．”

附录D 习题参考答案

习 题 一

1. (1) 5；(2) $ab(b-a)$；(3) x^3-x^2-1；(4) 1；(5) 0；

(6) $a(be-dc)$；(7) -1；(8) 4；(9) $3abc-a^3-b^3-c^3$；

(10) $(a-b)(b-c)(c-a)$.

2. 略

3. (1) $x\neq0$ 且 $x\neq2$；(2) $x=0$.

4. (1) 11，奇；(2) 6，偶；(3) 21，奇；(4) $(n-1)n$，偶.

5. (1) $i=6$，$k=4$；(2) $i=1$，$k=4$.

6. $a_{12}a_{23}a_{34}a_{41}$.

7. (1) +；(2) −；(3) −.

8. (1) 20；(2) 14；(3) $n!$；(4) $(-1)^{\frac{n(n-1)}{2}}a_{1n}a_{2n-1}\cdots a_{n1}$；

(5) $(-1)^{\frac{n(n-1)}{2}}d_1d_2\cdots d_n$.

9. (1) -10；(2) 30；(3) 30；(4) 0；(5) 0.

10. 0.

11. (1) $(-1)^{n+1}n!$；(2) 当 $a=0$ 时，$D_n=-1$；当 $a\neq0$ 时，$D_n=a^n-a^{n-2}$；

(3) $(b-a)^{n-1}[b+(n-1)a]$；(4) $x^n+(-1)^{n+1}y^n$；(5) $-2(n-2)!$；

(6) $\prod_{i=1}^{n}(a_id_i-b_ic_i)$；(7) $(-1)^{\frac{n(n+1)}{2}}\prod_{k=1}^{n}k!$；(8) $\frac{1}{2}(n+1)\cdot(-n)^{n-1}$.

12. (1) $x_1=-\frac{1}{2}$，$x_2=-\frac{1}{2}$，$x_3=\frac{3}{2}$；(2) $x_1=1$，$x_2=2$，$x_3=3$，$x_4=-1$；

(3) $x=\frac{(b-d)(c-d)}{(b-a)(c-a)}$；$y=\frac{(d-a)(c-d)}{(b-a)(c-b)}$；$z=\frac{(d-a)(d-b)}{(c-a)(c-b)}$.

13. (1) $\lambda\neq1\pm\sqrt{6}$时；(2) $\lambda=0$ 或 $\lambda=-2$ 时.

习 题 二

1. (1) $3\boldsymbol{A}-\boldsymbol{B}=3\begin{bmatrix}1&2&1&1\\2&1&2&1\\1&1&3&4\end{bmatrix}-\begin{bmatrix}4&3&2&1\\-2&1&-2&1\\0&-1&0&-1\end{bmatrix}=\begin{bmatrix}-1&3&1&2\\8&2&8&2\\3&4&9&13\end{bmatrix}$；

(2) 由 $2\boldsymbol{A}-\boldsymbol{Y}+2\boldsymbol{B}-2\boldsymbol{Y}=\boldsymbol{0}$ 可得 $\boldsymbol{Y}=\frac{2}{3}(\boldsymbol{A}+\boldsymbol{B})$，所以

$$Y=\frac{2}{3}(A+B)=\frac{2}{3}\begin{bmatrix}5&5&3&2\\0&2&0&2\\1&0&3&3\end{bmatrix}=\begin{bmatrix}\frac{10}{3}&\frac{10}{3}&2&\frac{4}{3}\\0&\frac{4}{3}&0&\frac{4}{3}\\\frac{2}{3}&0&2&2\end{bmatrix}.$$

2. （1）$\begin{bmatrix}1&2&3\\2&4&-1\end{bmatrix}\begin{bmatrix}-1&-2&-5\\0&3&1\\1&1&4\end{bmatrix}=\begin{bmatrix}2&7&9\\-3&7&-10\end{bmatrix}$；

（2）$\begin{bmatrix}1\\2\\3\end{bmatrix}[1\quad 2\quad 3]=\begin{bmatrix}1&2&3\\2&4&6\\3&6&9\end{bmatrix}$；

（3）$[1\quad 2\quad 3]\begin{bmatrix}1\\2\\3\end{bmatrix}=[14]$；

（4）$\begin{bmatrix}3&1&2&-1\\0&3&1&0\end{bmatrix}\begin{bmatrix}1&0&5\\0&2&0\\1&0&1\\0&3&0\end{bmatrix}\begin{bmatrix}-1&0\\1&5\\0&2\end{bmatrix}=\begin{bmatrix}5&-1&17\\1&6&1\end{bmatrix}\begin{bmatrix}-1&0\\1&5\\0&2\end{bmatrix}=\begin{bmatrix}-6&29\\5&32\end{bmatrix}$.

3. （1）因为 $\boldsymbol{AX}=\boldsymbol{B}$，所以

$$\boldsymbol{X}=\boldsymbol{A}^{-1}\boldsymbol{B}=\begin{bmatrix}2&5\\1&3\end{bmatrix}^{-1}\begin{bmatrix}4&-6\\2&1\end{bmatrix}=\begin{bmatrix}3&-5\\-1&2\end{bmatrix}\begin{bmatrix}4&-6\\2&1\end{bmatrix}=\begin{bmatrix}2&-23\\0&8\end{bmatrix};$$

（2）因为 $\boldsymbol{XA}=\boldsymbol{B}$，所以

$$\boldsymbol{X}=\boldsymbol{BA}^{-1}=\begin{bmatrix}1&1&3\\4&3&2\\1&2&5\end{bmatrix}\begin{bmatrix}1&1&-1\\2&1&0\\1&-1&1\end{bmatrix}^{-1}=\begin{bmatrix}1&1&3\\4&3&2\\1&2&5\end{bmatrix}\begin{bmatrix}\frac{1}{2}&0&\frac{1}{2}\\-1&1&-1\\-\frac{3}{2}&1&-\frac{1}{2}\end{bmatrix}=\begin{bmatrix}-5&4&-2\\-4&5&-2\\-9&7&-4\end{bmatrix};$$

（3）因为 $\boldsymbol{AX}=\boldsymbol{B}$，所以

$$\boldsymbol{X}=\boldsymbol{A}^{-1}\boldsymbol{B}=\begin{bmatrix}1&1&-1\\-2&1&1\\1&1&1\end{bmatrix}^{-1}\begin{bmatrix}2\\3\\6\end{bmatrix}=\begin{bmatrix}0&-\frac{1}{3}&\frac{1}{3}\\\frac{1}{2}&\frac{1}{3}&\frac{1}{6}\\-\frac{1}{2}&0&\frac{1}{2}\end{bmatrix}\begin{bmatrix}2\\3\\6\end{bmatrix}=\begin{bmatrix}1\\3\\2\end{bmatrix}.$$

4. （1）$\begin{bmatrix}1&-2\\3&4\end{bmatrix}^3=\begin{bmatrix}-5&-10\\15&-10\end{bmatrix}\begin{bmatrix}1&-2\\3&4\end{bmatrix}=\begin{bmatrix}-35&-30\\-15&-70\end{bmatrix}$；

（2）$\begin{bmatrix}1&1&1\\0&1&1\\0&0&1\end{bmatrix}^2=\begin{bmatrix}1&1&1\\0&1&1\\0&0&1\end{bmatrix}\begin{bmatrix}1&1&1\\0&1&1\\0&0&1\end{bmatrix}=\begin{bmatrix}1&2&3\\0&1&2\\0&0&1\end{bmatrix}$；

（3）用数学归纳法证明$\begin{bmatrix}1&1\\0&0\end{bmatrix}^n=\begin{bmatrix}1&1\\0&0\end{bmatrix}$.

当 $n=1$ 时成立，假定 $n=k$ 时成立，即 $\begin{bmatrix}1&1\\0&0\end{bmatrix}^k=\begin{bmatrix}1&1\\0&0\end{bmatrix}$，

则 $n=k+1$ 时，$\begin{bmatrix}1&1\\0&0\end{bmatrix}^{k+1}=\begin{bmatrix}1&1\\0&0\end{bmatrix}^k\begin{bmatrix}1&1\\0&0\end{bmatrix}=\begin{bmatrix}1&1\\0&0\end{bmatrix}\begin{bmatrix}1&1\\0&0\end{bmatrix}=\begin{bmatrix}1&1\\0&0\end{bmatrix}$，

故 $\begin{bmatrix}1&1\\0&0\end{bmatrix}^n=\begin{bmatrix}1&1\\0&0\end{bmatrix}$；

（4）用数学归纳法证明 $\begin{bmatrix}1&1\\0&1\end{bmatrix}^n=\begin{bmatrix}1&n\\0&1\end{bmatrix}$.

当 $n=1$ 时成立，假定 $n=k$ 时成立，即 $\begin{bmatrix}1&1\\0&1\end{bmatrix}^k=\begin{bmatrix}1&k\\0&1\end{bmatrix}$，

则 $n=k+1$ 时，$\begin{bmatrix}1&1\\0&1\end{bmatrix}^{k+1}=\begin{bmatrix}1&1\\0&1\end{bmatrix}^k\begin{bmatrix}1&1\\0&1\end{bmatrix}=\begin{bmatrix}1&k\\0&1\end{bmatrix}\begin{bmatrix}1&1\\0&1\end{bmatrix}=\begin{bmatrix}1&k+1\\0&1\end{bmatrix}$.

故 $\begin{bmatrix}1&1\\0&1\end{bmatrix}^n=\begin{bmatrix}1&n\\0&1\end{bmatrix}$.

5. $f(\boldsymbol{A})=\boldsymbol{A}^2-\boldsymbol{A}-\boldsymbol{E}=\begin{bmatrix}3&1&1\\1&2&0\\1&-1&2\end{bmatrix}^2-\begin{bmatrix}3&1&1\\1&2&0\\1&-1&2\end{bmatrix}-\begin{bmatrix}1&0&0\\0&1&0\\0&0&1\end{bmatrix}=\begin{bmatrix}7&3&4\\4&3&1\\3&-2&2\end{bmatrix}$.

6. 证明：因为 $(\boldsymbol{A}^{\mathrm{T}}\boldsymbol{A})^{\mathrm{T}}=\boldsymbol{A}^{\mathrm{T}}[\boldsymbol{A}^{\mathrm{T}}]^{\mathrm{T}}=\boldsymbol{A}^{\mathrm{T}}\boldsymbol{A}$，所以 $\boldsymbol{A}^{\mathrm{T}}\boldsymbol{A}$ 是对称的.

7. 因为 $\boldsymbol{A}$ 为四阶矩阵，所以 $|-m\boldsymbol{A}|=m^4|\boldsymbol{A}|=m^4\cdot m=m^5$.

8. $\begin{bmatrix}1&2&1&0\\0&1&0&1\\0&0&2&1\\0&0&0&3\end{bmatrix}\begin{bmatrix}1&0&3&1\\0&1&2&-1\\0&0&-2&3\\0&0&0&-3\end{bmatrix}=\begin{bmatrix}\boldsymbol{A}&\boldsymbol{E}\\\boldsymbol{0}&\boldsymbol{B}\end{bmatrix}\begin{bmatrix}\boldsymbol{E}&\boldsymbol{C}\\\boldsymbol{0}&\boldsymbol{D}\end{bmatrix}=\begin{bmatrix}\boldsymbol{A}&\boldsymbol{AC}+\boldsymbol{D}\\\boldsymbol{0}&\boldsymbol{BD}\end{bmatrix}=\begin{bmatrix}1&2&5&2\\0&1&2&-4\\0&0&-4&3\\0&0&0&-9\end{bmatrix}$

9. 因为 $\begin{vmatrix}\boldsymbol{A}&\boldsymbol{B}\\\boldsymbol{C}&\boldsymbol{D}\end{vmatrix}=|\boldsymbol{AD}-\boldsymbol{BC}|=\begin{vmatrix}2&0\\0&2\end{vmatrix}=4$，$\begin{vmatrix}|\boldsymbol{A}|&|\boldsymbol{B}|\\|\boldsymbol{C}|&|\boldsymbol{D}|\end{vmatrix}=\begin{vmatrix}1&1\\1&1\end{vmatrix}=0$，所以 $\begin{vmatrix}\boldsymbol{A}&\boldsymbol{B}\\\boldsymbol{C}&\boldsymbol{D}\end{vmatrix}\neq\begin{vmatrix}|\boldsymbol{A}|&|\boldsymbol{B}|\\|\boldsymbol{C}|&|\boldsymbol{D}|\end{vmatrix}$.

10. $|\boldsymbol{A}^8|=\begin{vmatrix}\boldsymbol{B}^8&0\\0&\boldsymbol{C}^8\end{vmatrix}=\begin{vmatrix}25^4&0&0&0\\0&25^4&0&0\\0&0&2^8&0\\0&0&64&2^8\end{vmatrix}=25^8\times2^{16}$，$\boldsymbol{A}^4=\begin{bmatrix}25^2&0&0&0\\0&25^2&0&0\\0&0&2^4&0\\0&0&32&2^4\end{bmatrix}$.

11. （1）$\begin{bmatrix}\boldsymbol{0}&\boldsymbol{A}\\\boldsymbol{B}&\boldsymbol{0}\end{bmatrix}^{-1}=\begin{bmatrix}\boldsymbol{0}&\boldsymbol{B}^{-1}\\\boldsymbol{A}^{-1}&\boldsymbol{0}\end{bmatrix}$；

（2）$\begin{bmatrix}\boldsymbol{A}&\boldsymbol{0}\\\boldsymbol{C}&\boldsymbol{B}\end{bmatrix}^{-1}=\begin{bmatrix}\boldsymbol{A}^{-1}&\boldsymbol{0}\\-\boldsymbol{B}^{-1}\boldsymbol{C}\boldsymbol{A}^{-1}&\boldsymbol{B}^{-1}\end{bmatrix}$.

12. （1）由公式 $A^{-1}=\dfrac{1}{|A|}A^*$ 可求得

$$A^{-1}=\begin{bmatrix}\frac{1}{7}&\frac{1}{7}&0&0\\-\frac{2}{7}&\frac{5}{7}&0&0\\0&0&0&1\\0&0&\frac{1}{3}&-\frac{8}{3}\end{bmatrix}.$$

（2）由公式 $A^{-1}=\frac{1}{|A|}A^*$ 可求得

$$A^{-1}=\begin{bmatrix}1&0&0&0\\-2&1&0&0\\0&1&-1&0\\-3&0&1&1\end{bmatrix}.$$

13.（1）因为 $\left[\begin{array}{cc|cc}1&2&1&0\\0&1&0&1\end{array}\right]\to\left[\begin{array}{cc|cc}1&0&1&-2\\0&1&0&1\end{array}\right]$，所以 $\begin{bmatrix}1&2\\0&1\end{bmatrix}$ 的逆为 $\begin{bmatrix}1&-2\\0&1\end{bmatrix}$.

（2）由公式 $A^{-1}=\frac{1}{|A|}A^*$

$$\begin{bmatrix}1&2&1\\3&4&-2\\5&-4&1\end{bmatrix}\text{的逆为}\begin{bmatrix}\frac{2}{31}&\frac{3}{31}&\frac{4}{31}\\\frac{13}{62}&\frac{2}{31}&-\frac{5}{62}\\\frac{16}{31}&-\frac{7}{31}&\frac{1}{31}\end{bmatrix}.$$

（3）可求得

$$\begin{bmatrix}1&-2&1&3\\0&2&1&2\\0&0&3&1\\0&0&0&4\end{bmatrix}\text{的逆为}\begin{bmatrix}1&1&-\frac{2}{3}&-\frac{13}{12}\\0&\frac{1}{2}&-\frac{1}{6}&-\frac{5}{24}\\0&0&\frac{1}{3}&-\frac{1}{12}\\0&0&0&\frac{1}{4}\end{bmatrix}.$$

14.（1）因为 $AX=B$，所以

$$X=A^{-1}B=\begin{bmatrix}2&5\\1&3\end{bmatrix}^{-1}\begin{bmatrix}4&-6\\2&1\end{bmatrix}=\begin{bmatrix}3&-5\\-1&2\end{bmatrix}\begin{bmatrix}4&-6\\2&1\end{bmatrix}=\begin{bmatrix}2&-23\\0&8\end{bmatrix};$$

（2）因为 $XA=B$，所以

$$X=BA^{-1}=\begin{bmatrix}4&-6\\2&1\end{bmatrix}\begin{bmatrix}2&5\\1&3\end{bmatrix}^{-1}=\begin{bmatrix}4&-6\\2&1\end{bmatrix}\begin{bmatrix}3&-5\\-1&2\end{bmatrix}=\begin{bmatrix}18&-32\\5&-8\end{bmatrix}.$$

15. 因为 $A^k=0$，$(E-A)(E+A+A^2+\cdots+A^{k-1})$

$$=E+A+A^2+\cdots+A^{k-1}-(A+A^2+\cdots+A^{k-1}+A^k)=E-A^k=E\text{，所以}$$

$$(E-A)^{-1}=E+A+A^2+\cdots+A^{k-1}.$$

16. 因为 A 可逆，即存在 A^{-1}，又因为 $A^k\times A^{-k}=A^k\times(A^{-1})^k=E$，所以 A^k 也可逆，它的逆为 $(A^k)^{-1}=(A^{-1})^k$.

17. 令 $C=A^{-1}+B^{-1}$，有

$C=A^{-1}+B^{-1}\Rightarrow AC=E+AB^{-1}\Rightarrow ACB=B+A\Rightarrow ACB(B+A)^{-1}=E$

$\Rightarrow CB(B+A)^{-1}=A^{-1}\Rightarrow CB(B+A)^{-1}A=E$，所以 $C^{-1}=B(B+A)^{-1}A$.

18. 证明：由 $A^*=A^{\mathrm{T}}$ 得 $AA^{\mathrm{T}}=AA^*=|A|E$，又 A 为非零实矩阵，不妨设 A 的第 1 行不全为零，考虑 A 的第 1 行分别乘 A^{T} 的第 1 列之后，则有 $|A|=a_{11}^2+a_{12}^2+\cdots+a_{1n}^2\neq 0$，所以 A 可逆.

习 题 三

1. （1）$\begin{bmatrix}1&0&0&5\\0&0&1&-3\\0&0&0&0\end{bmatrix}$；（2）$\begin{bmatrix}0&1&0&5\\0&0&1&3\\0&0&0&0\end{bmatrix}$；

（3）$\begin{bmatrix}1&-1&0&2&-3\\0&0&1&-2&2\\0&0&0&0&0\\0&0&0&0&0\end{bmatrix}$.

2. （1）$\mathrm{R}(A)=2$，$\begin{vmatrix}1&12\\1&3\end{vmatrix}\neq 0$；

（2）$\mathrm{R}(A)=3$，$\begin{vmatrix}3&2&-1\\2&-1&-3\\7&0&-8\end{vmatrix}\neq 0$；

（3）$\mathrm{R}(A)=3$，$\begin{vmatrix}1&3&5\\0&-1&-3\\0&0&4\end{vmatrix}\neq 0$.

3. 当 $a\neq 0$ 且 $a\neq 1$ 时，$\mathrm{R}(A_n)=n$；当 $a=0$ 时，$\mathrm{R}(A_n)=n-1$；当 $a=1$ 时，$\mathrm{R}(A_n)=1$.

4. $\mathrm{R}(B)\leqslant\mathrm{R}(A)$.

6. 答案有多种.

（1）$\begin{bmatrix}x_1\\x_2\\x_3\\x_4\end{bmatrix}=\begin{bmatrix}1\\1\\0\\0\end{bmatrix}c$（$c$ 为任意常数）；（2）仅有零解；

（3）$\begin{bmatrix}x_1\\x_2\\x_3\\x_4\end{bmatrix}=\begin{bmatrix}-\frac{3}{2}\\\frac{7}{2}\\1\\0\end{bmatrix}c_1+\begin{bmatrix}-1\\-2\\0\\1\end{bmatrix}c_2$；（4）$\begin{bmatrix}x_1\\x_2\\x_3\\x_4\end{bmatrix}=\begin{bmatrix}3\\19\\17\\0\end{bmatrix}c_1+\begin{bmatrix}-13\\-20\\0\\17\end{bmatrix}c_2$.

7. 答案有多种.

（1）无解；

（2）$\begin{bmatrix}x\\y\\z\end{bmatrix}=\begin{bmatrix}-2\\1\\1\end{bmatrix}c+\begin{bmatrix}-1\\2\\0\end{bmatrix}$；（3）$\begin{bmatrix}x_1\\x_2\\x_3\\x_4\end{bmatrix}=\begin{bmatrix}-9\\1\\0\\11\end{bmatrix}c_1+\begin{bmatrix}-4\\0\\1\\5\end{bmatrix}c_2+\begin{bmatrix}8\\0\\0\\-10\end{bmatrix}$；

8. (1) $\begin{bmatrix} -2 & 0 & 1 \\ 0 & -3 & 4 \\ 1 & 2 & -3 \end{bmatrix}$;　　(2) $\begin{bmatrix} 1 & 1 & -2 & -4 \\ 0 & 1 & 0 & -1 \\ -1 & -1 & 3 & 6 \\ 2 & 1 & -6 & -10 \end{bmatrix}$.

9. (1) $k \neq -1$ 或 $k \neq 4$;　(2) $k = -1$;

(3) $k = 4$,　且　$\begin{bmatrix} x_1 \\ x_2 \\ x_3 \end{bmatrix} = \begin{bmatrix} -3 \\ -1 \\ 1 \end{bmatrix} c + \begin{bmatrix} 0 \\ 4 \\ 0 \end{bmatrix}$.

10. $\begin{bmatrix} 2 & -1 & -1 \\ -4 & 7 & 4 \end{bmatrix}$.

11. $\begin{bmatrix} 0 & 1 & -1 \\ -1 & 0 & 1 \\ 1 & -1 & 0 \end{bmatrix}$.

习　题　四

1. $\boldsymbol{v}_1 - \boldsymbol{v}_2 = (1,\ 0,\ -1)^{\mathrm{T}}$, $3\boldsymbol{v}_1 + 2\boldsymbol{v}_2 - \boldsymbol{v}_3 = (0,\ 1,\ 2)^{\mathrm{T}}$.
2. $\boldsymbol{\alpha} = (1,\ 2,\ 3,\ 4)^{\mathrm{T}}$.
3. (1) $\boldsymbol{\beta} = 2\boldsymbol{\alpha}_1 - \boldsymbol{\alpha}_2$; (2) β 不能由 $\boldsymbol{\alpha}_1$, $\boldsymbol{\alpha}_2$ 线性表示.
4. (1) 当 $\lambda \neq 0$ 且 $\lambda \neq -3$ 时, $\boldsymbol{\beta}$ 可由 $\boldsymbol{\alpha}_1$, $\boldsymbol{\alpha}_2$, $\boldsymbol{\alpha}_3$ 唯一地线性表示;

(2) 当 $\lambda = 0$, $\boldsymbol{\beta}$ 可由 $\boldsymbol{\alpha}_1$, $\boldsymbol{\alpha}_2$, $\boldsymbol{\alpha}_3$ 线性表示, 但表达式不唯一;

(3) 当 $\lambda = -3$, $\boldsymbol{\beta}$ 不能由 $\boldsymbol{\alpha}_1$, $\boldsymbol{\alpha}_2$, $\boldsymbol{\alpha}_3$ 线性表示.

5. $\begin{bmatrix} 7 \\ 5 \\ 2 \end{bmatrix}$.

6. 当 $a = 2$ 或 $a = -1$ 时, $\boldsymbol{\alpha}_1$, $\boldsymbol{\alpha}_2$, $\boldsymbol{\alpha}_3$ 线性相关.

7. (1) 当 $k = -4$ 时, $\boldsymbol{\alpha}_1$, $\boldsymbol{\alpha}_2$ 线性相关; 当 $k \neq -4$ 时, $\boldsymbol{\alpha}_1$, $\boldsymbol{\alpha}_2$ 线性无关.

(2) 当 $k = -4$ 或 $k = \dfrac{3}{2}$ 时, $\boldsymbol{\alpha}_1$, $\boldsymbol{\alpha}_2$, $\boldsymbol{\alpha}_3$ 线性相关;

当 $k \neq -4$ 且 $k \neq \dfrac{3}{2}$ 时, $\boldsymbol{\alpha}_1$, $\boldsymbol{\alpha}_2$, $\boldsymbol{\alpha}_3$ 线性无关.

(3) 当 $k = \dfrac{3}{2}$ 时, $\boldsymbol{\alpha}_3 = \dfrac{2}{11}\boldsymbol{\alpha}_1 + \dfrac{3}{11}\boldsymbol{\alpha}_2$; 当 $k = -4$ 时, $\boldsymbol{\alpha}_3$ 不能被 $\boldsymbol{\alpha}_1$, $\boldsymbol{\alpha}_2$ 线性表示.

8. 不等价.

9. (1) 秩为 2, 一组极大线性无关组为 $\boldsymbol{\alpha}_1$, $\boldsymbol{\alpha}_2$; (2) 秩为 2, 极大线性无关组为 $\boldsymbol{\alpha}_1^{\mathrm{T}}$, $\boldsymbol{\alpha}_2^{\mathrm{T}}$.

10. $a = 2$, $b = 5$.

11. (1) $\boldsymbol{B} = \begin{bmatrix} 0 & 0 & 0 \\ 1 & 0 & 3 \\ 0 & 1 & -2 \end{bmatrix}$; (2) $|\boldsymbol{A}| = |\boldsymbol{B}| = 0$.

12. (1) $\boldsymbol{\eta} = \begin{bmatrix} -8 \\ 13 \\ 0 \\ 2 \end{bmatrix}$, $\boldsymbol{\xi} = \begin{bmatrix} -1 \\ 1 \\ 1 \\ 0 \end{bmatrix}$;　(2) $\boldsymbol{\eta} = \begin{bmatrix} 1 \\ -2 \\ 0 \\ 0 \end{bmatrix}$, $\boldsymbol{\xi}_1 = \begin{bmatrix} -9 \\ 1 \\ 7 \\ 0 \end{bmatrix}$, $\boldsymbol{\xi}_2 = \begin{bmatrix} 1 \\ -1 \\ 0 \\ 2 \end{bmatrix}$.

13. $\boldsymbol{x}=\boldsymbol{\eta}_1+c_1(\boldsymbol{\eta}_3-\boldsymbol{\eta}_1)+c_2(\boldsymbol{\eta}_2-\boldsymbol{\eta}_1)$.

14. (1) $\begin{bmatrix}2 & -1 & 1\\0 & 1 & -2\\0 & 0 & 1\end{bmatrix}$; (2) $(4,1,-1)$, $(2,-1,-1)$; (3) $k(1,1,0)^{\mathrm{T}}$.

15. (1) $t\neq5$; (2) 当 $t=5$;
(3) $\boldsymbol{\alpha}_3=-\boldsymbol{\alpha}_1+2\boldsymbol{\alpha}_2$

16. (1) $p\neq2$ 时，$\boldsymbol{\alpha}=2\boldsymbol{\alpha}_1+\dfrac{3p-4}{p-2}\boldsymbol{\alpha}_2+\boldsymbol{\alpha}_3+\dfrac{1-p}{p-2}\boldsymbol{\alpha}_4$.
(2) $p=2$ 时，秩为3，$\boldsymbol{\alpha}_1$，$\boldsymbol{\alpha}_2$，$\boldsymbol{\alpha}_3$ 是它的一个极大线性无关组.

17. $a=15$，$b=5$.

习 题 五

1. (1) $\lambda_1=\lambda_2=0$，$\lambda_3=-2$; $\begin{bmatrix}1\\1\\0\end{bmatrix}$, $\begin{bmatrix}-1\\0\\1\end{bmatrix}$, $\begin{bmatrix}-1\\-2\\1\end{bmatrix}$;

(2) $\lambda_1=\lambda_2=1$，$\lambda_3=-1$; $\begin{bmatrix}0\\1\\0\end{bmatrix}$, $\begin{bmatrix}1\\0\\1\end{bmatrix}$, $\begin{bmatrix}-1\\0\\1\end{bmatrix}$;

(3) $\lambda_1=\lambda_2=1$，$\lambda_3=2$; $\begin{bmatrix}-1\\-2\\1\end{bmatrix}$, $\begin{bmatrix}0\\0\\1\end{bmatrix}$;

(4) $\lambda_1=\lambda_2=\lambda_3=4$; $\begin{bmatrix}1\\1\\1\end{bmatrix}$.

2. (1), (2) 能与对角阵相似；(3), (4) 不能与对角阵相似.

3. (1) $\boldsymbol{b}_1=\begin{bmatrix}1\\2\\-1\end{bmatrix}$, $\boldsymbol{b}_2=\dfrac{5}{3}\begin{bmatrix}-1\\1\\1\end{bmatrix}$, $\boldsymbol{b}_3=2\begin{bmatrix}1\\0\\1\end{bmatrix}$.

(2) $\boldsymbol{b}_1=\begin{bmatrix}1\\1\\0\\0\end{bmatrix}$, $\boldsymbol{b}_2=\dfrac{1}{2}\begin{bmatrix}1\\-1\\2\\0\end{bmatrix}$, $\boldsymbol{b}_3=\dfrac{1}{3}\begin{bmatrix}-1\\1\\1\\3\end{bmatrix}$, $\boldsymbol{b}_4=\begin{bmatrix}1\\-1\\-1\\1\end{bmatrix}$.

4. (1) 不是；(2) 是.

6. (1) $\boldsymbol{P}=\dfrac{1}{3}\begin{bmatrix}1 & 2 & 2\\2 & -1 & -2\\2 & -2 & 1\end{bmatrix}$, $\boldsymbol{P}^{-1}\boldsymbol{AP}=\begin{bmatrix}-2 & 0 & 0\\0 & 1 & 0\\0 & 0 & 4\end{bmatrix}$;

(2) $\boldsymbol{P}=\dfrac{1}{\sqrt{6}}\begin{bmatrix}\sqrt{3} & \sqrt{2} & -1\\\sqrt{3} & -\sqrt{2} & 1\\0 & \sqrt{2} & 2\end{bmatrix}$, $\boldsymbol{P}^{-1}\boldsymbol{AP}=\begin{bmatrix}4 & 0 & 0\\0 & 4 & 0\\0 & 0 & -2\end{bmatrix}$;

(3) $P=\frac{1}{3\sqrt{2}}\begin{bmatrix}2\sqrt{2}&0&4\\\sqrt{2}&3&-1\\-2\sqrt{2}&3&1\end{bmatrix}$, $P^{-1}AP=\begin{bmatrix}10&0&0\\0&1&0\\0&0&1\end{bmatrix}$.

7. (1) $\lambda^4+d\lambda^3+c\lambda^2+b\lambda+a$. (2) 略.

8. 略

9. $A=\frac{1}{3}\begin{bmatrix}-1&0&2\\0&1&2\\2&2&0\end{bmatrix}$. 10. $A^{100}=\begin{bmatrix}1&0&5^{100}-1\\0&5^{100}&0\\0&0&5^{100}\end{bmatrix}$.

11. $x=4$, $y=5$, $P=\begin{bmatrix}\frac{1}{\sqrt{2}}&\frac{2}{3}&\frac{1}{\sqrt{18}}\\0&\frac{1}{3}&-\frac{4}{\sqrt{18}}\\-\frac{1}{\sqrt{2}}&\frac{2}{3}&\frac{1}{\sqrt{18}}\end{bmatrix}$. 12. $A=\begin{bmatrix}1&0&0\\0&0&-1\\0&-1&0\end{bmatrix}$.

13. (1) $-2\begin{bmatrix}1&1\\1&1\end{bmatrix}$; (2) $2\begin{bmatrix}1&1&-2\\1&1&-2\\-2&-2&4\end{bmatrix}$.

习 题 六

1. (1) $A=\begin{bmatrix}1&-2&0\\-2&-1&-1\\0&-1&0\end{bmatrix}$; (2) $A=\begin{bmatrix}1&-1&-2\\-1&1&-2\\-2&-2&-7\end{bmatrix}$; (3) $A=\begin{bmatrix}0&1&0&0\\1&0&0&0\\0&0&0&-2\\0&0&-2&0\end{bmatrix}$;

(4) $f(x_1, x_2, x_3,)=x_1^2+x_2^2+x_3^2+2x_1x_2+4x_1x_3-2x_2x_3$.

2. (1) $f=2y_1^2+5y_2^2-y_3^2$, $P=\begin{bmatrix}-\frac{2}{3}&\frac{1}{3}&\frac{2}{3}\\\frac{1}{3}&-\frac{2}{3}&\frac{2}{3}\\\frac{2}{3}&\frac{2}{3}&\frac{1}{3}\end{bmatrix}$;

(2) $f=18y_1^2+9y_2^2-9y_3^2$, $P=\begin{bmatrix}\frac{2}{3}&-\frac{2}{3}&-\frac{1}{3}\\\frac{2}{3}&\frac{1}{3}&\frac{2}{3}\\-\frac{1}{3}&-\frac{2}{3}&\frac{2}{3}\end{bmatrix}$;

(3) $f=\sqrt{2}y_2^2-\sqrt{2}y_3^2$, $P=\begin{bmatrix}\frac{1}{\sqrt{2}}&-\frac{1}{2}&-\frac{1}{2}\\0&-\frac{1}{\sqrt{2}}&\frac{1}{\sqrt{2}}\\\frac{1}{\sqrt{2}}&\frac{1}{2}&\frac{1}{2}\end{bmatrix}$.

3. (1) $f=y_1^2+y_2^2$;　(2) $f=y_1^2+y_2^2-y_3^2$;　(3) $f=y_1^2+y_2^2-y_3^2$.

4. 第2题 (1) 2, 1, 1, 3;　(2) 2, 1, 1, 3;　(3) 1, 1, 0, 2;
   第3题 (1) 2, 0, 2, 2;　(2) 2, 1, 1, 3;　(3) 2, 1, 1, 3.

5. (1) 正定; (2) 不正定; (3) 正定.

6. (1) 对任意实数 t, 二次型非正定;

(2) $-2<t<1$; (3) $-\frac{\sqrt{2}}{2}<t<\frac{\sqrt{2}}{2}$.

7. 提示: (1) 利用推论6.4; (2) 证明二次型 $\boldsymbol{X}^{\mathrm{T}}(\boldsymbol{A}+\boldsymbol{B})\boldsymbol{X}$ 正定; (3) 利用推论6.4.

8. 略.

习　题　七

1. (1) 不是; (2) 不是; (3) 是.

2. (3) $\begin{bmatrix}1&0&0\\0&0&0\\0&0&0\end{bmatrix}, \begin{bmatrix}0&1&0\\1&0&0\\0&0&0\end{bmatrix}, \begin{bmatrix}0&0&1\\0&0&0\\1&0&0\end{bmatrix}, \begin{bmatrix}0&0&0\\0&1&0\\0&0&0\end{bmatrix}, \begin{bmatrix}0&0&0\\0&0&1\\0&1&0\end{bmatrix}, \begin{bmatrix}0&0&0\\0&0&0\\0&0&1\end{bmatrix}$

是一组基, 6维线性空间.

3. (1) 是; (2) 不是; (3) 是; (4) 不是.

4. (1) 维数为2, (1, 1, 0), (0, 1, 1) 是一组基; (3) 维数为2, (1, 0, 0), (0, 0, 1)是一组基.

5. (1) 略; (2) (1, 2, −1, 3).

6. $\begin{bmatrix}-27&9&4\\-71&20&12\\-41&9&8\end{bmatrix}$.

7. (1) 是; (2) 不是; (3) 是.

8. (1) $\begin{bmatrix}1&0&1&0\\1&1&1&1\\-1&0&1&0\\-1&1&1&1\end{bmatrix}$; (2) 略; (3) $\begin{bmatrix}2&0&0&0\\0&1&1&0\\0&1&1&0\\0&0&0&2\end{bmatrix}$; (4) 略.

9. $\begin{bmatrix}1&1&0\\1&-1&0\\0&0&1\end{bmatrix}$.

10. $\begin{bmatrix}2&3&5\\-1&0&-1\\-1&-1&0\end{bmatrix}$;　$-\frac{1}{7}\begin{bmatrix}5&-20&20\\4&5&2\\-27&-18&-24\end{bmatrix}$.

附录 E　测试题答案与解答

测试题一

一、1.（B）

解析　根据行列式的定义知，n 阶行列式的展开式共有 $n!$ 项，故选（B）.

2.（A）

解析　根据克莱姆法则可直接得答案.

3.（C）

解析　根据行列式的定义知，对角形行列式的值等于主对角线上各元素的乘积，故得 $D_1 = 3^n a_1 a_2 \cdots a_n$，$D_2 = a_1 a_2 \cdots a_n \Rightarrow D_1 = 3^n D_2$.

4.（C）

解析　根据行列式的性质将 D_1 转化为关于 D 的关系式

$$D_1 = \begin{vmatrix} 4a_{11} & 5a_{11} & a_{13} \\ 4a_{21} & 5a_{21} & a_{23} \\ 4a_{31} & 5a_{31} & a_{33} \end{vmatrix} + \begin{vmatrix} 4a_{11} & -2a_{12} & a_{13} \\ 4a_{21} & -2a_{22} & a_{23} \\ 4a_{31} & -2a_{32} & a_{33} \end{vmatrix} = 0 - 8\begin{vmatrix} a_{11} & a_{12} & a_{13} \\ a_{21} & a_{22} & a_{23} \\ a_{31} & a_{32} & a_{33} \end{vmatrix} = -8D = -8m.$$

二、1. 奇.

解析　由定理 1.1 直接得结果.

2. 正号.

解析　整理后为 $a_{12}a_{21}a_{35}a_{43}a_{56}a_{64}$，列足标的排列 215364 的逆序数为 4，为偶排列，故为正号.

3. 24.

解析　该行列式为下三角行列式，其值为 $1 \times 2 \times 3 \times 4 = 24$.

4. -2.

解析

$$\begin{vmatrix} a & 1 & 1 \\ 1 & a & 1 \\ 1 & 1 & a \end{vmatrix} = a^3 + 1 + 1 - a - a - a = a^3 - 3a + 2 = (a-1)^2(a+2) = 0$$，则 $a = 1$ 或 $a = -2$.

三、1. 解：

$$D = \begin{vmatrix} 4 & 1 & 0 & 5 \\ 3 & 1 & -1 & 2 \\ -2 & 0 & 6 & -4 \\ 2 & 5 & -3 & 2 \end{vmatrix} \xlongequal[c_4 - 2c_1]{c_3 + 3c_1} \begin{vmatrix} 4 & 1 & 12 & -3 \\ 3 & 1 & 8 & -4 \\ -2 & 0 & 0 & 0 \\ 2 & 5 & 3 & -2 \end{vmatrix} = -2\begin{vmatrix} 1 & 12 & -3 \\ 1 & 8 & -4 \\ 5 & 3 & -2 \end{vmatrix} \xlongequal[c_3 + 4c_1]{c_2 - 8c_1} -2\begin{vmatrix} 1 & 4 & 1 \\ 1 & 0 & 0 \\ 5 & -37 & 18 \end{vmatrix} =$$

$$-2 \times (-1)\begin{vmatrix} 4 & 1 \\ -37 & 18 \end{vmatrix} = 218.$$

2. 解：$D=\begin{vmatrix}1&-1&1&x-1\\1&-1&x+1&-1\\1&x-1&1&-1\\x+1&-1&1&-1\end{vmatrix}\xlongequal{c_1+c_2+c_3+c_4}\begin{vmatrix}x&-1&1&x-1\\x&-1&x+1&-1\\x&x-1&1&-1\\x&-1&1&-1\end{vmatrix}$

$$\xlongequal[r_4-r_1]{r_2-r_1,\ r_3-r_1}\begin{vmatrix}x&-1&1&x-1\\0&0&x&-x\\0&x&0&-x\\0&0&0&-x\end{vmatrix}\xlongequal{r_2\leftrightarrow r_3}-\begin{vmatrix}x&-1&1&x-1\\0&x&0&-x\\0&0&x&-x\\0&0&0&-x\end{vmatrix}=x^4.$$

3. 解：行列式的第 $i+1$ 列乘 $-\dfrac{1}{a_i}$（$i\geqslant 1$）加到第 1 列上去，得

$$\text{原式}=\begin{vmatrix}a_0-\sum\limits_{i=1}^{n}\dfrac{1}{a_i}&1&1&\cdots&1\\0&a_1&0&\cdots&0\\0&0&a_2&\cdots&0\\\vdots&\vdots&\vdots&&\vdots\\0&0&0&\cdots&a_n\end{vmatrix}=\left(a_0-\sum_{i=1}^{n}\frac{1}{a_i}\right)a_1a_2\cdots a_n.$$

4. 解：

$$\boldsymbol{A}_{11}=\begin{vmatrix}-1&0&1\\0&2&-1\\1&3&-1\end{vmatrix}=-3,\qquad \boldsymbol{A}_{12}=-\begin{vmatrix}1&0&1\\2&2&-1\\3&3&-1\end{vmatrix}=-1,$$

$$\boldsymbol{A}_{13}=\begin{vmatrix}1&-1&1\\2&0&-1\\3&1&-1\end{vmatrix}=4,\qquad \boldsymbol{A}_{14}=-\begin{vmatrix}1&-1&0\\2&0&2\\3&1&3\end{vmatrix}=2.$$

5. 解：方程左边行列式按第 1 列展开得

$$x\begin{vmatrix}x&-1&0\\0&x&-1\\4&6&x+4\end{vmatrix}-\begin{vmatrix}-1&0&0\\x&-1&0\\0&x&-1\end{vmatrix}=0,\ \Rightarrow x^4+4x^3+6x^2+4x=0\Rightarrow(x+1)^4=0.$$

故方程有四重根 $x=-1$.

6. 解：

$$D=\begin{vmatrix}1&1&1&1\\1&2&-1&4\\2&-3&-1&-5\\3&1&2&11\end{vmatrix}=\begin{vmatrix}1&0&0&0\\1&1&-2&3\\2&-5&-3&-7\\3&-2&-1&8\end{vmatrix}=\begin{vmatrix}1&-2&3\\-5&-3&-7\\-2&-1&8\end{vmatrix}$$

$$=\begin{vmatrix}1&-2&3\\0&-13&8\\0&-5&14\end{vmatrix}=\begin{vmatrix}-13&8\\-5&14\end{vmatrix}=142;\ D_1=-142,\ D_2=-284,\ D_3=-426,$$

$D_4=142$. 所以，$x_1=1$，$x_2=2$，$x_3=3$，$x_4=-1$.

四、解：当系数行列式为 0 时，齐次线性方程组有非零解，由

$$\begin{vmatrix}\lambda&1&1\\1&\mu&1\\1&2\mu&1\end{vmatrix}=0\Rightarrow\mu(1-\lambda)=0，\text{故 }\mu=0\text{ 或 }\lambda=1.$$

五、证明：$D_1=\cos\alpha$，

$D_2=\begin{vmatrix}\cos\alpha & 1\\ 1 & 2\cos\alpha\end{vmatrix}=2\cos^2\alpha-1=\cos 2\alpha$，所以当 $n=1$，2 时，结论成立．

假设当 $n=k-1$，$k-2$ 时结论成立，即 $D_{k-1}=\cos(k-1)\alpha$，$D_2=\cos(k-2)\alpha$.

当 $n=k$ 时

$$D_k=\begin{vmatrix}\cos\alpha & 1 & 0 & \cdots & 0 & 0\\ 1 & 2\cos\alpha & 1 & \cdots & 0 & 0\\ \vdots & \vdots & \vdots & & \vdots & \vdots\\ 0 & 0 & 0 & \cdots & 2\cos\alpha & 1\\ 0 & 0 & 0 & \cdots & 1 & 2\cos\alpha\end{vmatrix}$$

$$=-\begin{vmatrix}\cos\alpha & 1 & 0 & \cdots & 0 & 0\\ 1 & 2\cos\alpha & 1 & \cdots & 0 & 0\\ \vdots & \vdots & \vdots & & \vdots & \vdots\\ 0 & 0 & 0 & \cdots & 2\cos\alpha & 0\\ 0 & 0 & 0 & \cdots & 1 & 1\end{vmatrix}+2\cos\alpha D_{k-1}=2\cos\alpha D_{k-1}-D_{k-2}$$

$=2\cos\alpha\cos(k-1)\alpha-\cos(k-2)\alpha=\cos k\alpha+\cos(k-2)\alpha-\cos(k-2)\alpha=\cos k\alpha.$

所以，结论成立．

测试题二

一、1.（C）；2.（C）；3.（B）；4.（D）．

二、1. $A^{-1}=\begin{bmatrix}0 & 0 & -\frac{1}{3} & 1\\ 0 & 0 & \frac{2}{3} & -1\\ 1 & -2 & 0 & 0\\ 0 & 1 & 0 & 0\end{bmatrix}$.

解析　利用分块矩阵求逆的方法进行运算．

$$A=\begin{bmatrix}O & B\\ C & O\end{bmatrix}，则 A^{-1}=\begin{bmatrix}O & C^{-1}\\ B^{-1} & O\end{bmatrix}.\quad 又 B^{-1}=\begin{bmatrix}1 & -2\\ 0 & 1\end{bmatrix}，C^{-1}=\begin{bmatrix}-\frac{1}{3} & 1\\ \frac{2}{3} & -1\end{bmatrix}.$$

所以，$A^{-1}=\begin{bmatrix}0 & 0 & -\frac{1}{3} & 1\\ 0 & 0 & \frac{2}{3} & -1\\ 1 & -2 & 0 & 0\\ 0 & 1 & 0 & 0\end{bmatrix}$.

2. $\begin{bmatrix}0 & 14 & -3\\ 17 & 13 & 10\end{bmatrix}$，$\begin{bmatrix}0 & 17\\ 14 & 13\\ -3 & 10\end{bmatrix}$.

3. $\frac{9}{64}$.　**解析**　$\left|\left(\frac{1}{2}A\right)^2\right|=\left|\frac{1}{4}A^2\right|=\left(\frac{1}{4}\right)^3|A|^2=\frac{9}{64}$.

4. 2. **解析** 由于 $AA^* = |A|E$，所以 $A^* = |A|A^{-1}$. 于是

$$|2A^* - 6A^{-1}| = |2|A|A^{-1} - 6A^{-1}| = |8A^{-1} - 6A^{-1}| = |2A^{-1}| = 2^3 \frac{1}{|A|} = 2.$$

三、1.（1）$3A - B = 3\begin{bmatrix}1 & 2 & 1 & 1\\ 2 & 1 & 2 & 1\\ 1 & 1 & 3 & 4\end{bmatrix} - \begin{bmatrix}4 & 3 & 2 & 1\\ -2 & 1 & -2 & 1\\ 0 & -1 & 0 & -1\end{bmatrix} = \begin{bmatrix}-1 & 3 & 1 & 2\\ 8 & 2 & 8 & 2\\ 3 & 4 & 9 & 13\end{bmatrix}$；

（2）由 $2A - Y + 2B - 2Y = 0$ 可得 $Y = \frac{2}{3}(A+B)$；所以

$$Y = \frac{2}{3}(A+B) = \frac{2}{3}\begin{bmatrix}5 & 5 & 3 & 2\\ 0 & 2 & 0 & 2\\ 1 & 0 & 3 & 3\end{bmatrix} = \begin{bmatrix}\frac{10}{3} & \frac{10}{3} & 2 & \frac{4}{3}\\ 0 & \frac{4}{3} & 0 & \frac{4}{3}\\ \frac{2}{3} & 0 & 2 & 2\end{bmatrix}.$$

2.（1）利用分块矩阵的求逆方法，设 $A = \begin{bmatrix}B & O\\ O & C\end{bmatrix}$，则 $A^{-1} = \begin{bmatrix}B^{-1} & O\\ O & C^{-1}\end{bmatrix}$ 不难求得，

$$B^{-1} = \begin{bmatrix}\frac{1}{7} & \frac{1}{7}\\ -\frac{2}{7} & \frac{5}{7}\end{bmatrix},\ C^{-1} = \begin{bmatrix}0 & 1\\ \frac{1}{3} & -\frac{8}{3}\end{bmatrix}.$$

所以 $A^{-1} = \begin{bmatrix}\frac{1}{7} & \frac{1}{7} & 0 & 0\\ -\frac{2}{7} & \frac{5}{7} & 0 & 0\\ 0 & 0 & 0 & 1\\ 0 & 0 & \frac{1}{3} & -\frac{8}{3}\end{bmatrix}$.

（2）利用公式 $A^{-1} = \frac{1}{|A|}A^*$ 可求得

$$A^{-1} = \begin{bmatrix}1 & 0 & 0 & 0\\ -2 & 1 & 0 & 0\\ 0 & 1 & -1 & 0\\ -3 & 0 & 1 & 1\end{bmatrix}.$$

3. 因为 $\begin{vmatrix}A & B\\ C & D\end{vmatrix} = |AD - BC| = \begin{vmatrix}2 & 0\\ 0 & 2\end{vmatrix} = 4$，$\begin{vmatrix}|A| & |B|\\ |C| & |D|\end{vmatrix} = \begin{vmatrix}1 & 1\\ 1 & 1\end{vmatrix} = 0$，所以 $\begin{vmatrix}A & B\\ C & D\end{vmatrix} \neq \begin{vmatrix}|A| & |B|\\ |C| & |D|\end{vmatrix}$.

4.（1）因为 $AX = B$，所以

$$X = A^{-1}B = \begin{bmatrix}2 & 5\\ 1 & 3\end{bmatrix}^{-1}\begin{bmatrix}4 & -6\\ 2 & 1\end{bmatrix} = \begin{bmatrix}3 & -5\\ -1 & 2\end{bmatrix}\begin{bmatrix}4 & -6\\ 2 & 1\end{bmatrix} = \begin{bmatrix}2 & -23\\ 0 & 8\end{bmatrix}.$$

（2）因为 $XA = B$，所以

$$X = BA^{-1} = \begin{bmatrix}4 & -6\\ 2 & 1\end{bmatrix}\begin{bmatrix}2 & 5\\ 1 & 3\end{bmatrix}^{-1} = \begin{bmatrix}4 & -6\\ 2 & 1\end{bmatrix}\begin{bmatrix}3 & -5\\ -1 & 2\end{bmatrix} = \begin{bmatrix}18 & -32\\ 5 & -8\end{bmatrix}.$$

5. 由 $2B^{-1}A=A-4E$ 可得 $2A=B(A-4E)$. 所以

$$B=2A(A-4E)^{-1}=2\begin{bmatrix}1&-2&0\\1&2&0\\0&0&2\end{bmatrix}\begin{bmatrix}-3&-2&0\\1&-2&0\\0&0&-2\end{bmatrix}^{-1}$$

$$=2\begin{bmatrix}1&-2&0\\1&2&0\\0&0&2\end{bmatrix}\begin{bmatrix}-\frac{1}{4}&\frac{1}{4}&0\\-\frac{1}{8}&-\frac{3}{8}&0\\0&0&-\frac{1}{2}\end{bmatrix}=\begin{bmatrix}0&2&0\\-1&-1&0\\0&0&-2\end{bmatrix}.$$

四、1. 用数学归纳法证明

当 $n=2$ 时,

$$\begin{bmatrix}\cos\varphi&-\sin\varphi\\\sin\varphi&\cos\varphi\end{bmatrix}^2=\begin{bmatrix}\cos^2\varphi-\sin^2\varphi&-2\cos\varphi\sin\varphi\\2\cos\varphi\sin\varphi&\cos^2\varphi-\sin^2\varphi\end{bmatrix}=\begin{bmatrix}\cos2\varphi&-\sin2\varphi\\\sin2\varphi&\cos2\varphi\end{bmatrix}$$

假设当 $n=k-1$ 时，结论成立，即:

$$\begin{bmatrix}\cos\varphi&-\sin\varphi\\\sin\varphi&\cos\varphi\end{bmatrix}^{k-1}=\begin{bmatrix}\cos(k-1)\varphi&-\sin(k-1)\varphi\\\sin(k-1)\varphi&\cos(k-1)\varphi\end{bmatrix}$$

当 $n=k$ 时,

$$\begin{bmatrix}\cos\varphi&-\sin\varphi\\\sin\varphi&\cos\varphi\end{bmatrix}^{k}=\begin{bmatrix}\cos\varphi&-\sin\varphi\\\sin\varphi&\cos\varphi\end{bmatrix}^{k-1}\begin{bmatrix}\cos\varphi&-\sin\varphi\\\sin\varphi&\cos\varphi\end{bmatrix}$$

$$=\begin{bmatrix}\cos(k-1)\varphi&-\sin(k-1)\varphi\\\sin(k-1)\varphi&\cos(k-1)\varphi\end{bmatrix}\begin{bmatrix}\cos\varphi&-\sin\varphi\\\sin\varphi&\cos\varphi\end{bmatrix}=\begin{bmatrix}\cos k\varphi&-\sin k\varphi\\\sin k\varphi&\cos k\varphi\end{bmatrix}$$

所以对任意 n，有 $\begin{bmatrix}\cos\varphi&-\sin\varphi\\\sin\varphi&\cos\varphi\end{bmatrix}^{n}=\begin{bmatrix}\cos n\varphi&-\sin n\varphi\\\sin n\varphi&\cos n\varphi\end{bmatrix}$.

2. 证明：因为 $(A^TA)^T=A^T(A^T)^T=A^TA$，所以 A^TA 是对称的.

3. 证明：由 $A^*=A^T$ 得 $AA^T=AA^*=|A|E$，又 A 为非零实矩阵，不妨设 A 的第一行不全为零，考虑 A 的第一行分别乘 A^T 的第一列之后，则有 $|A|=a_{11}^2+a_{12}^2+\cdots+a_{1n}^2\neq0$，所以 A 可逆.

测试题三

一、1. (B).

解析 依据定理 3.3 及定理 3.4，通过计算系数矩阵与增广矩阵的秩得出结论.

2. (A).

解析 依据定理 3.3 推得非齐次线性方程组有无穷多解，则 $R(A)=R(A|b)<n$，通过计算知 $\lambda=3$.

3. (C).

解析 $|A|=\begin{vmatrix}\lambda&1&\lambda^2\\1&\lambda&1\\1&1&\lambda\end{vmatrix}=\lambda^3+1+\lambda^2-\lambda^3-\lambda-\lambda=\lambda^2-2\lambda+1=(\lambda-1)^2.$

若使 $AB=0$，则 $|A|=0$ 或 $|B|=0$，故 $\lambda=1$ 或 $|B|=0$.

4. (C).

解析 $R(\boldsymbol{A})=R(\boldsymbol{B})=r$，方程组 $\boldsymbol{Ax}=\boldsymbol{b}$ 有无穷多解，而方程组左右各乘同一可逆矩阵，方程组的秩 $R(\boldsymbol{A})$，$R(\boldsymbol{B})$ 不变，故选 (C).

二、1. $R(\boldsymbol{A})<n$. **解析**：由定理3.3直接可得结果.

2. $r=n$，$r<n$. **解析**：由定理3.4直接推得.

3. 0. **解析**：$\boldsymbol{A}$ 为三阶方阵且 $R(\boldsymbol{A})=2<3$，则可得 $|\boldsymbol{A}|=0$，即 $12-8-4+a=0$，故 $a=0$.

4. −1.

解析 非齐次线性方程组无解，则 $R(\boldsymbol{A})<R(\tilde{\boldsymbol{A}})$. 对增广矩阵作初等行变换得

$$\tilde{\boldsymbol{A}}\to\begin{bmatrix}1&2&1&1\\0&-1&a&1\\0&0&a^2-2a-3&a-3\end{bmatrix},$$

要满足 $R(\boldsymbol{A})<R(\tilde{\boldsymbol{A}})$，则应有：$\begin{cases}a^2-2a-3=0\\a-3\neq0\end{cases}$，故 $a=-1$.

三、1. 解：

$$\boldsymbol{A}=\begin{bmatrix}0&16&-7&-5&5\\1&-5&2&1&-1\\-1&-11&5&4&-4\\2&6&-3&-3&7\end{bmatrix}\to\begin{bmatrix}1&-5&2&1&-1\\0&16&-7&-5&5\\-1&-11&5&4&-4\\2&6&-3&-3&7\end{bmatrix}$$

$$\to\begin{bmatrix}1&-5&2&1&-1\\0&16&-7&-5&5\\0&-16&7&5&-5\\0&16&-7&-5&9\end{bmatrix}\to\begin{bmatrix}1&-5&2&1&-1\\0&16&-7&-5&5\\0&0&0&0&4\\0&0&0&0&0\end{bmatrix}，故 R(\boldsymbol{A})=3.$$

2. 解：

$$(\boldsymbol{A}\mid\boldsymbol{E})=\left[\begin{array}{ccc|ccc}1&1&-1&1&0&0\\2&1&0&0&1&0\\1&-1&0&0&0&1\end{array}\right]\to\left[\begin{array}{ccc|ccc}1&1&-1&1&0&0\\0&-1&2&-2&1&0\\0&-2&1&-1&0&1\end{array}\right]$$

$$\to\left[\begin{array}{ccc|ccc}1&1&-1&1&0&0\\0&-1&2&-2&1&0\\0&0&-3&3&-2&1\end{array}\right]\to\left[\begin{array}{ccc|ccc}1&0&0&0&\frac{1}{3}&\frac{1}{3}\\0&1&0&0&\frac{1}{3}&-\frac{2}{3}\\0&0&1&-1&\frac{2}{3}&-\frac{1}{3}\end{array}\right].$$

故

$$\boldsymbol{A}^{-1}=\begin{bmatrix}0&\frac{1}{3}&\frac{1}{3}\\0&\frac{1}{3}&-\frac{2}{3}\\-1&\frac{2}{3}&-\frac{1}{3}\end{bmatrix}.$$

3. 解：

$$A=\begin{bmatrix}1&-1&5&-1\\1&1&-2&3\\3&-1&8&1\\1&3&-9&7\end{bmatrix}\to\begin{bmatrix}1&-1&5&-1\\0&2&-7&4\\0&2&-7&4\\0&4&-14&8\end{bmatrix}$$

$$\to\begin{bmatrix}1&-1&5&-1\\0&2&-7&4\\0&0&0&0\\0&0&0&0\end{bmatrix}\to\begin{bmatrix}1&0&\frac{3}{2}&1\\0&1&-\frac{7}{2}&2\\0&0&0&0\\0&0&0&0\end{bmatrix},$$

其对应的齐次线性方程组为

$$\begin{cases}x_1+\frac{3}{2}x_3+x_4=0\\x_2-\frac{7}{2}x_3+2x_4=0\end{cases},$$

通解为 $\begin{bmatrix}x_1\\x_2\\x_3\\x_4\end{bmatrix}=\begin{bmatrix}-\frac{3}{2}\\\frac{7}{2}\\1\\0\end{bmatrix}x_3+\begin{bmatrix}-1\\-2\\0\\1\end{bmatrix}x_4$ （其中 x_3，x_4 为自由未知量）.

4. 解：

$$\tilde{A}=(A\mid b)=\left[\begin{array}{cccc|c}2&-1&0&1&-1\\1&3&-7&4&3\\3&-2&1&1&-2\end{array}\right]\to\left[\begin{array}{cccc|c}1&3&-7&4&3\\0&-7&14&-7&-7\\0&-11&22&-11&-11\end{array}\right]$$

$$\to\begin{bmatrix}1&3&-7&4&3\\0&1&-2&1&1\\0&0&0&0&0\end{bmatrix}\to\begin{bmatrix}1&0&-1&1&0\\0&1&-2&1&1\\0&0&0&0&0\end{bmatrix}.$$

其对应的非齐次线性方程组为

$$\begin{cases}x_1-x_3+x_4=0\\x_2-2x_3+x_4=1\end{cases}.$$

通解为

$$\begin{bmatrix}x_1\\x_2\\x_3\\x_4\end{bmatrix}=\begin{bmatrix}1\\2\\1\\0\end{bmatrix}x_3+\begin{bmatrix}-1\\-1\\0\\1\end{bmatrix}x_4+\begin{bmatrix}0\\1\\0\\0\end{bmatrix}$$ （其中 x_3，x_4 为自由未知量）.

5. 解：

$$|A|=\begin{vmatrix}\lambda+3&1&2\\\lambda&\lambda-1&1\\3(\lambda+1)&\lambda&\lambda+3\end{vmatrix}=\lambda^2(\lambda-1),$$

所以，当 $\lambda=0$ 或 1 时，方程组有非零解.

当 $\lambda=0$ 时，

$$A=\begin{bmatrix}3&1&2\\0&-1&1\\3&0&3\end{bmatrix}\to\begin{bmatrix}3&1&2\\0&-1&1\\0&-1&1\end{bmatrix}\to\begin{bmatrix}1&0&1\\0&1&-1\\0&0&0\end{bmatrix},$$

从而，得方程组

$$\begin{cases}x_1+x_3=0\\x_2-x_3=0\end{cases},$$

进而得通解为 $\begin{bmatrix}x_1\\x_2\\x_3\end{bmatrix}=\begin{bmatrix}-1\\1\\1\end{bmatrix}x_3$ （其中 x_3 为自由未知量）.

当 $\lambda=1$ 时，

$$A=\begin{bmatrix}4&1&2\\1&0&1\\6&1&4\end{bmatrix}\to\begin{bmatrix}1&0&1\\0&1&-2\\0&0&0\end{bmatrix},$$ 从而，得方程组 $\begin{cases}x_1+x_3=0\\x_2-2x_3=0\end{cases}$,

进而得通解为 $\begin{bmatrix}x_1\\x_2\\x_3\end{bmatrix}=\begin{bmatrix}-1\\2\\1\end{bmatrix}x_3$ （其中 x_3 为自由未知量）.

四、1. 解：

$$\begin{bmatrix}1&-1&2\\2&1&3\\4&k&1\end{bmatrix}\to\begin{bmatrix}1&-1&2\\0&3&-1\\0&k+4&-7\end{bmatrix}\to\begin{bmatrix}1&-1&2\\0&3&-1\\0&0&-7+\dfrac{k+4}{3}\end{bmatrix},$$

当 $-7+\dfrac{k+4}{3}=0$，即 $k=17$ 时，$R(A)=2<3$；当 $k\neq17$ 时，$R(A)=3$.

2. 解：

$$|A|=\begin{vmatrix}2-\lambda&2&-2\\2&5-\lambda&-4\\-2&-4&5-\lambda\end{vmatrix}=-(\lambda-1)^2(\lambda-10),$$

当 $\lambda\neq1$，$\lambda\neq10$ 时，方程组有唯一解.

当 $\lambda=10$ 时

$$\tilde{A}=(A|b)=\left[\begin{array}{ccc|c}-8&2&-2&1\\2&-5&-4&2\\-2&-4&-5&-11\end{array}\right]\to\left[\begin{array}{ccc|c}2&-5&-4&2\\0&-18&-18&9\\0&-9&-9&-9\end{array}\right]$$

$$\to\left[\begin{array}{ccc|c}2&-5&-4&2\\0&1&1&1\\0&0&0&1\end{array}\right],$$

$R(A)=2<R(A\mid b)=3$，故方程组无解.

当 $\lambda=1$ 时，

$$\tilde{A}=(A\mid b)=\left[\begin{array}{ccc|c}1&2&-2&1\\2&4&-4&2\\-2&-4&4&-2\end{array}\right]\to\left[\begin{array}{ccc|c}1&2&-2&1\\0&0&0&0\\0&0&0&0\end{array}\right],$$

$R(\boldsymbol{A}) = R(\boldsymbol{A} \mid \boldsymbol{b}) = 1 < 3$，方程组有无穷多解. 其对应的方程组为

$$x_1 + 2x_2 - 2x_3 = 1,$$

故通解为

$$\begin{bmatrix} x_1 \\ x_2 \\ x_3 \end{bmatrix} = \begin{bmatrix} -2 \\ 1 \\ 0 \end{bmatrix} x_2 + \begin{bmatrix} 2 \\ 0 \\ 1 \end{bmatrix} x_3 + \begin{bmatrix} 1 \\ 0 \\ 0 \end{bmatrix} \quad （其中 x_2，x_3 为自由未知量）.$$

测试题四

一、选择题

1. (C)；2 (C)；3 (B)；4 (C)；5 (C).

二、填空题

1. $(0, 1, 2)^T$；2. $(1, 2, 3, 4)^T$；3. 2；4. 3；5. 2.

三、解答题

1. 解：设 $x_1\boldsymbol{\alpha}_1 + x_2\boldsymbol{\alpha}_2 + x_3\boldsymbol{\alpha}_3 + x_4\boldsymbol{\alpha}_4 = \boldsymbol{\beta}$，

则 $\tilde{\boldsymbol{A}} = (\boldsymbol{\alpha}_1, \boldsymbol{\alpha}_2, \boldsymbol{\alpha}_3, \boldsymbol{\beta}) = \begin{bmatrix} 2 & \lambda & -1 & 1 \\ \lambda & -1 & 1 & 2 \\ 5\lambda & -2\lambda & 2 & 7 \end{bmatrix} \xrightarrow[r_3+2r_1]{r_2+r_1} \begin{bmatrix} 2 & \lambda & -1 & 1 \\ \lambda+2 & -1+\lambda & 0 & 3 \\ 5\lambda+4 & 0 & 0 & 9 \end{bmatrix}$.

(1) $\lambda = -\frac{4}{5}$时，$\tilde{\boldsymbol{A}} \to \begin{bmatrix} 2 & -\frac{4}{5} & -1 & 1 \\ -\frac{4}{5}+2 & -1+\left(-\frac{4}{5}\right) & 0 & 3 \\ 0 & 0 & 0 & 9 \end{bmatrix}$，方程组无解，所以 $\boldsymbol{\beta}$ 不能由 $\boldsymbol{\alpha}_1$，$\boldsymbol{\alpha}_2$，$\boldsymbol{\alpha}_3$ 线性表示；

(2) $\lambda \neq -\frac{4}{5}$，且 $\lambda \neq 1$ 时，$R(\boldsymbol{A}) = R(\tilde{\boldsymbol{A}}) = 3$，方程组有唯一解，所以 $\boldsymbol{\beta}$ 能由 $\boldsymbol{\alpha}_1$，$\boldsymbol{\alpha}_2$，$\boldsymbol{\alpha}_3$ 唯一线性表示；

(3) 当 $\lambda = 1$ 时，$\tilde{\boldsymbol{A}} \to \begin{bmatrix} 2 & 1 & -1 & 1 \\ 3 & 0 & 0 & 3 \\ 9 & 0 & 0 & 9 \end{bmatrix} \to \begin{bmatrix} 0 & 1 & -1 & -1 \\ 1 & 0 & 0 & 1 \\ 0 & 0 & 0 & 0 \end{bmatrix}$，方程组有无穷多解，所以 $\boldsymbol{\beta}$ 能由 $\boldsymbol{\alpha}_1$，$\boldsymbol{\alpha}_2$，$\boldsymbol{\alpha}_3$ 线性表示，且表示方法不唯一.

2. 解：$(\boldsymbol{\alpha}_1, \boldsymbol{\alpha}_2, \boldsymbol{\alpha}_3, \boldsymbol{\alpha}_4) = \begin{bmatrix} 1 & 2 & 1 & 1 \\ 0 & 1 & 1 & 0 \\ 4 & 5 & 0 & -1 \end{bmatrix} \xrightarrow{r_3-3r_1} \begin{bmatrix} 1 & 2 & 1 & 1 \\ 0 & 1 & 1 & 0 \\ 0 & -3 & -4 & -5 \end{bmatrix}$

$$\xrightarrow[r_3+3r_2]{r_1-2r_2} \begin{bmatrix} 1 & 0 & -1 & 1 \\ 0 & 1 & 1 & 0 \\ 0 & 0 & -1 & -5 \end{bmatrix} \xrightarrow[\substack{r_2+r_3 \\ r_3\times(-1)}]{r_1-r_3} \begin{bmatrix} 1 & 0 & 0 & 6 \\ 0 & 1 & 0 & -5 \\ 0 & 0 & 1 & 5 \end{bmatrix}$$

$\boldsymbol{\alpha}_1$，$\boldsymbol{\alpha}_2$，$\boldsymbol{\alpha}_3$ 为一个极大线性无关组；秩为 3 且 $\boldsymbol{\alpha}_4 = 6\boldsymbol{\alpha}_1 - 5\boldsymbol{\alpha}_2 + 5\boldsymbol{\alpha}_3$.

3. 解：$A=\begin{bmatrix}1&-1&3&-1\\2&-1&-1&4\\3&-2&2&3\\1&0&-4&5\end{bmatrix}\xrightarrow[r_4-r_1]{\substack{r_2-2r_1\\r_3-3r_1}}\begin{bmatrix}1&-1&3&-1\\0&1&-7&6\\0&1&-7&6\\0&1&-7&6\end{bmatrix}\xrightarrow[r_4-r_2]{\substack{r_1+r_2\\r_3-r_2}}\begin{bmatrix}1&0&-4&5\\0&1&-7&6\\0&0&0&0\\0&0&0&0\end{bmatrix}$，

所以$\begin{cases}x_1=4x_3-5x_4\\x_2=7x_3-6x_4\end{cases}$，

基础解系 $\boldsymbol{\eta}_1=\begin{bmatrix}4\\7\\1\\0\end{bmatrix}$，$\boldsymbol{\eta}_2=\begin{bmatrix}-5\\-6\\0\\1\end{bmatrix}$；通解 $\begin{bmatrix}x_1\\x_2\\x_3\\x_4\end{bmatrix}=k_1\begin{bmatrix}4\\7\\1\\0\end{bmatrix}+k_2\begin{bmatrix}-5\\-6\\0\\1\end{bmatrix}$ （k_1，k_2 为任意数）.

4. 证明：向量 $\boldsymbol{\beta}$ 可由向量组 $\boldsymbol{\alpha}_1$，$\boldsymbol{\alpha}_2$，…，$\boldsymbol{\alpha}_s$ 线性表示，则存在数 k_1，k_2，…，k_s，使得

$$k_1\boldsymbol{\alpha}_1+k_2\boldsymbol{\alpha}_2+\cdots+k_s\boldsymbol{\alpha}_s=\beta.$$

必要性：设还存在数 a_1，a_2，…，a_s 使得 $a_1\boldsymbol{\alpha}_1+a_2\boldsymbol{\alpha}_2+\cdots+a_s\boldsymbol{\alpha}_s=\boldsymbol{\beta}$，则

$$(a_1-k_1)\boldsymbol{\alpha}_1+(a_2-k_2)\boldsymbol{\alpha}_2+\cdots+(a_s-k_s)\boldsymbol{\alpha}_s=\boldsymbol{\beta}-\boldsymbol{\beta}=\mathbf{0}.$$

由于 $\boldsymbol{\alpha}_1$，$\boldsymbol{\alpha}_2$，…，$\boldsymbol{\alpha}_s$ 线性无关，所以 $(a_1-k_1)=(a_2-k_2)=\cdots=(a_s-k_s)=0$，

即 $a_i=k_i$ （$i=1$，2，…，s），所以 $\boldsymbol{\beta}$ 由 $\boldsymbol{\alpha}_1$，$\boldsymbol{\alpha}_2$，…，$\boldsymbol{\alpha}_s$ 线性表示的表示方法唯一.

充分性：设 $x_1\boldsymbol{\alpha}_1+x_2\boldsymbol{\alpha}_2+\cdots+x_s\boldsymbol{\alpha}_s=\mathbf{0}$，则

$(k_1+x_1)\boldsymbol{\alpha}_1+(k_2+x_2)\boldsymbol{\alpha}_2+\cdots+(k_s+x_s)\boldsymbol{\alpha}_s=\boldsymbol{\beta}+\mathbf{0}=\boldsymbol{\beta}$，由于 $\boldsymbol{\beta}$ 由 $\boldsymbol{\alpha}_1$，$\boldsymbol{\alpha}_2$，…，$\boldsymbol{\alpha}_s$ 线性表示的表示方法唯一，所以 $k_i+x_i=k_i$ （$i=1$，2，…，s），所以 $x_i=0$ （$i=1$，2，…，s），即有 $\boldsymbol{\alpha}_1$，$\boldsymbol{\alpha}_2$，…，$\boldsymbol{\alpha}_s$ 线性无关.

5. 解：$\tilde{A}=\begin{bmatrix}1&k&1&1\\1&-1&1&1\\k&1&2&1\end{bmatrix}\xrightarrow[r_3-kr_1]{r_2-r_1}\begin{bmatrix}1&k&1&1\\0&-1-k&0&0\\0&1-k^2&2-k&1-k\end{bmatrix}$

$$\xrightarrow{r_3+(1-k)r_2}\begin{bmatrix}1&k&1&1\\0&-1-k&0&0\\0&0&2-k&1-k\end{bmatrix}$$

（1）$k=2$ 时方程组无解；（2）所以 $k\neq-1$，$k\neq2$ 时方程组有唯一解；

（3）$k=-1$ 时，$\tilde{A}\to\begin{bmatrix}1&-1&1&1\\0&0&0&0\\0&0&3&2\end{bmatrix}\xrightarrow[r_1-r_3]{r_3\times\frac{1}{3}}\begin{bmatrix}1&-1&0&\frac{1}{3}\\0&0&0&0\\0&0&1&\frac{2}{3}\end{bmatrix}$，

方程组有无穷多解，通解为 $\begin{bmatrix}x_1\\x_2\\x_3\end{bmatrix}=\begin{bmatrix}1/3\\0\\2/3\end{bmatrix}+c\begin{bmatrix}1\\1\\0\end{bmatrix}$，（$c$ 为任意数）.

6. 解 （1）$(\boldsymbol{\alpha}_1,\boldsymbol{\alpha}_2,\boldsymbol{\alpha}_3,\boldsymbol{\alpha}_4)=\begin{bmatrix}3&2&1&5\\1&1&2&2\\1&1&1&2\\5&4&3&9\end{bmatrix}\xrightarrow{r_1\leftrightarrow r_3}\begin{bmatrix}1&1&1&2\\1&1&2&2\\3&2&1&5\\5&4&3&9\end{bmatrix}$

$$\xrightarrow[r_5-5r_1]{\substack{r_2-r_1\\ r_3-3r_1}}\begin{bmatrix}1&1&1&2\\0&0&1&0\\0&-1&-2&-1\\0&-1&-2&-1\end{bmatrix}\xrightarrow[r_3\times(-1)]{r_4-r_3}\begin{bmatrix}1&1&1&2\\0&0&1&0\\0&1&2&1\\0&0&0&0\end{bmatrix}\xrightarrow{r_2\leftrightarrow r_3}\begin{bmatrix}1&1&1&2\\0&1&2&1\\0&0&1&0\\0&0&0&0\end{bmatrix}$$

因为 $R(\boldsymbol{\alpha}_1,\boldsymbol{\alpha}_2,\boldsymbol{\alpha}_3)=3$，从而线性无关，且 $\boldsymbol{\alpha}_4=\boldsymbol{\alpha}_1+\boldsymbol{\alpha}_2$，故 $\boldsymbol{\alpha}_1,\boldsymbol{\alpha}_2,\boldsymbol{\alpha}_3$ 是 $\boldsymbol{\alpha}_1,\boldsymbol{\alpha}_2,\boldsymbol{\alpha}_3,\boldsymbol{\alpha}_4$ 的一个极大无关组.

(2) $$\begin{bmatrix}3&2&1&2\\1&1&2&6\\1&1&1&2\\5&4&3&d\end{bmatrix}\xrightarrow[r_4-r_3]{\substack{r_4-r_1\\ r_4-r_2}}\begin{bmatrix}3&2&1&2\\1&1&2&6\\1&1&1&2\\0&0&-1&d-10\end{bmatrix}\xrightarrow{\substack{r_3-r_2\\ r_4-r_3}}\begin{bmatrix}3&2&1&2\\1&1&2&6\\0&0&-1&-4\\0&0&0&d-6\end{bmatrix}$$

只有 $d=6$ 时，$R(\boldsymbol{\alpha}_1,\boldsymbol{\alpha}_2,\boldsymbol{\alpha}_3,\boldsymbol{\beta})=\mathbf{R}(\boldsymbol{\alpha}_1,\boldsymbol{\alpha}_2,\boldsymbol{\alpha}_3)=3$，即 $\boldsymbol{\beta}$ 可由 $\boldsymbol{\alpha}_1,\boldsymbol{\alpha}_2,\boldsymbol{\alpha}_3,\boldsymbol{\alpha}_4$ 的极大无关组 $\boldsymbol{\alpha}_1,\boldsymbol{\alpha}_2,\boldsymbol{\alpha}_3$ 表示. 又

$$\begin{bmatrix}3&2&1&2\\1&1&2&6\\0&0&-1&-4\\0&0&0&0\end{bmatrix}\longrightarrow\begin{bmatrix}0&-1&0&4\\1&0&0&2\\0&0&-1&-4\\0&0&0&0\end{bmatrix}$$

所以 $\boldsymbol{\beta}=2\boldsymbol{\alpha}_1-4\boldsymbol{\alpha}_2+4\boldsymbol{\alpha}_3$.

测试题五

一、1. (B); 2. (A); 3. (B); 4. (D).

二、1. (1, 7, 7); 2. 3; 3. −7; 4. $(1,\ -1,\ 1)^{\mathrm{T}}$.

三、1. 解：

(1) $|\lambda\boldsymbol{E}-\boldsymbol{A}|=\begin{vmatrix}\lambda-1&-4\\-2&\lambda-3\end{vmatrix}=(\lambda-5)(\lambda+1)=0$，$\lambda_1=5$，$\lambda_2=-1$.

对于 $\lambda_1=5$，解 $(5\boldsymbol{E}-\boldsymbol{A})\boldsymbol{X}=\boldsymbol{0}$，得 $\boldsymbol{X}_1=(1,\ 1)^{\mathrm{T}}$，所以 $\boldsymbol{A}$ 的属于 $\lambda_1=5$ 的全部特征向量为 $c_1\boldsymbol{X}_1$ $(c_1\neq0)$；

对于 $\lambda_2=-1$，解 $(-\boldsymbol{E}-\boldsymbol{A})\boldsymbol{X}=0$，得 $\boldsymbol{X}_2=(-2,\ 1)^{\mathrm{T}}$，所以 $\boldsymbol{A}$ 的属于 $\lambda_2=-1$ 的全部特征向量为 $c_2\boldsymbol{X}_2$ $(c_2\neq0)$；

(2) 因为 $\boldsymbol{X}_1$，$\boldsymbol{X}_2$ 分别属于 $\lambda_1=5$，$\lambda_2=-1$ 的特征向量，故线性无关，于是令

$$\boldsymbol{P}=(\boldsymbol{X}_1,\boldsymbol{X}_2)=\begin{bmatrix}1&-2\\1&1\end{bmatrix},$$

则 $\boldsymbol{P}$ 可逆且

$$\boldsymbol{P}^{-1}\boldsymbol{A}\boldsymbol{P}=\begin{bmatrix}5&0\\0&-1\end{bmatrix}.$$

2. 解：首先求 $\boldsymbol{A}$ 的特征值. 由

$$|\lambda\boldsymbol{E}-\boldsymbol{A}|=\begin{bmatrix}\lambda-2&2&0\\2&\lambda-1&2\\0&2&\lambda\end{bmatrix}=(\lambda-1)(\lambda-4)(\lambda+2)$$

得 $\boldsymbol{A}$ 的特征值 $\lambda_1=1$，$\lambda_2=4$，$\lambda_3=-2$. 然后分别求出属于 λ_1，λ_2，λ_3 的特征向量：

$$\boldsymbol{\alpha}_1=(-2,\ -1,\ 2)^{\mathrm{T}},\ \boldsymbol{\alpha}_2=(2,\ -2,\ 1)^{\mathrm{T}},\ \boldsymbol{\alpha}_3=(1,\ 2,\ 2)^{\mathrm{T}}.$$

$\boldsymbol{\alpha}_1$，$\boldsymbol{\alpha}_2$，$\boldsymbol{\alpha}_3$ 是正交的，将 $\boldsymbol{\alpha}_1$，$\boldsymbol{\alpha}_2$，$\boldsymbol{\alpha}_3$ 单位化，得

$$\boldsymbol{\eta}_1=\frac{1}{3}(-2,\ -1,\ 2)^{\mathrm{T}},\ \boldsymbol{\eta}_2=\frac{1}{3}(2,\ -2,\ 1)^{\mathrm{T}},\ \boldsymbol{\eta}_3=\frac{1}{3}(1,\ 2,\ 2)^{\mathrm{T}}$$

以 $\boldsymbol{\eta}_1$，$\boldsymbol{\eta}_2$，$\boldsymbol{\eta}_3$ 构成正交矩阵 $\boldsymbol{B}$，即

$$\boldsymbol{B}=[\boldsymbol{\eta}_1,\boldsymbol{\eta}_2,\boldsymbol{\eta}_3]=\frac{1}{3}\begin{bmatrix}-2 & 2 & 1\\ -1 & -2 & 2\\ 2 & 1 & 2\end{bmatrix}\ \text{就是所求}.$$

3. 解：$f(A)=A^2+2A+E$， 而 A 的特征值为

$$|\lambda E-A|=\begin{vmatrix}\lambda-1 & -2\\ -3 & \lambda-4\end{vmatrix}=\lambda^2-5\lambda-2,\ \lambda_1=\frac{5+\sqrt{33}}{2},\ \lambda_2=\frac{5-\sqrt{33}}{2}.$$

所以 $f(\boldsymbol{A})$ 的特征值为：$\dfrac{41+7\sqrt{33}}{2}$，$\dfrac{41-7\sqrt{33}}{2}$.

4. 解：设 $\boldsymbol{\xi}$ 对应的特征值为 λ，则有 $(\lambda\boldsymbol{E}-\boldsymbol{A})\boldsymbol{\xi}=\boldsymbol{0}$，即

$$\begin{cases}\lambda-2+1+2=0,\\ -5+\lambda-a+3=0,\\ 1-b-\lambda-2=0.\end{cases}\text{解得 } a=-3,\ b=0,\ \lambda=-1.$$

四、综合题

1. 不一定，因为 $\boldsymbol{\xi}=(0,\ 0,\ \cdots,\ 0)^{\mathrm{T}}$ 是 $(\lambda_0\boldsymbol{E}-\boldsymbol{A})\boldsymbol{\xi}=\boldsymbol{0}$ 的解向量，但不是 $\boldsymbol{A}$ 的特征向量.

2. 由于 $\boldsymbol{X}_1$，$\boldsymbol{X}_2$，…，$\boldsymbol{X}_m$ 都是 $\boldsymbol{A}$ 的属于 λ_0 的特征向量，即

$$(\lambda_0\boldsymbol{E}-\boldsymbol{A})\boldsymbol{X}_i=\boldsymbol{0}\quad(i=1,\ 2,\ \cdots,\ m),$$

有

$$(\lambda_0\boldsymbol{E}-\boldsymbol{A})\sum_{i=1}^{m}k_i\boldsymbol{X}_i=\sum_{i=1}^{m}k_i(\lambda_0\boldsymbol{E}-\boldsymbol{A})\boldsymbol{X}_i=\boldsymbol{0},$$

因此，若 $\sum\limits_{i=1}^{m}k_i\boldsymbol{X}_i$ 不是零向量，则它是 $\boldsymbol{A}$ 的属于 λ_0 的特征向量。

五、证明题

证明：设 λ_1，λ_2 分别为 $\boldsymbol{A}$ 的两个特征值，且 $\lambda_1\neq\lambda_2$，假设 $\boldsymbol{\alpha}$ 是 λ_1，λ_2 的特征向量，则有

$$\boldsymbol{A\alpha}=\lambda_1\boldsymbol{\alpha},\ \boldsymbol{A\alpha}=\lambda_2\boldsymbol{\alpha}$$

即

$$\lambda_1\boldsymbol{\alpha}=\lambda_2\boldsymbol{\alpha}\Rightarrow(\lambda_1-\lambda_2)\boldsymbol{\alpha}=0$$

而 $\boldsymbol{\alpha}\neq\boldsymbol{0}$，则有 $\lambda_1=\lambda_2$，矛盾，故原命题得证。

测试题六

一、1. (B).

解析 题设二次型对应的矩阵为

$$\boldsymbol{A}=\begin{bmatrix}1 & 1 & 0\\ 1 & t & 0\\ 0 & 0 & 3\end{bmatrix}\to\begin{bmatrix}1 & 1 & 0\\ 0 & t-1 & 0\\ 0 & 0 & 3\end{bmatrix},$$

可见当 $t=1$ 时，其秩为2，故应选（B）.

2.（B）.

解析 由结论：同阶实对称矩阵合同的充分必要条件是它们具有相同的正、负惯性指数．而实对称矩阵的正、负惯性指数分别等于正、负特征值的个数．A 的特征值为1，2，-2. 故选（B）.

3.（A）.

解析 由 $\boldsymbol{X}^{\mathrm{T}}\boldsymbol{A}\boldsymbol{X}=0$，得$(\boldsymbol{X}^{\mathrm{T}}\boldsymbol{A}\boldsymbol{X})^{\mathrm{T}}=\boldsymbol{X}^{\mathrm{T}}\boldsymbol{A}^{\mathrm{T}}\boldsymbol{X}=0$. 因此 $\boldsymbol{X}^{\mathrm{T}}(\boldsymbol{A}+\boldsymbol{A}^{\mathrm{T}})\boldsymbol{X}=0$ 对任一三维列向量 $\boldsymbol{X}$ 均成立，其中 $\boldsymbol{A}+\boldsymbol{A}^{\mathrm{T}}$ 为对称矩阵，故必有 $\boldsymbol{A}+\boldsymbol{A}^{\mathrm{T}}=\boldsymbol{0}$，即 $\boldsymbol{A}^{\mathrm{T}}=-\boldsymbol{A}$，$\boldsymbol{A}$ 为三阶反对称矩阵，于是 $|\boldsymbol{A}|=0$，故答案（A）正确.

4.（C）.

解析 （A）是充分非必要条件，（B）、（D）是必要但非充分条件，只有（C）为正确选项．事实上，设 $\boldsymbol{A}$ 的特征值为 λ_1，λ_2，…，λ_n，则 $\boldsymbol{A}^{-1}$的特征值为$\frac{1}{\lambda_1}$，$\frac{1}{\lambda_2}$，…，$\frac{1}{\lambda_n}$. 因为 $\boldsymbol{A}^{-1}$ 正定，故$\frac{1}{\boldsymbol{\lambda}_i}>0$，从而 $\boldsymbol{\lambda}_i>0$（$i=1$，2，…，n），即 $\boldsymbol{A}$ 为正定矩阵.

二、1. $f(x_1, x_2, x_3)=2x_1^2-x_3^2-2x_1x_2+6x_1x_3+8x_2x_3$.

解析

$$f(x_1,x_2,x_3)=(x_1,x_2,x_3)\begin{bmatrix}2&-1&3\\-1&0&4\\3&4&-1\end{bmatrix}\begin{bmatrix}x_1\\x_2\\x_3\end{bmatrix}=2x_1^2-x_3^2-2x_1x_2+6x_1x_3+8x_2x_3.$$

2. $\begin{bmatrix}0&-2&1\\-2&0&1\\1&1&0\end{bmatrix}$, 3.

解析 题设二次型的矩阵为$\begin{bmatrix}0&-2&1\\-2&0&1\\1&1&0\end{bmatrix}$，由于其对应的行列式的值不为0，故其秩为3.

3. $k>1$.

解析 为使 $\boldsymbol{A}$ 正定，应有

$$|\boldsymbol{A}_1|=1>0,\qquad |\boldsymbol{A}_2|=\begin{vmatrix}1&1\\1&k\end{vmatrix}=k-1>0,$$

$|\boldsymbol{A}_3|=\begin{vmatrix}1&1&0\\1&k&1\\0&0&k\end{vmatrix}=k^2(k-1)>0$，故当 $k>1$ 时，$\boldsymbol{A}$ 正定.

4. $-\sqrt{2}<t<\sqrt{2}$.

解析 题设二次型的矩阵为$\begin{bmatrix}1&t&1\\t&4&0\\1&0&2\end{bmatrix}$，为使二次型正定，各阶顺序主子式应满足

$$|\boldsymbol{A}_1|=1>0,\quad |\boldsymbol{A}_2|=\begin{vmatrix}1&t\\t&4\end{vmatrix}=4-t^2>0,\quad |\boldsymbol{A}_3|=\begin{bmatrix}1&t&1\\t&4&0\\1&0&2\end{bmatrix}=4-2t^2>0.$$

故当 $-\sqrt{2}<t<\sqrt{2}$时，$\boldsymbol{A}$ 正定.

三、1. 解：题设二次型f的矩阵为$\begin{bmatrix} a & 0 & c \\ 0 & b & 0 \\ c & 0 & a \end{bmatrix}$，$f$为正定，故其各阶顺序主子式都大于0. 因此得$a>0$，$ab>0$，$a^2b-bc^2>0$. 故$a>0$，$b>0$，$a^2-c^2>0$. a，b，c应满足条件$b>0$，$a>|c|>0$.

2. 解：原二次型的矩阵为$\boldsymbol{A}=\begin{bmatrix} 1 & \alpha & 1 \\ \alpha & 1 & \beta \\ 1 & \beta & 1 \end{bmatrix}$，新二次型的矩阵为$\boldsymbol{B}=\begin{bmatrix} 0 & 0 & 0 \\ 0 & 1 & 0 \\ 0 & 0 & 2 \end{bmatrix}$，由$\boldsymbol{P}^{\mathrm{T}}\boldsymbol{A}\boldsymbol{P}=\boldsymbol{B}$得$|\boldsymbol{A}|=|\boldsymbol{B}|$，且$|\lambda\boldsymbol{E}-\boldsymbol{B}|=|\lambda\boldsymbol{E}-\boldsymbol{A}|$，所以$|\boldsymbol{A}|=-(\alpha-\beta)^2-0$，故$\alpha=\beta$.

$$\begin{bmatrix} \lambda & 0 & 0 \\ 0 & \lambda-1 & 0 \\ 0 & 0 & \lambda-2 \end{bmatrix}=\begin{bmatrix} \lambda-1 & -\alpha & -1 \\ -\alpha & \lambda-1 & -\beta \\ -1 & -\beta & \lambda-1 \end{bmatrix},$$

设$\lambda=1$，则$2\alpha\beta=0$，从而$\alpha=\beta=0$.

3. 解：

$$f(x_1,x_2,x_3)=(x_1,x_2,x_3)\begin{bmatrix} a_1 \\ a_2 \\ a_3 \end{bmatrix}(a_1,a_2,a_3)\begin{bmatrix} x_1 \\ x_2 \\ x_3 \end{bmatrix}=(x_1,x_2,x_3)\begin{bmatrix} a_1^2 & a_1a_2 & a_1a_3 \\ a_2a_1 & a_2^2 & a_2a_3 \\ a_3a_1 & a_3a_2 & a_3^2 \end{bmatrix}\begin{bmatrix} x_1 \\ x_2 \\ x_3 \end{bmatrix}$$

所以，该二次型的矩阵为

$$\begin{bmatrix} a_1^2 & a_1a_2 & a_1a_3 \\ a_1a_2 & a_2^2 & a_2a_3 \\ a_1a_3 & a_2a_3 & a_3^2 \end{bmatrix}.$$

4. 解：二次型f的矩阵为$\boldsymbol{A}=\begin{bmatrix} 2 & \lambda & 1 \\ \lambda & 1 & 0 \\ 1 & 0 & 3 \end{bmatrix}$，由$f$正定的充分必要条件有

$$|\boldsymbol{A}_1|=2>0,\quad |\boldsymbol{A}_2|=\begin{vmatrix} 2 & \lambda \\ \lambda & 1 \end{vmatrix}=2-\lambda^2>0,\quad |\boldsymbol{A}_3|=\begin{bmatrix} 2 & \lambda & 1 \\ \lambda & 1 & 0 \\ 1 & 0 & 3 \end{bmatrix}=5-3\lambda^2>0.$$

解关于λ的不等式组$\begin{cases} 2-\lambda^2>0 \\ 5-3\lambda^2>0 \end{cases}$，得$|\lambda|<\sqrt{5/3}$.

四、1. 解：f中含有x_1^2项，所以把含有x_1的3项集中在一起配方，得

$$\begin{aligned} f(x_1,x_2,x_3) &= (x_1^2+2x_1x_2-2x_1x_3)+2x_2^2 \\ &= [x_1^2+2x_1(x_2-x_3)+(x_2-x_3)^2]-(x_2-x_3)^2+2x_2^2 \\ &= (x_1+x_2-x_3)^2+x_2^2-x_3^2+2x_2x_3. \end{aligned}$$

所余3项中含有x_2^2项，集中起来配方，得

$$\begin{aligned} f(x_1,x_2,x_3) &= (x_1+x_2-x_3)^2+(x_2^2+2x_2x_3+x_3^2)-2x_3^2 \\ &= (x_1+x_2-x_3)^2+(x_2+x_3)^2-2x_3^2. \end{aligned}$$

令

$$\begin{cases} y_1=x_1+x_2-x_3 \\ y_2=x_2+x_3 \\ y_3=x_3 \end{cases},\qquad 则 f=y_1^2+y_2^2-2y_3^2.$$

所用的变换为

$$\begin{cases} x_1 = y_1 - y_2 + 2y_3 \\ x_2 = y_2 - y_3 \\ x_3 = y_3 \end{cases}，其矩阵的行列式 \begin{vmatrix} 1 & -1 & 2 \\ 0 & 1 & -1 \\ 0 & 0 & 1 \end{vmatrix} = 1 \neq 0,$$

所以，这一线性变换是可逆的线性变换.

2. 解：二次型 f 的矩阵为 $A = \begin{bmatrix} 2 & -2 & 0 \\ -2 & 1 & -2 \\ 0 & -2 & 0 \end{bmatrix}$，由

$$|A - \lambda E| = \begin{vmatrix} 2-\lambda & -2 & 0 \\ -2 & 1-\lambda & -2 \\ 0 & -2 & -\lambda \end{vmatrix} = -(\lambda+2)(\lambda-1)(\lambda-4) = 0,$$

得特征值为 $\lambda_1 = -2$，$\lambda_2 = 1$，$\lambda_3 = 4$.

对于 $\lambda_1 = -2$，解齐次线性方程组 $(A+2E)X = 0$. 由

$$A + 2E = \begin{bmatrix} 4 & -2 & 0 \\ -2 & 3 & -2 \\ 0 & -2 & 2 \end{bmatrix} \to \begin{bmatrix} 1 & 0 & -\frac{1}{2} \\ 0 & 1 & -1 \\ 0 & 0 & 0 \end{bmatrix},$$

得对应的特征向量 $P_1 = \begin{bmatrix} \frac{1}{2} \\ 1 \\ 1 \end{bmatrix}$，　　单位化为 $\varepsilon_1 = \begin{bmatrix} \frac{1}{3} \\ \frac{2}{3} \\ \frac{2}{3} \end{bmatrix}$.

对于 $\lambda_2 = 1$，解齐次线性方程组 $(A-E)X = 0$. 由

$$A - E = \begin{bmatrix} 1 & -2 & 0 \\ -2 & 0 & -2 \\ 0 & -2 & -1 \end{bmatrix} \to \begin{bmatrix} 1 & 0 & 0 \\ 0 & 1 & \frac{1}{2} \\ 0 & 0 & 0 \end{bmatrix},$$

得对应的特征向量　$P_2 = \begin{bmatrix} -2 \\ -1 \\ 2 \end{bmatrix}$，　　单位化为 $\varepsilon_2 = \begin{bmatrix} \frac{2}{3} \\ \frac{1}{3} \\ -\frac{2}{3} \end{bmatrix}$.

对于 $\lambda_3 = 4$，解齐次线性方程组 $(A-4E)X = 0$. 由

$$A - 4E = \begin{bmatrix} -2 & -2 & 0 \\ -2 & -3 & -2 \\ 0 & -2 & -4 \end{bmatrix} \to \begin{bmatrix} 1 & 0 & -2 \\ 0 & 1 & 2 \\ 0 & 0 & 0 \end{bmatrix},$$

得对应的特征向量　$P_3 = \begin{bmatrix} 2 \\ -2 \\ 1 \end{bmatrix}$，　　单位化为 $\varepsilon_3 = \begin{bmatrix} \frac{2}{3} \\ -\frac{2}{3} \\ \frac{1}{3} \end{bmatrix}$.

于是得正交矩阵为

$$P=(\varepsilon_1,\ \varepsilon_2,\ \varepsilon_3)=\begin{bmatrix}\frac{1}{3} & \frac{2}{3} & \frac{2}{3}\\ \frac{2}{3} & \frac{1}{3} & -\frac{2}{3}\\ \frac{2}{3} & -\frac{2}{3} & \frac{1}{3}\end{bmatrix}.$$

在正交变换 $X=PY$ 之下，标准形为 $f=-2y_1^2+y_2^2+4y_3^2$.

参考文献

[1] 丘维声．简明线性代数［M］．北京：北京大学出版社，2002.

[2] 吴丽华等．线性代数［M］．沈阳：东北大学出版社，2010.

[3] 吴赣昌．线性代数（理工类，第二版）［M］．北京：中国人民出版社，2007.

[4] 陈维新．线性代数（第二版）［M］．北京：科学出版社，2007.

[5] 北京大学数学力学系几何与代数教研室代数小组．高等代数［M］．北京：人民教育出版社，1978.

[6] 寿纪麟，魏战线．线性代数［M］．西安：西安交大出版社，2007.

[7] 费伟劲．线性代数［M］．上海：复旦大学出版社，2007.

[8] 居余马等．线性代数（第二版）［M］．北京：清华大学出版社，2002.

[9] 赵树嫄．线性代数（第四版）［M］．北京：中国人民出版社，2008.